陕西饮食文化

Shaanxi Food Culture

刘　强　吴红金　主编

西北大学出版社
·西安·

图书在版编目（CIP）数据

陕西饮食文化 / 刘强，吴红金主编. -- 西安 ： 西
北大学出版社，2025.7. -- ISBN 978-7-5604-5709-3

Ⅰ. TS971.202.41

中国国家版本馆 CIP 数据核字第 2025FQ5428 号

陕西饮食文化
SHAANXI YINSHI WENHUA

出版发行　西北大学出版社

（西北大学校内　邮编：710069　电话：029-88302621　88305287）

http://nwupress.nwu.edu.cn　E-mail: xdpress@nwu.edu.cn

主　　编	刘　强　吴红金	
装帧设计	石卓立	
英文翻译	刘　强	
责任编辑	张　立	

经　　销	全国新华书店	
印　　刷	西安华新彩印有限责任公司	
开　　本	787 毫米×1092 毫米　1/16	
印　　张	17.5	

版　　次	2025 年 7 月第 1 版	
印　　次	2025 年 7 月第 1 次印刷	
字　　数	309 千字	

书　　号	ISBN 978-7-5604-5709-3	
定　　价	48.00 元	

如有印装质量问题，请拨打电话 029-88302966 予以调换。

《陕西饮食文化》编委会

主　审　王新丽　朱选朝

主　编　刘　强　吴红金

副主编　田建国　齐　和　黄　涛
　　　　杨　涛　王　辉

参　编　刘书源　杨文利　张金平
　　　　丁勇军　耿　毓　李　彤

序 言

　　为刘强副教授主编的新书写序，在我的公众号"商子雍杂品"发布时须配发照片，因而找出 2019 年 3 月 26 日下午参加西安大唐博相府酒店 10 年华诞音乐会时与他的合影。我登台的缘由是受邀担任抽奖嘉宾，抽出一等奖，而刘强副教授则是活动的主持人之一。作为一个在辽宁沈阳长大的陕西华阴人，他那一口带着东北味的普通话，给人留下的印象非常深刻。

　　先来回答两个问题。

　　何谓文化？

　　答曰：辞书诠释"文化"，有狭义和广义之分，大家不妨自己去查一查。而我解读广义的文化（也就是时下人们常说的文化软实力），却更喜欢这样表述：人类社会中小到每一个个体生命，大到一个民族、一个国家，其生活理念、生活方式、生活形态的总和，即为文化。三者之中，生活理念最为重要。而所谓的先进文化，就是在正确的生活理念的影响下，选择健康的生活方式，构成和谐的生活形态。人的所有行为，大到治国平天下的举措，小到满足柴米油盐酱醋茶之需的努力，无一例外，都展示了被称为软实力的文化。

　　何谓饮食文化？

　　答曰：人类社会中小到每一个个体生命，大到一个民族、一个国家，其在饮食领域所展现出来的生活理念、生活方式、生活形态的总和，即为饮食文化。

　　至于饮食文化的核心内容，愚以为用"吃什么"和"怎么吃"这 6 个字就可以概括。

　　"吃什么"包含两层意思。第一层意思是什么能吃、什么不能吃，什么好吃、什么不太好吃。对食材的寻找、发现、甄选与人类的出现同步，已经经历了漫长的岁月，并且还会继续进行下去，永不休止。需要强调的是，在眼下，较之继续发现新食材，保障并进一步提升传统食材的品质更为紧要。第二层意思是什么该吃、什么不该吃。具体来讲，就是从安全和营养方面来审视，是能吃甚至非常优质的食材，但从某种崇高的信仰或者人类的长远利益来看却不该吃。

"怎么吃"同样包含两层意思。第一层意思是说对食材的加工处理，亦即如何用高超的技艺对优质的食材进行烹饪，使之成为既营养丰富又美味可口，同时在色、形两个方面还能让人产生愉悦感的餐品和饮品。第二层意思是指进餐的方式，比如眼下所提倡的进餐时应做到"光盘"，就体现出一种先进的饮食文化理念。

我还想强调，所有样态的文化都会呈现出地域性，饮食文化也不例外。地域文化是指在不同的地理环境里源远流长、独具个性且一直在发挥作用的文化，它由生活在这个区域的人们的生活理念、生活方式、生活形态等凝聚而成。地域文化的形成需要经历一个长期的过程，而且它始终是发展变化的，但其在发展变化的每个阶段又都呈现出相对的稳定性，保留着其明显有异于别的地理环境中的文化之特征。以饮食文化为例，坊间俚语有言："一方水土养一方人。"换个说法，即所谓"一方人吃一方食"。为什么会如此？首先是各个地区自然条件、地理环境和物产资源的巨大差别，决定了这一地和那一地在"吃什么"和"怎么吃"两个层面有截然不同的内容。然后是两地百姓迥然相异的饮食习惯逐渐养成，并呈现出相对稳定性。地域饮食文化遂顺理成章地诞生。

立足于以上对文化及饮食文化的认识，来审视《陕西饮食文化》一书，这本书给我留下的最深刻印象是其在展示文化特别是饮食文化上的丰富、全面，以及一定程度上的深刻。

在《陕西饮食文化》这部分量不轻的著作中，刘强副教授等立足今天，立足于西安，对陕西饮食文化不但"瞻前顾后"，而且"左顾右盼"：先是纵向展示，从原始社会时期下笔，一直写到改革开放以来，简要而清晰地介绍了陕西饮食文化几千年来的发展脉络；继则横向铺排，对陕西省10个地区的名吃、名馔，以及百姓的日常饮食，进行了或简或繁的描述。一书在手，对时空两个层面，亦即历史长河与现实空间里的陕西餐饮，便了然于心矣！在我看来，无论对于普通读者抑或专业人士，这都是一部有阅读价值的好书。

在《陕西饮食文化》一书中，"陕西清真饮食文化"被单独列为一章，这显然是非常必要的。回族是中华民族大家庭中的重要一员，清真饮食更是历史悠久、异彩纷呈。以西安为例，莲湖区的北院门地区是历史上形成的一个回族同胞聚居地，人们习惯称之为回坊。当历史步入改革开放的好时代之后，扭曲多年的发展路径被校正，在中国消失了多年的民营企业得以重生，回族同胞长于料理美食、精于商业运营的优长有了用武之地，回坊上大大小小的餐饮店铺如雨后春笋般出现，不长时间就成为西安市民和外来游客享用清真美食的宝地、福地，成为西安一张醒目的美食名片、一个远近闻名的旅游目的地。所以，清真美食被收入展示陕西饮食文化历史和现实的著作是理所当然的事。

在餐饮市场上，技艺精湛的厨师制作出美味可口的餐品、饮品在店堂里出售，吸引着食客纷纷前来、争相购买。倘若能够日复一日、年复一年地保持这种状态，这样的店铺便肯定会成为消费者喜欢、信任的名店，生意兴隆，财源滚滚；其销售的餐品或饮品自然也会口碑上佳、声名大振；而在后厨辛劳的厨师被尊为名厨，亦在情理之中。名厨制作名品，名品成就名店，古往今来、国内境外皆如是矣。刘强副教授等在《陕西饮食文化》一书中列出诸多陕西地区的名菜、名点、名吃、餐饮名店、饮食文化学者等，彰显其贡献，展示其精神，这也是他作为饮食文化研究者的应尽之责。

2024年8月，中国陕菜网对我进行了一次专访，所发表的文字稿题目叫《商子雍与陕菜八十多年的不解之缘》，其中我说了这样一段话："陕西有许多大厨，他们刻苦钻研陕菜烹饪技艺，从技艺方面传承陕菜。也有一些专家学者从陕菜的历史文化积淀层面，对陕菜进行归纳总结。再就是像我这般，从消费者的角度理解陕菜、接受陕菜、思考陕菜、总结陕菜。烹饪技艺、历史纵横、美食体验这三方面的研究者缺一不可，大家互相配合，相得益彰，共同推动陕菜更好地向前发展。"刘强副教授主编的这部大著，属于专家、教授的高端研究范畴；而我为其撰写序言，则是作为一个资深消费者来敲敲边鼓——仅此而已。

　　是为序。

商子雍

2025 年 6 月

前　言

　　三秦大地，沃野千里，陕西饮食文化宛如一条奔腾不息的长河，从悠悠岁月中蜿蜒而来，承载着厚重的历史，散发着迷人的烟火气息，成为中国饮食文化中不可或缺的华彩篇章。作为本书的主编，能集结各方力量，将博大精深的陕西饮食文化以文字为舟楫呈现给广大读者，我深感荣幸。

　　陕西饮食，是一部镌刻在味蕾上的史诗。周秦时期，古朴醇厚的饮食风格已现雏形，为后世饮食文化奠定了坚实的根基；汉唐盛世，国力强盛，长安作为世界中心，万邦来朝，其饮食文化也迎来了空前繁荣，融合了各地美食的精华，呈现出一派奢华大气的景象。此后岁月流转，陕西饮食不断沉淀、传承，在保留自身特色的同时，又以开放包容的姿态接纳新元素，逐渐形成如今丰富多样、独具魅力的饮食体系。

　　在这片土地上，地理风貌的多样性赋予了陕西饮食独特的地域特色。关中平原土地肥沃，小麦产量高，面食便成了关中人餐桌上的主角，从筋道爽滑的油泼面到臊子鲜香的岐山臊子面，每一种面食都饱含着关中人对生活的热爱与执着；陕北高原气候干燥，羊肉是当地百姓抵御严寒的滋补佳品，烤羊肉、炖羊肉等做法，让羊肉的鲜美得以淋漓尽致地展现；陕南地区山清水秀，气候温润，丰富的物产带来了清新爽口的菜肴，腊肉、魔芋豆腐等美食独具风味，散发着浓浓的乡土气息。

　　陕西饮食文化的内涵远不止于美食本身，它还与历史、民俗紧密相连，一场场经典名宴便是最好的见证：周八珍作为中国最早的有文字记载的宫廷宴，其复杂的烹饪技法和严格的礼仪规范，彰显着周天子的无上权威，也为后世宫廷饮食树立了典范；鸿门宴在历史的关键时刻掀起惊涛骇浪，这场充满权谋与惊险的宴会，虽无详细的菜品记载，却因其剑拔弩张的氛围而成为"心怀叵测的宴会"的代名词；烧尾宴是唐代士子登科或官员升迁时举办的庆祝宴会，宴会上精致奢华的菜品、精彩绝伦的乐舞表演以及文人墨客的吟诗作画，无不展现出唐代社会蓬勃向上的朝气和唐代人对美好生活的向往。这些名宴犹如璀璨星辰，镶嵌在陕西饮食文化的浩瀚星空中，照亮了历史的进程。

为了全方位、多角度地展现陕西饮食文化的魅力，本书汇聚了众多专业人士的心血。在章节分工上，由我担任主编，完成本书的架构设计及统稿、撰写工作，吴红金研究员也担任主编，并协助我完成设计、出版等工作；田建国、齐和、黄涛、杨涛、王辉担任副主编；陕西旅游烹饪职业学院王新丽院长、朱选朝书记担任主审；西安美术学院石卓立教授负责装帧设计；第一章、第二章由我编写；第三章由田建国、王辉、刘书源编写；第四章、第五章由黄涛、杨文利、张金平编写；第六章由黄涛、孙红、丁勇军编写；第七章由田建国、耿毓编写；第八章由杨涛、吴红金、李彤编写；第九章由齐和、杨涛、吴红金编写；第十章由田建国、王辉、石卓立和我编写。著名文化学者商子雍先生专为本书作序。

在此，我向每一位参与本书编写的同人表示衷心的感谢。感谢他们不辞辛劳，深入调研，用专业的知识和真挚的情感，将陕西饮食文化的精髓展现在字里行间。正是因为他们对陕西饮食文化的热爱和执着，才使本书充满了生命力。同时，也要感谢那些为我们提供资料、协助调研的各界人士，以及在成书过程中给予支持与帮助的编辑团队、出版单位。正是大家的共同努力，才使本书得以顺利问世。

本书以历史文献资料为基础，广泛查阅古代典籍尤其是方志、食谱等，梳理出陕西饮食文化的发展脉络；结合田野调查，深入陕西各地的餐厅、小吃摊、乡村农家，实地考察饮食制作过程、饮食习惯、饮食传承现状等；运用跨学科研究方法，从历史学、文化学、社会学、民俗学、营养学等多学科的视角，剖析陕西饮食文化内涵、社会功能、文化价值及其与地域、民俗的内在联系，全面深入地展现了陕西饮食文化的面貌与特色。

希望本书能成为一把钥匙，打开陕西饮食文化的大门，让更多的人了解陕西美食的历史渊源及其背后的文化内涵和民俗风情。让我们一起在陕西饮食文化的海洋中畅游，品味三秦大地的独特魅力，感受中国饮食文化的博大精深。

刘 强

2025 年 6 月

目 录
CONTENTS

第一章　绪论

　　陕西，这片古老而厚重的土地，不仅孕育了灿烂的历史文明，也滋养了丰富多彩的饮食文化。作为中国饮食的重要组成部分，陕西饮食以其独特的风味、悠久的历史和深厚的文化底蕴，吸引着无数食客的目光。

　　想要对中国饮食文化寻根，就绕不开陕西。早在 100 多万年前，生活在这片土地上的蓝田猿人就已经掌握了用火技术，告别了茹毛饮血，开始食用熟食。从 6000 多年前的半坡人那里，便能发现陕西饮食文化的早期踪迹。当时的人们已经掌握了粟、黍等农作物的种植技术，开启了以谷物为主食的饮食生活。他们不但熟练掌握了用火技术，而且能制作陶器，以陶器作为炊具烹煮食物，而不再仅仅依靠烧烤的方式获取熟食，从而使饮食制作方式更加丰富。到了传说中的黄帝时期，陕西饮食文化又发生了重大变化。传说黄帝发明了灶，使人们能在极短的时间内将食物烹煮熟，又一次推动了中国饮食文化的发展。周秦汉唐时期，陕西饮食文化迎来了辉煌的发展阶段。西周时期，饮食礼仪制度逐步完善，周礼对饮食器具、菜品搭配、进食顺序等做出严格规范，奠定了中国古代饮食礼仪的基础。秦统一六国后，各地食材与烹饪技艺汇聚陕西，促进了饮食文化的融合。汉通西域，通过丝绸之路带来了大量西域的食材与香料，如葡萄、石榴、胡麻、胡椒等，极大丰富了陕西饮食的原料与口味。唐代国力强盛，饮食文化达到鼎盛，宫廷饮食奢华精致，民间饮食丰富多样，烹饪技术显著提高，各种美食层出不穷，长安成为名副其实的美食之都，这使得当时的美味佳肴也出现在那里。可见，陕西饮食文化博大精深、源远流长。

　　常言道"一方水土养一方人"，陕西在地理上可分为三个地域，即关中、陕南和陕北，不同地域的饮食习惯迥异：关中平原土地肥沃，灌溉便利，盛产小麦，面食是主要食物；陕北地区气候干旱，适宜种植耐旱作物，玉米、豆类等在饮食中占比较大，且畜牧业相对发达，食用羊肉较多；陕南地区气候湿润，山清水秀，食材丰富多样，既有大米等南方常见的主食，也有独具特色的山珍菜肴。关中地区由于土地肥沃，农业发达，被誉为"天府之国"。关中地区自夏朝开始就以小麦和粟类为主要粮食，创造出丰富多彩的面食文化。陕南地区与四川、湖北等南方省份交界，因此其饮食风格更接近四川等地。陕北地区处于农牧交错带，宜农宜牧，生产粗粮，养殖牛羊。

陕西菜又称秦菜，以关中菜、陕南菜、陕北菜为代表。陕西在中国文化发展史上具有重要地位，陕西饮食文化的形成与陕西的地理环境、历史背景密不可分。陕西气候适中，物产丰富，为其饮食文化的发展提供了得天独厚的条件。陕西是古代丝绸之路的起点，在历史上又曾是多个朝代的政治、经济、文化中心，这使得陕西饮食在传承与创新中不断发展，形成了独具特色的美食体系。

陕西饮食以"酸、辣、鲜、香"为主要口味特点，浓郁醇厚，注重食材的本味。烹饪技法丰富多样，涵盖蒸、煮、煎、炒、炸、烤、炖、烩、炝等，其中蒸、煮、炝等技法尤为突出，既保留了食材的营养，又符合当地人对食物口感的需求。在食材选择上，以小麦、玉米、豆类、蔬菜、肉类等为主，充分利用了当地丰富的物产。

在陕西饮食文化中，节日食俗也占有重要地位。春节的饺子、端午的粽子、中秋的月饼等节日食品，不仅满足了人们的味蕾需求，更承载着浓厚的节日氛围和人们对家乡的情感。陕西的宴席文化，更是将饮食与礼仪、社交紧密结合，展现了陕西人民的热情好客和淳朴民风。

从原始社会到封建社会的鼎盛时期，陕西一直是中国饮食文化的先进地区及代表。唐代以后，虽然中国的政治、经济、文化中心东移，但陕西饮食文化依然保持独特的风格，不断传承发展，到明清时期形成了众多具有地方特色的传统名菜与小吃。至清代，陕西饮食文化的影响力相对减弱。民国时期，陕西饮食文化有了较快发展，特别是近代官府宴得以成形与传承，烹饪技艺也炉火纯青，如"花打四门"。新中国成立后，特别是改革开放以来，随着旅游业的发展，陕西饮食文化的发展也受到世人瞩目。

综上所述，陕西饮食文化是一笔宝贵的文化遗产，它承载着陕西人民的历史记忆和生活智慧。我们有理由相信，未来陕西饮食文化会继续发扬光大，为中华美食的繁荣与发展贡献自己的力量。

第二章　陕西饮食发展史

饮食是一种文化，是物质文化和社会风俗中最能反映民族和地区特色的一个组成部分。中国人将饮食之乐作为人生至乐来追求，吃饭是第一需求。俗话说"民以食为天"，人离不开饮食，于是慢慢发展出饮食文化。

中国饮食文化有着悠久的历史。从最早的原始部落时期，中国人就开始种植谷物、饲养家畜，并逐渐形成了独特的饮食习俗。例如，古人会在祭祀等重要场合举行盛大的宴会。这也是中国饮食文化的重要组成部分。

中国饮食文化是一种博大精深的文化体系，具有悠久的历史、深厚的文化底蕴和广泛的世界影响力。它不仅体现了人们的物质需求，也体现了人们对生活的热爱和对美好生活的追求。我们应该珍惜和传承这一伟大的文化遗产，让其在人类文明的交流中绽放更加绚丽的光彩。

中国饮食文化实际上也是指中国人的饮食生活方式。中国饮食文化的诸多特征体现在饮食生活中，直接影响着中国饮食文化的发展。人口压力以及其他多种原因的存在，使中国人的饮食从先秦时期开始就以谷物为主，肉少粮多，辅以菜蔬——这就是典型的饭菜结构。

饮食文化是中国传统文化的重要组成部分，它的形成与发展，印证着中国政治、经济、文化的跌宕发展。其中，陕菜濡养于三秦的皇天后土，周秦汉唐时期，已逐步形成物质与文化相统一的成熟体系，即今人所谓的菜系。其对于"本味"追求的饮食哲学论，对于"鼎中之变，精妙微纤，口弗能言，志弗能喻"的烹饪主体意志论，对于"五味调和"的致味方法论，对于"食以体政""饮食合欢"等的饮食功能论，对于"曲水流觞"等的宴饮游戏论等等的实践，全方位、立体化地为中国饮食发展提供了永久的范本，指引着中国饮食发展的方向，更有烧尾宴、素蒸音声部等宴式、点式闪耀中华。

中国饮食文化素以历史渊源悠久、流传地域广阔、食用人口众多、烹饪工艺卓绝、文化底蕴深厚而享誉世界。积厚流广的中国饮食文化，在维系华夏民族的繁衍和昌盛、促进生产力发展、推动社会进步和文明等方面，都发挥了并且还在继续发挥重要的作用。

陕西饮食文化博大精深，源远流长。陕菜是中华美食之源，是中国饮食文化之根，食材选取广泛，品种多，且具有浓厚的西北特色。陕西各地的饮食文化各有特点。由于气候和地理因素的影响，关中的饮食以面食为主，日常主食有面条和饼馍。在关中地区，东府人喜爱吃宽面，西府人喜爱吃细面。至于关中的小吃，则是种类繁多、美味可口。关中菜也最能代表陕西的菜系，其代表有葫芦鸡、烩三鲜、醋熘土豆丝等。陕南人在饮食上最大的特点是喜爱吃腌制食品。在陕南，大米是人们的日常主食，如汉中米皮，以大米为原料，味道香辣，闻名省内外。陕北的粮食作物主要有高粱、黄米和黑豆等，以这些粮食作物做成的食物十分美味和有名，例如黄面馍馍。陕北人喜爱吃羊肉，像定边羊羔肉、手抓羊肉等都是十分有名的美食。

第一节　原始社会时期的陕西饮食

陕西这片古老而肥沃的土地，自古以来便是中华文明的重要发祥地之一，在中华文明深邃的历史长河中无疑占据举足轻重的地位。作为中华民族最早繁衍生息的地区之一，陕西的饮食文化自原始社会开始便逐渐萌芽，并随着岁月的流逝而日益丰富多彩。原始社会的饮食文化具有深厚的底蕴与地域特色。在位于西安东郊浐河岸边的半坡村，有一处约 6000 年前的仰韶文化遗址，考古人员在其中发现了制陶窑场、牲畜圈栏、蔬菜种子、网坠鱼钩等古老遗存。这说明当时的半坡人除了通过渔猎、采集获取食材以外，在种植和养殖方面也达到了相当的水平。再加上火和陶器的使用，说明半坡人已经初步掌握了烹饪技术，在中华民族的饮食文化史上写下了光辉的一页。今天，让我们一同回到远古时代，揭开原始社会时期陕西饮食的神秘面纱。

一、狩猎采集与茹毛饮血

在原始社会早期，陕西地区既有广阔的黄土高原，也有肥沃的关中平原，这样的地理条件为先民们带来了丰富的食物来源。他们主要通过狩猎和采集获取食物，因此肉类和野果成为他们饮食的重要组成部分。在狩猎过程中，先民们学会了使用简单的工具，如石器、木棒等，来捕捉野兽，获取肉食。这些肉食不仅为他们提供了丰富的蛋白质，也帮助他们在严酷的自然环境中保持体温，维持生命活动。同时他们还采集植物的根、茎、叶、果实作为补充。这一时期，食物来源极不稳定，饥一顿饱一顿是常态，因此先民们的饮食并无固定模式可言，更谈不上精细加工。然而，正是这样的生活方式，孕育了陕西人勇敢坚韧、自强不息的精神特质。

二、火的发现与熟食时代

火的发现与利用，是人类饮食史上的里程碑。陕西地区的先民们学会使用火来烧烤食物后，不仅使食物更加易于消化和吸收，还大大减少了生食引发的疾病。随着火的使用，陕西的先民们开始步入熟食时代。在烹饪方式上，他们还学会了制作简单的炊具和容器，用于烹饪和储存食物。他们用黏土制作陶罐、陶盆等器皿，用来煮肉、熬汤、烘烤食物。这些炊具的出现，使得食物的口感和营养价值得到了进一步提升。半坡遗址的陶甑（底部有透气孔的蒸器）表明，当时蒸制技法已初步形成，这是中国饮食史上最早的"蒸文化"。时至今日，陕西人对蒸碗还情有独钟。先民们用火烤制野兽肉，或者用石锅、陶罐等简单的炊具烹煮食物，食物的种类和口味也因此变得更加丰富多样。半坡人发明了陶质炊具，开始用陶器来水煮和汽蒸食物，这标志着烹饪时代的开始。今天陕西的石子馍、石锅鱼、白火石汆汤、石烹蛋等依然保留着原始烹饪的痕迹。

三、食材来源多样与农耕文明

随着时间的推移，农、牧、渔业兴起。在农耕方面，半坡人已经掌握了农耕技术，开始种植谷子、黍和蔬菜，如荠菜和白菜。在畜牧方面，他们饲养了狗、猪，可能还驯养了牛、羊、马和鸡。在水产方面，半坡人还捕捞鱼、虾、蟹和蚌等。这标志着他们在向农耕文明迈进。稷（粟，即小米）作为黄土高原的原产植物，以其耐旱、易种植等特点成为陕西先民们的主要粮食作物之一。黍（黄米）也以其悠久的栽培历史和较高的营养价值，在史前陕西先民们的饮食中占据重要地位。小麦、水稻和大豆的引入，进一步丰富了陕西的粮食种类，为农耕文明的发展奠定了坚实的基础。五谷的驯化与种植，不仅极大地提高了粮食的产量和品质，还促进了人口的增长和社会的发展。同时，陕西地区丰富的野生动植物资源也为先民们提供了丰富的蛋白质，如狩猎所得的野羊、野猪、鹿等，以及采集的野果、野菜、菌类等，形成了"粟为主食，菜、肉为辅"的饮食结构的雏形。

四、烹饪技术的进步与饮食文化的形成

随着农耕文明的发展，陕西地区的烹饪技术也得到了显著提升。烹饪方式相对简单，先民们多采用直接火烤、用石板炙烤、用陶器蒸煮等方法来加工食物。如白火石汆汤、石子馍等依然带有石烹时期的遗风。火烤是最直接且原始的烹饪方式，使食物的口感和风味更加多样化和个性化。原始社会时期的陕西先民们还注重对食物的保存和加工。他们学会了用盐腌制食物，以延长其保存时间。同时，他们还学会了制作各种酱料和调味品，如醋、酱等，为食物增添了更多的风味。他们还发明了酿酒技术，用剩余的果实发酵酿酒，不仅为生活增添了乐趣，也在一定程度上促进了社交活动的发展。在祭祀等重要场合，人们还会准备丰盛的食物，以表达对神灵的敬畏和对美好生活的向往。然后人们聚在一起分享美酒佳肴，共同庆祝丰收与和平。

此外，随着社会的进步和人们交流的增多，陕西地区的饮食文化悄然萌芽。尽管那时生活条件简陋，食材有限，但先民们依然用自己的智慧和勤劳创造了独具特色的饮食方式。这种饮食方式开始与其他地区的文化相互融合，形成了陕菜体系，为后世丰富多彩的陕西饮食文化奠定了基础。

五、结语

原始社会时期陕西的饮食文化虽然简单而粗犷，却蕴含着先民们的智慧和汗水。正是那些看似微不足道的饮食习俗和烹饪技术，才使独具特色的饮食方式和生活方式得以形成，为后世的陕菜乃至中国饮食文化的发展奠定了坚实的基础。今天，当我们品尝各式各样的陕西佳肴时，不妨回想一下远古的先民们，是他们用勤劳的双手和智慧的大脑为我们创造了如此丰富多彩的饮食世界。

第二节　夏至战国时期的陕西饮食

一、历史背景与地理环境

陕西地处中国大陆的中心腹地，横跨三个气候带，南北气候差异大，降水南多北少。北部荒寒，便于畜牧；南部温和，便于耕稼。地势上东北为黄河所环绕，东、西、南三面限以高山，中横秦岭山脉，为渭水、汉水的分水脊，表里山河，四塞以为固。这种地理环境对陕西的农业生产和饮食文化产生了深远的影响。

陕西自古以来就是中华民族的发祥地之一。早在夏朝，陕西地区就有了较为发达的农业和饮食文化。到了商周时期，陕西属于雍州，是重要的农业产区。春秋战国时期，秦国在陕西地区逐渐崛起，成为强大的诸侯国。这一时期陕西的饮食文化受到了中原文化的影响，同时也保留着地方特色，由陶烹时期逐渐进入铜烹时期。

二、食材来源与食物结构

陕西的饮食文化主要受到农业发展的影响，有"五谷""六畜"之说（《礼记·月令》）。陕西地区盛产小麦、小米等谷物，这些谷物是夏朝至战国时期的主要食材。例如，小米是史前时期陕西主要的粮食作物，耐旱，耕作技术较为简单，成熟期短，适合在黄土高原种植。此外，陕西的饮食文化在这一时期也逐渐形成了地方特色，如关中平原以面食为主，陕北以小米、大豆等粗粮为主。从夏朝到战国时期，陕西的饮食习俗和特色美食也逐步形成。例如，关中平原的居民以面食为主，他们可以烹调出几十种极富地方特色的面食；陕北地区的居民则以小米、大豆等粗粮作为主食，形成了独特的饮食习惯。《诗经》中有诸多关于农作物的记载，如"黍稷重穋，禾麻菽麦"，反映出当时农作物种类的丰富。

这一时期陕西饮食文化经历了显著的发展和变化，反映了当时社会经济、农业技术和文化交流的进步。在夏朝，农业和畜牧业的发展为饮食文化的发展提供了基础。夏代后期，陶质炊具逐渐被青铜器取代，炊具的导热性提高，烹饪技术也得到了极大的发展。西周时期，饮食文化进一步丰富，牛羊肉羹等食品成为国王、诸侯的礼馔，反映了当时的社会等级和礼仪制度。当时陕西境内的西周八珍标志着陕菜发展的第一个高峰。这些珍贵的食品或烹饪食材包括淳熬、淳母、炮豚、炮牂、捣珍、渍、熬、肝膋等，被历代厨师奉为经典。秦汉时期，陕菜在烹饪技艺、食材加工、调味手法以及火候掌控等方面形成了系统且科学的理论体系。

副食方面，肉类在陕西人的饮食中占据一定地位。由于畜牧业发达，牛、羊、猪等家畜的饲养十分普遍，为当地居民提供了丰富的肉食来源。同时，渔猎活动也是获取食物的重要途径，鱼类、野味等成为餐桌上的佳肴。此外，蔬菜和水果虽然种类有限，但在当时也是不可或缺的食物，有韭、菁、芹、芥、葵、笋、荼（苦菜）、蕨菜、荠菜等（《礼记·内则》）。

《周礼》中记载的食材多为陆产，结合《礼记》《诗经》等的记载，这些陆产食材大多数来自陕西；水产出自陕西的河流、湖泊。关于海鲜（干货）方面的详细记载已很难考证，但毫无疑问，一些散盐是由沿海地区进贡而来的。陕西烹饪体系中最早的宫廷菜就这样在此诞生。

三、烹饪方式与饮食习俗

1. 烹饪方式

夏朝至战国时期，陕西地区的烹饪方式主要包括煮、蒸和烤。煮是最常见的烹饪方式，用于制作各种汤羹和粥食。蒸是利用水蒸气将食物加热至熟，能够保留食物的原汁原味。烤则是用火直接给食物加热，使其外焦里嫩、香气四溢。这些烹饪方式不仅满足了当时人们的基本饮食需求，也体现了人们对美食的追求和探索。青铜质炊具、餐具、饮具开始普及，但陶质炊具在民间依旧被人们普遍使用。

烹饪技术在这一时期取得了显著进步，多种烹饪方式开始出现并广泛应用。《周礼·天官冢宰第一》中提到庖人的职责时，就有"春行羔豚，膳膏香；夏行腒鱐，膳膏臊；秋行犊麛，膳膏腥；冬行鲜羽，膳膏膻"的记载，说明当时已经根据不同季节选择合适的食材，并使用不同的烹饪方式和调料搭配。就烹调方式及加工技艺而言，西周时期使用的方法在全国各地广泛流传，并且有很多直到今天还在沿用，如蒸、熬、瓠、捣、渍、濆（蘸食）等烹饪方法都已较为成熟。

2. 饮食习俗

在饮食习俗方面，陕西地区有着浓厚的地域特色。当时饮食礼仪已经形成，《礼记·礼运》记载："夫礼之初，始诸饮食。"以食礼为核心的饮食文化理论开始崭露头角。《礼记》《仪礼》《周礼》等典籍详细记载了饮食礼仪，这些礼仪涵盖了饮食活动的各个方面，从餐具的使用、座位的安排到上菜的顺序、敬酒的方式等，都有严格规定。饮食礼仪是饮食文化的重要组成部分：首先，在节日和祭祀活动中，食物往往扮演着重要的角色，人们通过准备丰盛的宴席来表达对祖先和神灵的敬畏之情；其次，待客之道讲究热情好客，人们无论贫富，都会倾其所有款待来客，体现了陕西人的纯朴与善良。此外，饮食礼仪相当讲究，如分餐、餐具的使用等都有严格的规定，反映了当时社会的等级制度和礼仪文化。

这种以食礼为核心的饮食文化，不仅是一种行为规范，更是一种文化传承，对后世中国饮食文化的发展产生了深远的影响。

四、饮食文化的传承与发展

这一时期的陕西饮食文化，不仅为后世留下了丰富的物质遗产，更在精神层面产生了深远的影响。烹饪理论趋于成熟，《吕氏春秋·本味篇》全面总结了先秦时期的烹饪成就，对烹饪从选料、加工到调味、火候等都做了系统而科学的论述，一直指导着中国的烹饪实践，是中国古籍中最早把烹饪实践经验抽象、概括成比较全面、科学的文章。这也反映了战国末期秦国文人对烹饪理论有了比较成熟的研究。

随着历史的发展，陕西饮食文化不断吸收外来元素，形成了鲜明的地方特色，很多饮食的渊源都可追溯到夏朝至战国时期。当然，经过3000多年的发展，才有了如今陕西的这些美食，它们不仅承载着陕西人的历史记忆和文化认同，也成为连接过去与未来的桥梁。

五、结语

综上所述，夏朝至战国时期的陕西以其独特的地理优势、丰富的食材来源、多样的烹饪方式和深厚的文化底蕴，展现了中华民族在饮食文化方面的智慧和创造力。这一时期的陕西饮食文化为陕西乃至整个中国饮食文化的发展奠定了坚实的基础，也为后世留下了宝贵的文化遗产。

第三节　秦汉时期的陕西饮食

一、历史背景

秦汉时期，陕西地区的饮食文化受到多种因素的影响。秦始皇统一六国后，各地饮食文化开始交融，北方的烧烤技术与南方的蒸煮技术相结合，使得秦朝的饮食文化更为丰富。汉代丝绸之路的开通，进一步促进了饮食文化的交融与发展。秦汉时期，陕西作为中国历史上重要的地区，其饮食文化独具特色，不仅反映了当时的社会风貌，也深深影响了后世。这一时期，陕西饮食在继承先秦时期饮食的基础上，有了新的发展和创新，形成了独具特色的饮食体系，这也是陕菜发展的第二个高峰。

二、食材及饮食结构

秦汉时期，陕西的农业得到了显著的发展，粮食产量大幅提高，这为饮食的丰富多样提供了物质基础。当时的主食以粟、麦为主，尤其是粟，是当时陕西地区最重要的粮食作物。人们将粟煮成稠粥或稀粥，既可作为主食，也可作为辅食。小麦的地位显著提高。小麦主要用来制作面食，如面条、面饼等，这些面食在当时已经相当普及。

到了两汉时期，餐饮业已是"淆旅重叠，燔炙满案"（《盐铁论·散不足》），而且引进了"胡食"，红、白案有了分工（《汉书·百官公卿表》），引进的西瓜、胡豆（蚕豆）、胡瓜（黄瓜）、胡葱、胡萝卜、胡桃（核桃）、胡椒、菠菜等首先在关中试种成功，进一步丰富了陕西的食材。

除了主食，秦汉时期的人们也非常注重副食的搭配。蔬菜方面，据《氾胜之书》记载，当时种植的蔬菜有葵、藿、薤、葱、韭等。人们还通过腌制等方式，将这些蔬菜制作成各种美味佳肴。肉类方面，猪、牛、羊、鸡、鸭、鹅等家畜家禽已被广泛饲养，此外还有狩猎得到的野味，如野兔、野鸡等。人们还将肉制作成各种肉干、肉酱等，以便长期保存和食用。

上林苑中有梨、枣、桃、李、山楂、杏等水果，其饮食名品如五侯鲭、鹿肚炙、鹿脯、牛肝炙等也被记载下来。

对调味品，当时人们已经有了丰富的经验。盐、酱、醋等调味品的使用，使当时的饮食更加丰富多彩。特别是酱，当时人们已经掌握了制作豆酱、肉酱等多种酱料的技术，这些酱料不仅提升了食物的口感，也增加了食物的营养价值。

三、对外交流

值得一提的是，秦汉时期的陕西饮食还受到了外来文化的影响。随着丝绸之路的开辟，长安（西安）作为丝绸之路的起点，使陕西成为东西方文化交流的重要枢纽。当时西域的许多美食和烹饪技术被引入陕西，与当地的饮食相融合，形成了独具特色的陕西风味。作为丝绸之路的起点所在地，陕西最早接触到来自西域的调味品，并以博大的胸怀接纳了它们，进而又将其融入自己的饮食，陕菜遂变得愈加丰富。胡饼、葡萄酒等西域美食就在这一时期传入陕西，并成为人们喜爱的食品。同时，汉朝国力强盛，王公贵族的饮食生活极为奢华，贵族和富人喜欢在宴会上享用烤肉，"设酒池肉林以飨四夷之客"。这种奢华的饮食风尚也带动了民间饮食文化的发展。

四、饮食习俗

秦汉时期，陕西地区的饮食文化受到了中原文化的影响，同时也与周边少数民族文化有所交融。此外，陕西饮食还注重礼仪和习俗。在重要的节日或庆典场合，人们会准备丰盛的宴席，邀请亲朋好友共同庆祝。这些宴席上的菜品不仅讲究色、香、味俱佳，还注重菜品的搭配和摆放顺序，体现了当时人们的饮食礼仪和文化素养。饮食礼仪非常注重秩序和等级。在宴会上，菜品的摆放有严格的规定，如"左殽右胾"，即左边摆放带骨的肉（"殽"），右边摆放切成大块的肉（"胾"）；饭要放在客人的左边，汤则置于客人的右边。秦代的饮食文化深受周代饮食文化的影响。周八珍等高级菜肴在秦代仍然被重视和制作。这些菜肴不仅在当时被认为是高级美食，而且对现代烹饪也有重要影响。汉代的饮食文化深受阴阳五行学说、谶纬迷信、神仙方术等思想的影响，祭祀活动频繁，宴饮礼仪也随之发展。儒家正统地位的确立使得宴饮礼仪被规范，并被拓展为人与人之间的伦理关系。

五、结语

综上所述，秦汉时期的陕西饮食文化独具特色，不仅丰富了当时人们的生活，也为后世的饮食文化留下了宝贵的遗产。这一时期的饮食文化不仅反映了当时的社会风貌和农业生产水平，也体现了人们对外来文化的包容和创新精神。通过研究秦汉时期的陕西饮食文化，我们既可以更深入地了解这一时期的历史和文化内涵，也可以为现代饮食文化的发展提供有益的借鉴和启示。

第四节　隋唐时期的陕西饮食

隋唐作为中国历史上一个辉煌灿烂的时代，不仅在政治、经济、文化等方面取得了显著的成就，其饮食文化也呈现出丰富多彩、兼容并蓄的特点。陕西作为古代中国的政治、经济、文化中心之一，其饮食文化在隋唐时期更是独树一帜，兼具华贵与多元的风格，影响深远。

这一时期陕菜发展到第三个高峰。当时的长安城已发展成世界上最大的城市之一，茶楼酒肆不但鳞次栉比，而且经营规模很大，以至"三五百人之馔"可以"立办"（《唐国史补》）。烹饪原料已是"水陆罗八珍"（白居易《轻肥》），美馔佳肴不胜枚举，仅韦巨源一席烧尾宴就有名菜、美点 58 款。杜甫《丽人行》中"紫驼之峰出翠釜，水精之盘行素鳞。犀箸厌饫久未下"等诗句的描绘，反映出当时的餐具十分精美。当时还出现了花色冷拼，能够用腌肉、炖肉、肉丝、肉脯、肉茸、酱瓜、蔬菜等原料拼出精美的辋川小样。也有了槐叶冷淘等凉食。当时的食疗理论更加系统化，主要的相关著作有名医孙思邈的《千金食治》、三原县尉陈藏器的《本草拾遗》、同州刺史孟诜的《食疗本草》等。

一、主食的多样化

隋唐时期，陕西地区的主食是面食，米饭也占有一定地位。在面食中，饼类食品尤为丰富，如蒸饼、煎饼、胡饼等，这些饼类食品不仅种类繁多，而且制作工艺精湛。《唐六典》中记载，百官在特定节日需食用煎饼，可见当时煎饼的普及程度。胡饼是从西域传入的食品，在陕西地区深受欢迎，白居易有诗句云："胡麻饼样学京都，面脆油香新出炉。"形象地描绘了胡饼的美味。此外，博饦（面片汤）和粥也是陕西人常吃的早餐。粥的做法多样，有胡麻粥、大麦粥等，既营养又美味。民间饮食更具烟火气息，更贴近百姓的生活。

二、副食的丰富性

隋唐时期陕西饮食中的副食以肉类、蔬菜及水产为主。在肉类中，羊肉占据重要地位。羊肉膻味较大，因此能去膻味的胡椒等调料在当时备受推崇。除了羊肉，猪肉、鸡肉等也是餐桌上的常见肉类。尽管在某些时期或特定场合下，对肉类的消费有所限制，但整体上肉类消费较为普遍。蔬菜方面，虽然西红柿、土豆等现代常见的蔬菜当时尚未传入陕西，但大白菜（当时称"菘"）、菠菜（当时称"波棱菜"）等已有种植，虽不算常见，却也丰富了人们的餐桌。此外，水产如鱼类、虾蟹等也是陕西人喜爱的食物，尤其是切鲙（生鱼片）这道菜，在当时颇受欢迎。得益于丝绸之路的畅通，大量外来食材涌入陕西。胡瓜、胡桃、胡椒、石榴、葡萄等充满异域风情的食材丰富了陕西人的食物品种。

三、饮品的独特性

隋唐时期的饮品既传承了传统，又融合了胡风，从宫廷玉液到民间浆饮，丰富多元。稠酒是陕西地区的一大特色。稠酒历史悠久，始于商周时期，至隋唐时期发展得相当成熟。传说唐玄宗和杨贵妃品尝稠酒后大加赞赏，稠酒因此声名大噪。稠酒是用糯米发酵而成，色泽乳白，口感醇厚，是节庆宴席上不可或缺的佳酿。此外，茶在隋唐时期也逐渐普及，成为陕西人日常生活中的重要饮品。

四、烹饪技艺的进步

隋唐时期陕西饮食的繁荣还得益于烹饪技艺的进步。当时的烹饪方式已相当多样，除了煮、蒸、烤等基本技法外，还出现了炒、炸、煎等烹饪方式。这些烹饪方式的运用使得食物的口感更加丰富多样，满足了人们对美食的需求。刀工方面的技艺越发精湛，食材被切成各种精细的形状。同时，调料的运用也更加讲究，花椒、胡椒、豆蔻、桂皮等辛香料的使用不仅去除了食物的腥膻味，还增添了食物的香气和风味。有一道菜叫二十四气馄饨，用 24 种馅料做成 24 种造型的馄饨，且让客人用小火锅自己煮着吃。浑羊殁忽、金齑玉脍尽显奢华与气派。

五、饮食文化的交流与融合

隋唐时期的长安作为国际大都市，吸引了来自世界各地的商贾、使节和学者，这也促进了饮食文化的交流与融合。西域的胡食、南方的水产以及中原的传统美食在这里汇聚一堂，形成了独特的陕西饮食文化。例如，羊肉泡馍这一陕西特色美食据传就是起源于唐朝军队与大食军队的交流，经过不断改良和发展，最终成为陕西乃至全国闻名的美食。"贵人御馔，尽供胡食"，胡食在长安风靡一时，如胡饼、馕饼、烤肉等深受人们喜爱。同时，江南的美食也传入长安，"江左余风"对长安的饮食文化产生了深远的影响。

六、饮食文化丰富多彩

处于封建社会巅峰时期的唐朝，饮食文化丰富多彩。宴饮开放，游戏较多。男女杂坐，长幼同席，贵贱一起。出现了陪酒的女性艺伎，她们能歌善舞，饮酒逗乐。宴会上有行酒令、巡酒、投骰子、抛香球、赋诗、歌舞、百戏等活动。胡姬酒肆是唐朝的一道风景线，烧尾宴、曲江宴、樱桃宴、杏林宴、牡丹宴等也很盛行。

七、结语

综上所述，隋唐时期陕西饮食以其主食的多样化、副食的丰富性、饮品的独特性、烹饪技艺的进步以及饮食文化的交流与融合等特点，展现出鲜明的时代特征和地域特色。这一时期的饮食不仅满足了人们的物质需求，而且体现了社会的繁荣与开放。

第五节　宋至明清时期的陕西饮食

唐代以后，陕西失去了作为全国政治、经济、文化中心的地位，但依然是西部地区，特别是西北地区的中心，作为一方重镇，豪绅贵族仍聚集于此。在漫长的岁月中，陕菜也在缓慢地发展着。宋至明清时期，陕西饮食文化经历了显著的发展与变革，不仅融合了中原饮食的精髓，还保留了自身独特的地域特色，成为中国饮食文化的重要组成部分。关中地区以小麦为主的饮食结构和以面点为主的烹饪文化特色定型。

一、宋代陕西饮食

宋代，陕西作为丝绸之路的重要节点，其饮食文化受到了来自西域的深远影响。面食在这一时期得到了极大的发展，关中小麦产量已经超过粟，各种饼类如胡饼、炉饼等成为民众日常的主食。同时，随着经济的繁荣和市民阶层的壮大，夜市与小吃摊在陕西各地兴起，为饮食文化注入了新的活力。这一时期，陕西的饮食开始呈现出多样化、精细化的特点，不仅注重味道，更讲究色、香、味俱全。陕西人喜食羊肉，并将其与饼结合在一起。苏轼的"秦烹惟羊羹"一句道尽了这位美食家对陕西羊羹的喜爱及推崇。

二、元代陕西饮食

元代陕西行省的设立和管辖范围对陕西饮食文化的发展产生了重要影响。元代陕西行省的范围包括今天的陕西全部、甘肃南部、四川北部等地，这一广阔的地理范围促进了不同地区饮食文化的交流与融合。蒙古族的饮食习惯和烹饪方法传入陕西，与当地的汉族饮食特色相结合，形成了多元融合的风味。

元代，陕西饮食受蒙古族饮食习惯的影响，食物以肉类为主，尤其是羊肉，烹饪方法多样，口味偏重。羊肉泡馍、羊肉串等美食逐渐成为陕西饮食的代表。但汉族的传统饮食特色如面食、粥品等仍然保留并有所发展。此外，元代统治者对农业的重视也促进了粮食生产，面食制作技艺进一步提升，各种面食花样繁多，满足了不同阶层民众的饮食需求。

三、明清陕西饮食

　　明代，陕西饮食文化在继承前代的基础上又有了新的发展。随着辣椒从海外传入中国，并逐渐在陕西普及，辣味开始成为陕西饮食的一大特色。辣椒的加入，不仅丰富了陕西菜肴的口感，也提升了其营养价值。当时陕西的饮食已经形成了自己独特的风味体系，面食、肉类、蔬菜等食材在烹饪中得到了巧妙的搭配与运用。这一时期，陕西的一些地方名菜和特色小吃逐渐形成，如大荔带把肘子、三原金线油塔等。

　　明代中后期，玉米、红薯、马铃薯、花生、辣椒等农作物被引入中国，对陕西人的生活产生了巨大影响，为陕菜增添了新的内容，如酸辣土豆丝、洋芋叉叉、炸红薯等，油泼辣子更是陕西的杰作。

　　同时，陕商的发展也对陕西饮食文化产生了积极的推动作用。明末清初，大荔、泾阳、三原等地的陕菜有了很大发展，出现了一些陕菜名店和名人。这一时期，陕西的饮食逐渐平民化，更加贴近百姓的生活。各种民间小吃如雨后春笋般涌现，并且在制作工艺和口味上不断创新和完善。

　　清代，陕西饮食文化达到了一个新的高峰。这一时期，陕西不仅涌现出许多著名的美食，如西安的腊汁肉夹馍、岐山的臊子面等，还形成了一些具有地方特色的饮食习俗。比如，每逢佳节或重要庆典，陕西人都会制作各种精美的面食来庆祝，这不仅是对美食的热爱，更是一种文化传承的体现。随着商业的繁荣，陕西的饮食业也得到了极大的发展，餐馆、茶馆等饮食场所遍布城乡，为民众提供了更多的饮食选择。

四、三个饮食文化流派形成

　　宋至明清时期，陕西饮食文化的演变与发展是多种因素共同作用的结果。关中、陕北、陕南三个地区的饮食风味形成，各有特色，各有所长。关中地区的饮食文化特色依然是王畿遗风浓郁，饮食礼仪、婚丧嫁娶、节庆礼俗等沿袭着经过变通的礼俗，众多传统名菜、名点都有周秦汉唐的遗风。陕北地区的主食以糜子、谷子、荞麦、大豆、黑豆、马铃薯为主，以羊肉、驴肉及驼肉为主要肉食。陕南地区以汉中、安康的饮食为主要流派。陕南地处秦岭以南的长江流域，饮食文化圈靠近川、鄂，粮、薯、蔬菜、果品、水产品与川、鄂两地的接近。

五、结语

综上所述，宋至明清时期陕西饮食文化是中国饮食文化宝库中的一颗璀璨明珠。它不仅展示了陕西人民在饮食方面的智慧与创造力，也体现了中华民族饮食文化的多样性与包容性。通过对这一时期陕西饮食文化的研究与探索，我们可以更加深入地了解中国饮食文化的魅力与内涵。

第六节 近代陕西饮食

近代陕西饮食，是一段融合了历史传承与时代变迁的味蕾记忆。在陕西这片古老而厚重的土地上，饮食文化不仅承载着地方特色，更映照出社会的发展与人民生活的变迁。

近代以来，随着社会的动荡与变革，陕西饮食也在不断演变。传统的面食依然是陕西饮食的核心，但新的食材、烹饪技艺以及外来饮食文化的融入，使陕西的饮食世界变得更加丰富多彩。

一、民国时期的陕西饮食

民国时期的陕西，面食依然是主食的代表。各种面条、馒头、饼类等面食制品丰富多样，尤其是以各种浇头搭配的面条最受欢迎。无论是城市还是乡村，人们都以面食为主，这也体现了陕西面食文化的深厚底蕴。陕西的粥品也是这一时期的重要饮食之一，尤其是早晚餐时，一碗热腾腾的粥总能给人带来温暖和满足。

面食作为陕西饮食的代表，其地位在近代得到了进一步的巩固。无论是城市还是乡村，面食都是人们餐桌上的主角。面条、馒头、饺子、烙饼……这些看似简单的食物，却蕴含着陕西人民对食材的深厚情感和精湛的烹饪技艺。而面食的制作也逐渐从家庭走向市场，成为一种商业化的生产方式。街头巷尾的面馆、小吃摊，成为人们品尝陕西面食的重要场所。

二、餐饮市场复苏

除了面食，近代陕西还涌现出许多新的美食。随着交通的改善和市场的开放，更多的食材和烹饪技艺被引入陕西。这些新的美食，不仅丰富了陕西人民的餐桌，也成为地方饮食文化的重要组成部分。比如，近代以来逐渐在陕西流行开来的火锅、烤肉等，就是外来饮食文化与陕西本土食材和烹饪技艺相结合的产物。民国时期的西安餐饮业繁荣，涌现出许多著名的餐馆和特色美食。1912 年，辛亥革命期间，陕西名厨李芹溪在张凤翙、于右任等人的资助下，开办了曲江春酒楼。自唐代以后，陕菜千百年来一直平静如水，民国时期的曲江春可谓一石激起了涟漪，为陕菜带来了希望。

这一时期，陕西的菜肴在保留传统风味的同时，也吸收了一些外来烹饪技巧，变得更加多样化。无论是家常菜还是宴席上的大菜，都注重色、香、味俱佳，让人回味无穷。特别是一些具有地方特色的菜肴，如羊肉泡馍、凉皮等，更是成为陕西饮食的代表。

近代陕西的饮食文化还受到了社会变迁的深刻影响。这一时期，因为社会动荡和战争不断，人们的生活水平受到了严重的影响。在这样的背景下，陕西人民对饮食的追求逐渐从口感转向了营养和实惠。许多家庭开始自己种植蔬菜、养殖家禽，以确保食物的来源和品质。而一些传统的节日食品，如春节的饺子、端午的粽子等，也成了人们在艰难时期慰藉心灵的重要之物。

三、地方特色品牌出名

值得一提的是，近代陕西还孕育出一批具有地方特色的餐饮品牌。这些品牌不仅传承了陕西的饮食传统，更在创新与发展中形成了自己独特的风格。它们通过精湛的烹饪技艺、优质的食材以及独特的口味，吸引了无数食客前来品尝。葫芦鸡、鸡米海参、三皮丝、温拌腰丝、奶汤锅子鱼、氽双脆等十大名菜及油酥饼、德懋恭水晶饼等小吃，清真食品牛羊肉泡馍、腊牛羊肉，大荔带把肘子，渭南时辰包子，三原煨鱿鱼丝、蓼花糖，潼关酱菜，凤翔西凤酒，眉县太白酒……这些名品闻名全国。这些品牌的崛起，不仅推动了陕西饮食文化的发展，也成为地方经济的重要组成部分。

随着社会的变迁，一些新的饮食习惯和风尚也逐渐传入陕西。例如，西餐的传入使得陕西的饮食文化更加多元化，一些西式糕点、饮品等也开始在陕西流行起来。这些新的饮食元素不仅丰富了陕西人的餐桌，也促进了饮食文化的交流与融合。

四、厨师之乡勺勺客

早在明清时期，陕、甘一带就流传着"蓝田勺勺客有名"的说法。民国时期，蓝田县被称为"厨师之乡"。如今，这种说法不仅在陕西地方性报刊、广播节目、电视节目上经常出现，而且被收入全国性权威典籍中，成为陕西饮食文化的一个亮点。

蓝田县的厨师文化历史悠久，民间流传着"要找蓝田同乡，大小衙门厨房""凡是冒烟的地方，就有蓝田乡党"的民谣。蓝田厨师以其精湛的烹饪技艺和丰富的美食文化而闻名，代表性的美食包括神仙粉、洋芋糍粑、荞面饸饹、水晶饼、醋粉和手工空心挂面等。这些美食不仅展示了蓝田厨师的高超技艺，也反映了当地丰富的物产和独特的饮食文化。

五、结语

综上所述，近代陕西的饮食文化充满了变革，也在不断发展。它承载着地方人民的情感记忆和生活智慧，也映照出社会的发展与变迁，不仅保留了传统的面食文化，还吸收了外来元素，形成了丰富多彩的风貌。无论是传统的面食文化、新兴的美食潮流还是具有地方特色的餐饮品牌，都是近代陕西饮食文化的重要组成部分。它们共同构成了陕西这片土地上独特而丰富的味蕾记忆，让人们在品尝美食的同时，也能感受到历史的厚重与文化的韵味。

第七节　当代陕西饮食

陕西饮食文化在传承的基础上一直不断创新。振兴陕菜标志着长安饮食文化自觉、自信时代的到来。梳理陕菜的历史发展脉络、挖掘陕菜文化、勇于创新,成为陕菜未来的发展之路。当代陕西饮食不仅保留了传统美食,还融入了现代元素,形成了丰富多样的饮食体系,这是陕菜发展的第四个高峰。

陕西是中国饮食文化的发祥地之一,历史上陕菜曾是中国餐饮文化的最高水平的代表。陕菜体系包罗万象,包括宫廷菜、官府菜、市肆菜和寺院菜等,采用余、炝、蒸、炒、炖等多种烹饪方式,口味多样,既有辛辣也有清淡。

一、新中国成立后至改革开放之前的陕西饮食

新中国成立后至改革开放之前,陕西饮食迎来了前所未有的发展机遇,不仅传承了古老的烹饪技艺,还融入了新时代的创新元素,形成了独具特色的饮食风貌。

这一时期,陕西面食继续发扬光大,成为全国乃至世界闻名的美食代表。各种面条如臊子面、扯面等,以其独特的制作工艺和丰富的口感吸引了无数食客。尤其是西安的羊肉泡馍,以其鲜美的汤底、酥软的馍块和浓郁的羊肉香味,成为陕西饮食的一大名片。

陕西的小吃也以种类繁多、风味独特而著称。肉夹馍、凉皮、油茶麻花、甑糕等,每一种小吃都承载着陕西人民对美食的热爱和追求。这些小吃不仅在当地深受欢迎,还逐渐走向全国,成为人们品味陕西文化的重要窗口。

这一时期的陕西饮食还注重与现代生活的融合。各种现代化的餐饮设施和服务不断涌现,为陕西饮食文化的发展和传播提供了有力的支持。同时,陕西的厨师们也不断创新,将传统的烹饪技艺与现代烹饪理念相结合,创造出更多符合现代人口味的美食。

总的来说,这一时期的陕西饮食在传承与创新中不断发展壮大。它不仅展现了陕西深厚的历史文化底蕴,还体现了陕西人民对美食的热爱和追求。如今,陕西饮食作为中国饮食文化的重要组成部分,为国内外食客带来了无尽的味蕾享受。

二、改革开放以来的陕西饮食

改革开放以来,陕西饮食经历了翻天覆地的变化,从传统走向现代,从地方走向全国,甚至在全球饮食文化中占据了一席之地。这 40 多年的发展,不仅仅是食物本

身的变革，更是陕西人民生活水平和文化自信的体现。

改革开放初期，陕西饮食还相对单一，以传统的面食为主，如馒头、面条、饺子等。这些食物虽然简单，却承载着陕西人民深厚的情感记忆。随着改革开放的深入，陕西饮食逐渐变得丰富多样。一方面，外来饮食如川菜、粤菜等纷纷涌入陕西，为陕西人民带来了全新的口味体验；另一方面，陕西饮食也开始走出陕西，走向全国。

在这一过程中，陕西饮食不断创新与发展。传统的面食开始与现代烹饪技术相结合，产生了许多新颖的美食。比如：传统的肉夹馍与现代烧烤技术结合后，口感更加鲜美；传统的凉皮与现代调料搭配后，味道更加丰富。同时，陕西饮食也开始注重营养与健康，推出了许多低脂、低糖、高蛋白的健康美食，满足了现代人对健康饮食的需求。陕西餐饮界挖掘、研制出仿唐菜点、秦汉菜肴、长安八景宴、饺子宴、小吃宴、官府宴等，充实了陕菜的内容，也为陕菜增添了浓郁的古风遗韵。其间，先后被评为中华名菜、中华名点、中华名小吃的陕菜达 106 种，荣获奖杯、金牌 200 多个；中华餐饮名店 48 家，陕西餐饮名店 102 家；中国烹饪大师 28 位，中国烹饪名师 21 位。改革开放给陕西餐饮带来了新的发展机遇。

除了创新与发展，陕西饮食还积极走向全国，甚至走向世界。在许多大城市都可以看到经营陕西特色小吃如羊肉泡馍、凉皮、肉夹馍等的店面。这些美食不仅让陕西人民在外地也能品尝到家乡的味道，也让更多的人了解并爱上了陕西饮食。在国际上，陕西的特色美食也开始受到关注。在一些国际美食节上，陕西的美食常常成为亮点，吸引众多外国友人品尝，令他们赞赏不已。

改革开放以来，陕西饮食文化的繁荣与发展离不开陕西人民的努力与付出。他们不断尝试、创新，将传统的饮食与现代的烹饪技术相结合，创造出许多具有陕西特色的美食。同时，他们也积极推广陕西饮食文化，让更多的人了解并爱上陕西的美食。习仲勋同志先后四次为陕菜题词，1989 年题写"振兴陕菜"，极大地鼓舞和推动了陕菜事业的繁荣与发展。2007 年启动实施陕菜品牌创新工程。在陕西省委、省政府的支持引导下，在陕西省商务厅的努力推动下，陕西省烹饪餐饮业各级商协会、中国陕菜网和一大批餐饮人及餐饮企业，积极响应，宣传陕菜，挖掘陕菜，专营陕菜，开拓奋进，围绕陕菜品牌创新工程，开展了许多助力陕菜大发展的活动，做了大量积极有益和卓有成效的工作，陕菜的复兴和发展逐渐进入黄金期。2012 年 12 月，刘晓钟领头创办了中国第一家菜系网站——中国陕菜网。2013 年，陕西美食探秘之旅（陕菜探秘之旅）启动。在刘晓钟的总体策划和运筹组织下，编著"中国陕菜文化暨陕菜品牌创新工程系列丛书"（后文简称"中国陕菜文化系列丛书"）达 17 种之多，标志着陕菜文化理论体系和知识体系初步形成，为陕菜文化宝库留下了辉煌的篇章。

随着陕西本土菜馆如雨后春笋般涌现，一批以陕菜为品牌的陕西老字号餐饮企业和一大批陕西美食民间创业者走向全国，几乎每个省份都有陕西美食的踪迹。在刘晓钟的推动下，北京陕菜协会在北京成立。

2016 年 11 月，在陕西渭南召开的第 26 届中国厨师节上，中国烹饪协会授予渭南"陕菜之都"称号（中国烹饪始祖伊尹的故里就位于渭南市合阳县）。2017 年 12 月，世界中餐业联合会授予西安"国际美食之都"称号。2019 年 10 月，世界中餐业联合会授予宝鸡"国际（丝路）美食之都"称号。2019 年 11 月，咸阳市被世界中餐业联合会授予"国际面食之都"称号。

改革开放几十年来，陕西美食走出国门，到了美国、加拿大、澳大利亚、英国、德国、法国、荷兰、奥地利、俄罗斯、西班牙、匈牙利、马来西亚、新西兰、泰国、越南、日本等国家，以小吃为主开办的陕西餐馆越来越多。如今，陕西饮食文化已经成为陕西的一张重要名片。它不仅代表了陕西人民的饮食习惯和口味偏好，更体现了陕西人民的热情好客和文化自信。每当有外地朋友来访，陕西人民总会热情地邀请他们品尝陕西的美食，让他们感受陕西饮食的魅力。

回顾改革开放以来的历程，我们可以看到陕西饮食的巨大变化和发展。从单一的传统面食到如今丰富多样的美食佳肴，从地方走向全国甚至走向世界，陕西饮食已经发生了翻天覆地的变化。这些变化不仅仅体现在食物本身上，更体现在陕西人民的生活水平和文化自信上。

展望未来，我们有理由相信陕西饮食文化会继续繁荣发展。随着社会的不断进步和人们生活水平的不断提高，陕西饮食文化也将不断创新与提升。它将继续承载着陕西人民的情感记忆和文化自信，走向更加美好的未来。

三、陕菜预制菜的发展前景

近年来，随着生活节奏的加快和消费习惯的变化，预制菜逐渐成为餐饮市场上的新宠。作为中国传统菜系之一的陕菜，其预制菜的发展前景尤为值得关注。陕菜预制菜作为近年来食品行业的新兴领域，其发展前景备受瞩目。随着生活节奏的加快和消费者对便捷、健康食品需求的增加，陕菜预制菜以其独特的口味、丰富的种类和便捷的食用方式，逐渐在市场上占据了一席之地。

陕菜作为中国的传统菜系，历史悠久，文化底蕴深厚。将陕菜与现代预制菜技术相结合，不仅保留了传统陕菜的精髓，还赋予了其新的生命力和市场竞争力。从传统的蒸碗到肉夹馍，从羊肉泡馍到葫芦鸡，从凉皮到油泼面，陕菜预制菜通过标准化、工业化的生产方式，让消费者在家就能轻松享受到地道的陕西美食。

未来，陕菜预制菜的发展前景广阔。一方面，随着消费者对健康饮食的重视，陕菜预制菜企业将更加注重食材的新鲜度和营养搭配，推出更多健康、绿色的预制菜产品。另一方面，随着科技的进步和冷链物流的完善，陕菜预制菜的市场覆盖范围将进一步扩大，从本地市场走向全国乃至国际市场。

当然，陕菜预制菜的发展也面临着一些挑战：如何在保持传统风味的同时，创新菜品，满足消费者多样化的需求；如何在激烈的市场竞争中脱颖而出，打造具有影响力的品牌；如何确保食品安全，让消费者吃得放心……这些都是需要解决的问题。

同时，政策扶持也将为陕菜预制菜的发展提供有力的保障。近年来，陕西省政府出台了一系列支持预制菜产业发展的政策措施，从资金、税收、土地等方面给予优惠和扶持，鼓励企业加大研发投入，提高产品质量和品牌影响力。

综上所述，陕菜预制菜以其独特的优势和广阔的市场前景，正逐步成为食品行业的新宠。我们需要不断创新，提升产品质量，拓展销售渠道，同时也需要关注食品安全和消费者需求的变化，以推动陕菜预制菜市场的持续健康发展。未来，随着技术的不断进步和市场的不断开拓，陕菜预制菜将迎来更加美好的发展前景。

第八节　陕菜探秘之旅

陕菜探秘之旅是由中国陕菜网在陕西省商务厅的支持下，与西安大唐博相府酒店共同发起的一项活动。该活动旨在通过组织大众旅游品鉴的形式，系统性地发掘、整理和宣传陕西境内 107 个区县的美食及其文化。

一、历史背景和目标

陕菜探秘之旅最初为陕西美食探秘之旅，该活动以实施振兴陕菜工程为己任，推广陕菜，传承技艺，创新品牌，弘扬博大精深的陕西饮食文化。自 2013 年 10 月启动以来，已经坚持了近 12 年。到目前为止，团队走过了 223 站，走遍了三秦大地，见证了陕菜的美味与陕西历史文化的悠久。活动是为了探究陕西到底有没有陕菜，并希望通过实地考察和品鉴，挖掘和宣传陕西的地域特色美食和文化。

按照烹饪界的划分，四大菜系、八大菜系、十大菜系中都没有陕菜的位置。国人提起中餐，少不了鲁、川、粤、淮扬等菜系。至于陕西，给人的印象就是不胜枚举的各种小吃，如羊肉泡馍、肉夹馍、凉皮……以至于陕西人自己也说不上来有没有陕菜。真可谓"陕西九大怪，秦人不知有陕菜"。

造成这种情况的原因有多种。

首先，一个菜系的形成应具备多方面的条件：自然、物产是基础条件；历史、政治是人文环境；宗教、风俗是影响因素；市场、消费是促进条件；文化、审美起催化作用；工艺、筵宴起决定作用；同时还要具有持久的生命力与发展空间。

其次，自唐代以后，西安（长安）不再是都城，中国的政治、经济、文化中心向东、向南转移。1000 多年过去了，这里早已失去了往日的辉煌，慢慢淡出了人们的视野。各种小吃由于接地气，是普通百姓日常生活中少不了的，以至于精彩纷呈。陕西的很多大菜由于太高大上，日常居家烹调不方便，也达不到条件，普通百姓消费不起，慢慢地，很多菜就从市面上消失了，逐渐被人们淡忘。与此同时，很多外来菜品进入，取代了原有的一些菜品。

西安是国际大都市，市场上经营的餐饮店商业氛围很浓，所以要想寻找地地道道的陕西饮食，最好的方式是深入西安周边的各个地市、区县，去调研、挖掘隐藏在民间的传统的饮食文化、民俗风情。

二、主要内容和成果

近 12 年来，陕菜探秘之旅团队走遍了陕西的 107 个区县，进行了 223 场探秘活动，用脚步丈量了三秦大地，用味蕾品鉴了陕菜，从东到西，从北到南，潼关、大散关、金锁关、武关，渭南、宝鸡、咸阳、铜川，安康、汉中、商洛、延安、榆林，吸引了超过 2 万人次参与。每一站都是饮食与旅游的完美结合，每一站都有精彩的故事，每一站都有独特的风情，每一站都有迷人的景观，每一站都有当地特色的陕菜。

此外，在探秘、调研过程中，中国陕菜网的老师们深度发掘了大量具有陕西地域特色的陕菜，每到一地，在当地就地取材，调整菜品，打造宴席，推出当地优秀的陕菜企业、陕菜厨师，评出最具代表性的"口碑菜"，并对其加以梳理，发文宣传，最后结集成书。截至目前，中国陕菜网专家团队出版了中国陕菜系列图书 17 种，填补了陕菜研究领域的空白。通过这些努力，陕菜探秘之旅不仅推广了陕西的美食文化，还促进了地方经济的发展和文化交流。

烹饪史上有过这样的调研吗？没有！这次陕菜探秘之旅创造了陕西乃至全国烹饪史上的奇迹！

三、参与人员和影响力

参与陕菜探秘之旅的团队中有专家学者、陕菜大师、探秘达人和媒体工作者等，他们通过实地考察和品鉴，记录并宣传了大量具有陕西地域特色的美食和文化。该活动的影响力逐渐扩大，吸引了更多的关注和支持，成为陕西乃至全国烹饪史上的一个奇迹。

2018 年，陕菜探秘之旅发展成"陕菜＋旅游＋民俗"3.0 版。用旅游的方式发展陕菜本身就是一种创新，让大家走到乡野，走到大自然中，品味陕菜，见证发现陕菜的过程。2024 年，陕菜探秘之旅又升级为"陕菜＋旅游＋民俗＋供应链"4.0 版。

陕菜探秘之旅团队从一开始就擘画出宏伟蓝图，探秘近 12 年，既是一种执着、一种坚守，更是一种责任。陕菜探秘之旅团队这么多年来走过的路恰好说明了这一点。此项活动揭开了有着厚重历史的陕菜的神秘面纱。自此，陕菜探秘活动一发不可收，一路走下去，队伍越来越壮大，越来越多隐藏在民间的传统陕菜呈现在众人面前，越来越多关于陕菜的故事被挖掘、整理出来。陕菜正在从远古走到现代，走到我们面前。现如今，陕菜已在三秦大地上飘香，正慢慢走向全国，乃至香飘世界。

近 12 年来，陕菜探秘之旅的团长已有 3 任——杨潇、金传梅、刘震。由文化学者和烹饪大师共同开讲的"车辘轳上的陕菜文化大讲堂"已经讲了 215 场，挖掘、整理出 2000 多道隐藏在陕西民间的传统菜肴和地方特色小吃，帮助各县、区、市设计编排了几十桌宴席，其中一些已被评为"中华名宴"，经中国陕菜网整理，组织专人编写出 17 种书，极大地丰富了陕菜文化宝库。

四、振兴陕菜秦人有责

时至今日，陕菜早已深入人心，走向世界各地。大型电视专题片《千年陕菜》、电视剧《装台》等的热播，掀起了一股陕西美食的浪潮，人们对陕菜的关注度直线上升，更是让千年陕菜的香味飘进了千家万户。陕菜，迎来了又一个黄金盛世！

每次探秘活动都会掀起一股陕菜热潮，中国陕菜网的铁粉们也推波助澜，用微信、微博、音乐相册、小视频等对陕菜进行宣传与助推。有会员感叹道："这才是真正的陕菜探秘！途中老师们讲饮食文化、民俗风情、菜品制作工艺，大家听得特别认真，回家还会学着做。跟着陕菜探秘之旅，才知道原来陕西有这么多美食！"

有些人原来只知道"三秦套餐"，参加了陕菜探秘之旅后，又知道了葫芦鸡和全家福。很多会员无形中成了宣传陕菜的志愿者，用这样的方式爱着陕菜。

这就是陕菜探秘之旅活动的意义所在，也是中国烹饪史上最具特色的调研。我们可以自豪地说，陕西不仅有众多小吃，更有五彩缤纷、形形色色的陕菜！

陕菜探秘，我们一直在路上！我们不仅要用脚步和味蕾丈量三秦大地，更要走向全国，走向世界。探秘、挖掘、整理散落在乡间的陕菜、饮食习俗、婚丧嫁娶等民俗风情，让陕菜的历史、文化、故事传遍四方，让千年陕菜香飘四方！

第三章　陕西地方饮食文化

第一节　西安饮食文化

西安是中华民族的摇篮、中国饮食文化之源、享誉天下的"国际美食之都"，其饮食文化源远流长。西安不仅是丝绸之路的起点，也是东西方文化交汇的中心，其饮食文化融合了宫廷御膳与民间小吃的精华，形成了独特的风味。八百里秦川是历史上第一个被称为天府之国的地方，见于《史记·留侯世家》："此所谓金城千里，天府之国也。"西安北濒渭河，南依秦岭，有渭、泾、沣、涝、潏、滈、浐、灞八水润长安，现有常住人口1300多万。

一、历史渊源及特点

西安不仅是华夏文明的重要发祥地，更是中国饮食文化的一座丰碑。其饮食文化源远流长，在历史的长河中不断沉淀、交融、发展，形成了独具特色、底蕴深厚的饮食体系。

1. 历史悠久

西安作为十三朝古都，拥有3100多年的建城史和1100多年的建都史，是中国饮食文化的发祥地之一。西安饮食文化是起源于西周，融合于秦汉，兴盛于隋唐，历经宋元明清和民国，传承发展至今的陕西饮食文化的首席代表，有渊源，有故事，有传说，有传承，有发展。在历史长河中，西安饮食一直是"北食"的代表与核心。随着王朝的更迭和古都长安地位的变化，西安饮食出现了西周、秦汉、隋唐、抗日战争时期四个高峰期，如西周的周八珍、唐代的烧尾宴等，对中国烹饪和餐饮的发展影响深远，具有极高的历史文化价值。

2. 食材广泛

西安饮食在制作过程中用料广泛、选料严格，既有三秦大地的食材原料，也有千里之外的海产干货、生猛海鲜等。在这片土地上，山珍海味、肉禽蛋奶，皆可入馔：既有山区的木耳、香菇，也有平原的小麦、玉米；既有饲养的牛羊猪鸡，也有捕获的鱼虾河蟹。构成了诸味纷呈的食材盛宴。

3. 技艺复杂

烹饪技法有烧、蒸、煨、炒、炖、汆、炝、烀、烤、煎、炸、酿、腌、渍、泡、泖、煮、熘、凉拌、温拌、油泼等，刀工细腻，瓢功精妙，讲究火功，精于用汤，长于用芡，注重原色、原形、原汁、原味，技法多样，工艺复杂。烹饪出的美食，色、香、味俱佳，风味独特，体现了西安地区在烹饪技艺上的精湛和多样性。

4. 风格多样

十三朝古都孕育了宫廷菜、官府菜、商贾菜、市肆菜、民间菜、清真菜和寺观菜等不同风格的菜肴，包括传统菜、仿古菜、创新菜，素食、药膳等，特别是种类繁多、风味独特的面点小吃。

5. 口味丰富

西安饮食既有香辣、酸辣、鲜香、咸香，也有温和、清淡、醇香、回甘等口味，简称鲜、香、酸、辣、咸、甜，是古都多元饮食融合的产物，形成了主料、主味、香味突出，丰富多样、兼容并蓄的特征。

二、饮食文化内涵

1. 历史文化底蕴深厚

西安饮食文化是一部生动的历史典籍，每一种美食都蕴含着丰富的历史典故和文化信息。从周八珍到烧尾宴，从宫廷美食到民间小吃，无不反映出不同历史时期的政治、经济、文化状况。烧尾宴作为唐代名宴，是官员晋升或招待贵宾时举办的豪华宴席，食单中记载的 58 种菜点，原料珍奇，技艺精美，不仅展示了当时高超的烹饪技艺，也反映了唐代社会的繁荣和贵族阶层的奢华生活。此外，曲江宴、千秋宴、鹿鸣宴、杏林宴等，不仅是味觉的享受，更是历史的见证，让人们在品尝美食的同时，领略到西安悠久的历史文化。

许多美食背后都有古老的传说或故事。例如，黄桂柿子饼相传与李自成进军北京有关。为了纪念李自成及其义军，每年柿子成熟时，临潼百姓家家户户都要烙些柿面饼吃。又如锅盔馍，一种说法是官兵为唐高宗和武则天修乾陵时，以头盔为炊具烙制而成，所以称锅盔；另一种说法是西周早期就有了锅盔，所以锅盔又被称为文王锅盔。这些传说和故事，使西安的美食不仅仅是食物，更是历史文化的传承。

2. 多样性与丰富性

西安饮食种类繁多，大菜、小吃、糕点一应俱全。陕菜作为陕西饮食的重要组成部分，古代的、现代的加起来有上千种，山珍海味肉禽无所不包。据陕西省烹饪餐饮行业协会统计，陕西的小吃有上千种，仅西安就有几百种（还不包括民间的一些小吃）。从面食来看，有岐山臊子面、三原疙瘩面、西安biángbiáng面和油泼面、鄠邑摆汤面、长安细柳臊子面、武功旗花面、陕北羊肉面、陕南浆水面等众多品种。此外，还有品种丰富的凉皮，如清真麻酱凉皮、秦镇米皮、宝鸡擀面皮、汉中热米皮、安康蒸面等。西安的糕点同样数不胜数，满足了不同人群的口味需求。

3. 包容性与多元性

西安作为丝绸之路的起点，自古以来就是文化交流的重要枢纽。其饮食文化具有很强的包容性，不仅能容纳国内各地的饮食文化，还能吸收国外的饮食元素。早在唐代，长安城中就有许多外域酒楼，如胡姬酒肆。西安的许多食品，如羊肉泡馍、胡麻饼、饦饦馍、羊肉串等，都有很强的外域特征。如今的西安，更是传承了古代长安饮食文化的包容性，在这里可以吃到粤菜、川菜、鲁菜、湘菜、淮扬菜、云南菜、新疆菜、贵州菜、东北菜等菜系的佳肴，以及各地的上千种小吃。此外，还能品尝到我国香港、澳门、台湾等地区的各色美食，以及许多国家的菜点，如美国的肯德基、麦当劳，韩国、日本的料理，巴西的烧烤，新加坡的快餐，法国大餐，印度菜，等等。外地、外国的一些餐饮形式、菜系、小吃，一旦进入西安就能火起来，充分体现了西安城的包容性、西安人的宽容以及西安文化的多元性。

4. 地域文化的彰显

西安地处关中平原，独特的地理位置和自然环境孕育了独特的地域文化，这种文化在饮食中得到了充分体现。西安人性格豪爽，热情好客，反映在饮食上，便是菜品分量十足、口味浓郁。各种面食，如牛羊肉泡馍、油泼面等，用大碗盛放，让人吃得酣畅淋漓，尽显关中人的豪迈之气。同时，西安饮食注重食材的原汁原味，烹饪手法以保留食材的本味为主，体现了西安人对自然和质朴生活的追求。

5. 宗教文化的影响

西安是一个宗教文化丰富的城市，佛教、道教、伊斯兰教等多种宗教在此交融。宗教文化对西安饮食文化产生了深远影响，使西安形成了独特的饮食风格。例如，伊斯兰教的传入带来了清真饮食文化，牛羊肉在饮食中的比重增加，清真小吃如牛羊肉泡馍、牛肉酥饼、粉汤羊血等成为西安美食的重要组成部分。清真饮食制作过程遵循严格的宗教教义，注重食材的选择和烹饪的清洁卫生。佛教和道教的素食文化在西安饮食中也留下印记，寺院道观的素斋制作精细，以素食原料制作仿荤素菜，不仅满足了信众的饮食需求，也为饮食文化增添了一份清新淡雅。

三、传统与创新交融

1. 现代发展与传承

西安饮食文化在传承中不断创新和发展。一方面，众多老字号餐饮品牌坚守传统工艺，如牛羊肉泡馍、臊子面、官府菜等。这些老字号餐饮品牌凭借精湛的技艺和独特的风味，成为西安饮食文化的名片，深受本地人和游客的喜爱。另一方面，新的餐饮企业和创新菜品不断涌现，他们在保留传统风味的基础上，结合现代人的口味和健康理念，对传统美食进行改良创新。一些餐厅推出了低盐、低糖、低脂的健康版泡馍等面食，满足了不同消费者的需求。还有一些餐厅将西安美食与现代烹饪技术相结合，创造出新颖的菜品形式，如分子料理版的凉皮、创意摆盘的肉夹馍等，为西安饮食文化注入了新的活力。

2. 各种节庆活动

西安积极举办各类美食节和文化活动，如西安国际美食节、陕菜探秘之旅、中国餐饮·西安峰会、永兴坊美食街区活动等。通过这些活动，不仅推广了西安美食，也促进了饮食文化的交流与传播。此外，随着旅游业的发展，西安美食成为吸引游客的重要因素之一。众多游客来到西安，品尝美食，感受西安饮食文化的魅力，进一步提升了西安饮食文化的知名度和影响力。

3．茶饮风尚

近年来，越来越多的年轻人喜欢喝咖啡，许多咖啡品牌店在西安大街小巷都能见到。西安有两条比较规模化的咖啡酒吧一条街——德福巷和顺城南巷，这两条街都是体验西安夜生活的好去处，"日咖夜酒"的模式深受本地年轻人和外来游客喜爱。德福巷以其历史背景和文化特色著称；顺城南巷则以其情调和文艺气息受到欢迎，同时也是外国游客聚会的首选之地。在仿佛有古韵流淌的古城巷子里，总有一种长安古典文化的韵味，人们喜欢它的时光印记，喜欢它的特有情调。漫步在十三朝古都的巷子里，与酒吧或咖啡店邂逅，别有一番滋味。

唐时，饮茶是一种时尚，只限于宫廷、达官权贵之家及文人圈子内，平民百姓难得有此口福。改革开放前，西安人主要喝茉莉花茶，陕青（紫阳绿茶、西乡绿茶等陕南茶）为辅。当今西安人的饮茶习惯丰富多样，既爱喝本省的陕青、泾阳茯茶等，也爱喝外地的普洱、老白茶、大红袍、铁观音、正山小种、碧螺春、龙井等。把茶叶作为礼品馈赠亲友已成为习俗。

本地饮料之工冰峰汽水诞生于 1953 年，堪称西安的"国民饮料"，在陕西地区享有极高的知名度和广泛的品牌影响力，是西安的一张文化名片。此外，酸梅汤堪称西安人的第二饮料。

四、美食街区

西安有许多别具风情的美食街区，它们都是品鉴美食的打卡之地，如回坊（外地人称之为回民街）清真美食街区、有地方特色的永兴坊非遗美食街区、极具城市烟火气和历史底蕴的东新街夜市美食街区、充满唐文化元素的大唐不夜城步行街、隐藏在城墙里的钟楼小区美食街区、大商场里的美食街、西安老牌饭馆集合地东木头市、市井乡野里的烟火美味"栖息地"韦曲老街等上百个特色餐饮美食街区。

此外，还有西羊市、大车家巷、建国路、菊花园、顺城巷、北广济街、五星街、中柳巷、长乐坊、师大路、骡马市等众多美食街区。每个街区都有其独特的美食和风味，等待食客们去探索和品尝。

第二节　咸阳饮食文化

咸阳地处八百里秦川的腹地，渭水穿南，九嵕山亘北，山水俱阳。作为中国首个封建王朝秦帝国的都城，咸阳拥有跨越千年的厚重历史。咸阳在岁月的长河中不仅沉淀了丰富的历史遗迹，更孕育了独具魅力的饮食文化。

享有"面食王国"美誉的咸阳市，位于关中平原的中心地带，种植小麦历史绵长，是中国面食的发源地之一，开启了陕西乃至全国的面食风尚，延绵至今。2019 年 11 月，世界中餐业联合会授予咸阳市"国际面食之都"的称号。

面食既代表了一个地方的特点，也是这片土地的文化符号和文明密码。咸阳人无面不欢，在日常生活中不可一日无面。这里的人用勤劳智慧和富有创造性的双手，化平凡为神奇，变单纯为丰富，把普普通通的小麦以及包括五谷杂粮在内的其他粮食，做成了种类繁多、形状各异、色香味俱全的数百种面食，这些面食成为陕西面食的优秀代表。

咸阳与西安同处于关中平原腹地，相互毗邻，因而在饮食风俗上两地大致相同。

一、历史渊源及特点

咸阳饮食文化的起源可追溯至远古时期。咸阳作为中华民族农耕文明的发祥地之一，其得天独厚的自然条件为农业发展奠定了坚实的基础。周族始祖弃（后稷）在今杨陵区西南圪塔庙一带"教民稼穑"，孕育了中国的农耕文明。其后代公刘率领周族迁居到泾水中游的豳邑（今彬州、旬邑一带），进一步推动了关中地区农业的发展，加速了从原始游牧氏族向定居农业氏族的过渡。这一时期，咸阳地区的饮食习俗和文化初步形成。

秦孝公十二年（前350年），咸阳成为秦国都城。随着国家的统一和经济的繁荣，咸阳的饮食文化迎来了重要的发展阶段。秦代，咸阳是全国交通的中心，驰道贯通东南，直道北越黄河，直达九原郡治所。便利的交通促进了各地物资的交流，也使得咸阳的饮食更加丰富多样。这一时期，咸阳的饮食不仅能满足人们的基本生活需求，还开始融入礼仪文化的元素，如在祭祀、宴饮等场合，饮食的种类、制作和摆放都有一定的规范。

汉唐时期，咸阳作为丝绸之路的第一站，商业繁荣，与国内外的交流日益频繁。张骞出使西域后，大量外来食材和烹饪技法传入咸阳，丰富了当地的饮食文化。例如，大蒜、胡荽（芫荽）、胡豆、胡瓜等食材的引入，为咸阳的菜肴增添了新的风味。同时，西域的一些烹饪方法也被融进当地的饮食制作中，进一步提高了咸阳饮食的多样性和美味程度。

宋代以后，随着政治、经济中心的转移，咸阳的饮食文化虽然不再像汉唐时期那样辉煌，但依然保持着自身的特色，并在民间不断传承和发展。明清时期，咸阳的饮食文化进一步融合了各地的特色，形成了更加丰富多样的饮食风格。同时，一些传统美食的制作技艺得到了传承和完善，如锅盔、油饼等面食的制作已经达到了相当高的水平。

从最初满足果腹之需，到逐渐发展出精致完善的饮食体系，咸阳饮食文化历经岁月洗礼，不断吸收和融合各民族、各地区的饮食特色，形成了如今丰富多元的格局。在漫长的历史进程中，咸阳饮食文化与朝代更迭、社会变迁紧密相连。先秦时期，咸阳地区的饮食以质朴、简约为主，主要食材为当地的农作物和畜牧产品。唐代，咸阳的饮食文化达到了鼎盛。宫廷饮食奢华精致，汇聚了天下美食，展现了皇家的尊贵与威严；民间饮食则质朴醇厚，充满生活气息，反映了百姓的智慧和对生活的热爱。如今，各种美食遍及咸阳的大街小巷，如肉夹馍、羊肉泡馍、汇通面、凉皮等，它们是咸阳饮食文化的代表。

二、饮食特色

咸阳地处关中平原，四季分明，土地肥沃，物产丰富，为饮食的发展提供了丰富的食材。小麦是咸阳的主要粮食作物，因此面食在咸阳饮食中占据着重要地位。从日常食用的面条、馒头，到其他各种特色面食，如邋遢面、锅盔牙子等，种类繁多，花样百出。此外，玉米、豆类、薯类等也是咸阳人餐桌上的常客，它们被巧妙地用到各种美食中，为咸阳饮食增添了独特的风味。

除了粮食作物，咸阳还拥有丰富的果蔬资源。《诗经·豳风·七月》中有"七月食瓜，八月断壶""七月亨葵及菽"等诗句，说明当时瓜、壶（葫芦）、葵、菽（豆类）等蔬菜已经成为关中地区的时令性家常菜品。咸阳作为关中地区的一部分，饮食也受此影响。苹果、梨、桃、杏等水果，以及白菜、萝卜、茄子等蔬菜，加之后来的葡萄、辣椒等，不仅满足了当地居民的日常需求，还成为各类菜肴和小吃的重要原料。在肉类方面，咸阳人喜爱食用猪、牛、羊、鸡等家畜家禽的肉。这些肉类经过精心烹制，成为一道道美味佳肴，如普集烧鸡、羊肉泡馍等。

三、烹饪技艺

咸阳的烹饪技艺传承千年，独具特色。在面食制作方面，厨师们凭借精湛的手艺，将面团变成具有各种形态和口感的美食。邋邋面的制作，需要厨师将面团反复揉搓、拉伸，使其成为又宽又厚又有嚼劲的面条，再搭配上特制的酱料和配菜，香辣可口，令人回味无穷。臊子面讲究薄、筋、光，制作时对面粉的选择、和面的技巧、擀面的手法都有严格的要求。臊子汤则以肉臊子、醋、辣椒等为主料，经过精心熬制，酸香浓郁，味道醇厚。

在菜肴烹饪方面，咸阳融合了多种技法，如炒、炸、炖、蒸、煮等，每种技法都被运用得恰到好处。普集烧鸡选用优质土鸡，经过腌制等多道工序后，放入特制的卤汤中用慢火炖煮。卤汤中加入了多种香料，使得烧鸡香气四溢，肉嫩离骨，酥烂无渣。羊肉泡馍的制作更是讲究。馍是特制的饦饦馍，吃前需自己掰成小碎块，如豆粒大小。厨师将掰好的馍与鲜嫩的羊肉、粉丝等一同放入熬制数小时的羊骨浓汤中煮熟，再撒上翠绿的葱花、香菜。热气腾腾的羊肉泡馍端上桌，羊肉的鲜嫩、馍的筋道、汤汁的醇厚完美融合，每一口都让人陶醉其中。

四、饮食风格

咸阳饮食风格多样，既融合了宫廷饮食的精致典雅，又保留了民间饮食的质朴豪爽，同时还吸收了其他地区饮食的特色，形成了独特的风格。

咸阳曾经是宫廷饮食的汇聚之地。宫廷饮食注重食材的选择和烹饪的精细，追求菜品的色、香、味、形、器的完美统一，体现出皇家的尊贵与威严。随着时间的推移，宫廷饮食已经逐渐融入民间，其中的一些精致菜品和烹饪技艺在咸阳得到了较好的传承和发展。

咸阳的民间饮食充满了生活气息，以质朴豪爽的风格深受人们喜爱。咸阳人性格豪爽，热情好客，这种性格特点也体现在他们的饮食中。

咸阳地处交通要道，自古以来就是各地文化交流的重要枢纽。这种特殊的地理位置使得咸阳的饮食文化具有很强的包容性，能够吸收、融合其他地区的饮食特色。在咸阳的美食中，既有北方的面食、肉类，又有南方的蔬菜、水果；既有本地的传统风味，又有外来的美食元素。

五、饮食口味

咸阳饮食口味丰富多样，有酸、辣、咸、香、甜等多种味道，形成了独特的口味体系，每一种口味都能给人带来不同的味觉享受。

1. 酸辣为主的独特风味

酸辣是咸阳饮食的主要口味之一，这种口味在臊子面、浆水面、油泼辣子等美食中体现得淋漓尽致。臊子面以其"煎、稀、汪、酸、辣、香"的特点而闻名，其中的酸味主要来自醋，辣味则来自辣椒。醋的酸香与辣椒的醇厚相互融合，使得臊子面的味道更加浓郁，让人食欲大增。浆水面是以浆水作为汤汁的一种面条。浆水是在小缸或坛子里放入油菜或芹菜，倒入未沾油的纯净面汤，发酵三五日制作而成，具有独特的酸味和香气。将煮好的手擀面条出锅过水，浇上调好的浆水，再放入韭菜等调料，清香酸爽的浆水面就做好了。油泼辣子是咸阳人餐桌上必不可少的调料，将辣椒面、芝麻、盐等调料放入碗中，浇上热油，瞬间激发出辣椒的香气，其辣而不燥、香气浓郁的特点，为各种美食增添了独特的风味。无论是夹馍、拌面还是做菜，油泼辣子都能让食物的味道更加丰富。

2. 咸香醇厚的浓郁滋味

咸阳的许多美食都具有咸香醇厚的口味特点。例如，长武酥肉就是一道咸香浓郁的美食，炸过的酥肉外酥里嫩，再经过蒸制，吸收了汤汁中的盐分和香料的味道，肉质更加鲜嫩，汤汁更加浓郁，吃起来咸香可口，回味无穷。普集烧鸡鲜嫩多汁，外皮酥脆，香味浓郁，得益于其独特的卤制工艺和丰富的香料配方。卤汤中有各种香料，如花椒、八角、桂皮、香叶等，烧鸡在煮熟的过程中充分吸收了香料的味道，从而形成了咸香醇厚的口感。此外，咸阳的一些传统面食，如锅盔、油饼等，在制作过程中也会加入适量的盐和调料，从而具有咸香的味道，搭配各种菜肴或汤品，口感丰富，十分下饭。

3. 甜香交融的别样风情

虽然甜味在咸阳饮食中不是主要的口味，但在一些特色美食中，甜香的味道也为它们增添了别样的风情。例如，兴平醪糟是陕西人家的味道，以其香甜可口、营养丰富而受到人们喜爱。醪糟是用糯米发酵制成的，具有浓郁的酒香和甜味。食用时，可以根据个人口味加入适量的白糖、桂花等调料，使其味道更加香甜。红星软香酥是陕西人特别是咸阳人的美食，人们走亲访友都要带上两盒。口感软糯，外皮酥脆，内馅香甜，有豆沙、五仁、玫瑰等多种口味可以选择，每一种都让人回味无穷。这些甜香交融的美食，不仅满足了人们对甜味的需求，也为咸阳饮食增添了一份甜蜜的色彩。

咸阳饮食文化，是历史与风味交织的独特存在。咸阳有传承千年的羊肉泡馍，肉烂汤浓，掰馍、品味间尽显关中风情；还有特色油泼面，热油激香调料，面条筋道爽滑，一口下去满是醇厚麦香……无论是街头小吃还是宴席佳肴，都承载着咸阳人的生活记忆与热情，彰显着这座古城的独特魅力。

六、传统与创新共舞

随着生活水平的提高和消费观念的转变，人们对美食的需求越来越多样化，这为咸阳饮食的创新发展提供了广阔的空间。

1. 传承与发展

咸阳市政府和社会各界采取了一系列措施，加强对传统美食技艺的保护和传承，通过举办美食文化节、传统技艺培训班等活动，提高人们对咸阳饮食文化的认识和重视程度。同时，鼓励餐饮人在保留传统风味的基础上进行创新和改良，推出符合现代人口味和健康需求的美食。一些餐厅推出了低盐、低糖、低脂的健康版羊肉泡馍、凉皮等；还有一些餐厅将咸阳美食与现代烹饪技术相结合，创造出新颖的菜品形式，如分子料理版的邋邋面、创意摆盘的锅盔牙子等，为咸阳饮食文化注入了新的活力。

2. 文旅融合

积极推动饮食文化与旅游业的融合发展，打造了一批以美食为主题的旅游景点和街区，如袁家村、福园巷子、汇通夜市等。这些地方汇聚了咸阳的各种特色美食，吸引了大量游客前来品尝，不仅提高了咸阳美食的知名度和影响力，也促进了当地旅游业的发展。

3. 走出咸阳

咸阳饮食以其悠久的历史、丰富的食材、独特的烹饪技艺、多样的特色美食和深厚的文化内涵，展现出独特的魅力。在时代的发展浪潮中，不断传承创新，在保留传统精髓的同时，融入现代元素，焕发出新的生机与活力。未来，咸阳饮食将继续走向全国，走向世界，让更多的人品尝到咸阳味道，感受到这座千年古都的独特魅力。

七、美食街区

北平街：咸阳最古老且著名的美食街区之一，一直是咸阳文化、餐饮的聚集地，也是老咸阳美食的发源地。在这里，人们可以品尝到关中美食乃至全国各地的特色小吃，吆喝声、叫卖声不绝于耳，空气中飘散着食物的香味。

福园巷子：首批命名的陕西省旅游休闲街区之一，是一个集美食、文化、旅游于一体的综合性旅游休闲街区，被誉为"咸阳的宽窄巷子"。这里汇集了咸阳乃至全省的各种特色美食、土特产、非遗产品等。逢年过节，这里还有关中民俗表演。

汇通夜市：位于咸阳市秦都区汇通十字西南角，夜市时间为晚6点至凌晨两三点，是咸阳夜生活的热门去处。汇通面于20世纪90年代诞生于此，逐渐形成了五六十家汇通面面摊，只卖汇通面，但口味多样，能够满足你的味蕾。

胭脂河坊：位于咸阳市中华西路（胭脂路）与咸平路十字西北角，被誉为"咸阳城中的清明上河园"，六大街区的特色美食街区、夜市烧烤院街区，以特色美食为主，囊括了关中、陕北、陕南的小吃类、菜品类，以及湘菜、淮扬菜、四川火锅等，有上百家店铺，是咸阳及周边地市居民假日休闲娱乐的好去处。

此外，还有中山街、永绥街、老糖酒美食街区、乐育路等，这些都是食客们口耳相传的好去处。

附：

咸阳十大名面：邋邋面、汇通面、武功旗花面、箸头面、杨凌蘸水面、乾县驴蹄子面、礼泉烙面、彬州御面、三原疙瘩面、长武刀劈面。

咸阳十大名菜：普集烧鸡、长武酥肉、武功葫芦鸡、辣子蒜羊血、杂烩蒸碗、永寿肘子、乞丐酱驴、长武水豆腐、长武血条汤、彬州御面。

咸阳十大名小吃：乾州锅盔、乾县豆腐脑、三原蓼花糖、普集烧鸡、彬州御面、麻食、馇酥、泡泡油糕、甑糕、辣子蒜羊血。

咸阳十大特产：泾阳茯砖茶、三原蓼花糖、兴平辣椒、三原小磨香油、馇酥、永寿槐花蜜、淳化荞麦、彬州大晋枣、御石榴、彬州梨。

第三节　渭南饮食文化

"陕菜之都"渭南位于黄河西岸、关中平原东部，饮食文化源远流长，最早可追溯至3000多年前的西周时期。这里是中国烹饪始祖伊尹的诞生地，深厚的历史底蕴为渭南饮食文化奠定了坚实的基础。

一、历史渊源

渭南饮食文化深受历史变迁和地域因素的影响。渭南民间流传着雷公造碗、杜康酿酒、伊尹做厨的故事，这些故事不仅反映了渭南人对饮食的热爱，也体现了当地饮食文化的深厚底蕴。

自周代始，经秦至汉，关中地区一直以渭河流域为中心，土地肥沃，物产丰富，史称"膏壤沃野千里"。小麦在这一时期逐渐成为关中地区主要的农作物，在当地居民的饮食中占据重要地位。

渭南作为西安的东大门，经济和战略地位重要，受西安饮食文化影响深远。西安一度名厨荟萃，代表了全国最高的厨艺水平，许多厨师在西安与渭南各县之间往来，将名菜和烹饪技艺带到渭南，促进了渭南饮食文化的发展。例如大荔县的生煸鱿鱼丝、澄城县的烧吊子等名菜，皆是在这种交流融合中诞生并流传下来的。

二、饮食文化特点

渭南的饮食文化特点鲜明，涵盖历史底蕴、地域特色、食材运用、烹饪技法、口味偏好和文化内涵等多个方面，展现出独特的魅力。

1. 历史底蕴深厚

渭南的饮食文化可追溯至 3000 多年前的西周时期。当时饮食被纳入礼的范畴，韩城市梁带村出土的七鼎六簋青铜器就说明了周人重食重礼的传统。在历史发展中，渭南受西安饮食文化的影响，许多名厨将烹饪技艺和名菜带到渭南，促进了其饮食文化的发展。

2. 地域特色显著

渭南地处关中平原东部，独特的地理位置造就了其独特的饮食风格。面食方面，合阳踅面、华阴大刀面、南七饸饹等各具特色，如合阳踅面被称为"中国最早的方便面"，相传是韩信行军时所创的便捷食物。肉类美食中，蒲城水盆羊肉碗大汤多，肉美料多，尽显渭南人的豪爽大气；潼关肉夹馍，馍酥脆，肉软糯，别具风味。小吃、糕点类的时辰包子、橡头蒸馍、水晶饼等，从制作工艺到口感，都极具地域特色。

3. 食材丰富多样

渭南东濒黄河，南倚秦岭，土地肥沃，物产丰富。主食以小麦为主，有各种各样的面食。肉类中猪肉、羊肉常见，蒲城水盆羊肉等选用的就是当地的优质羊肉。黄河、渭河等水域提供了丰富的水产，黄河鲇鱼汤就是以黄河鲇鱼为食材。蔬菜除常见品种外，还有香椿等特色蔬菜可以用来制作美食。水果如苹果等也被运用到饮食中，丰富了饮食的口感层次。

4．烹饪技法多元

渭南饮食融合了多种传统的烹饪方式，如：大荔九品十三花中的生煨鱿鱼丝采用煨的技法，小火慢炖，使鱿鱼丝吸收汤汁，味道鲜美，肉质鲜嫩；华州区的香酥鸡先腌制入味再炸制，对炸制时的油温掌控要求较高。在面食的制作上，合阳踅面的摊制对面饼的薄厚有要求，华阴大刀面考验的是刀工。

5．口味丰富独特

渭南饮食口味多样，如：南七饸饹有芥末的呛、臊子的香和饸饹的筋道；水盆羊肉汤鲜肉烂，搭配糖蒜、辣子等，口感丰富；时辰包子馅料鲜香，油而不腻；椽头蒸馍干香耐贮藏；韩城油酥角外皮酥脆，内馅柔软，香而不腻。

6．文化内涵丰富

渭南饮食不仅能带给人味觉享受，还蕴含着丰富的文化内涵。其饮食礼仪体现了传统文化，如大荔九品十三花、白水三转席都表现了对客人的重视和好客的传统美德。饮食能反映地域性格，如：合阳踅面体现了渭南人在逆境中的韧性；潼关肉夹馍外冷内热，恰似渭南人的性情。每道美食都有其意义，如麦子泡能见证澄城人一生的重要阶段。

三、饮食习俗

1．主食多样

渭南地区的主食以小麦为主，小米、豆类等也是常见的主食食材。这些主食在渭南人的饮食中占据着重要的地位，如馒头、花馍、小米豆稀饭等都是渭南人餐桌上常见的食物。

2．菜品丰富

渭南的菜品种类繁多，既有传统的家常菜，也有特色的地方小吃，如辣子豆腐、荞面煎饼、石子馍、踅面、金线油塔等都是渭南地区的特色美食。这些菜品不仅食材丰富，而且制作精细，口味独特，深受当地人和游客喜爱。

3. 酒文化浓厚

渭南酿酒出名，杜康酒就出自白水县。好酒之地必有好的下酒菜，酒与菜相互搭配，五味调和，体现出一种情感交流和享受的生活艺术。

4. 一日两餐

过去由于经济条件有限，同时受传统的"日出而作，日落而息"的影响，渭南农村人习惯一日两餐。现今虽已时过境迁，但这一习俗在一定程度上依然保留着。两餐的时间通常在上午 10 点和下午 4 点左右。

5. 节日聚餐

在重要的节日或庆典时，渭南人有聚餐的习俗。其间，家家户户都会准备丰盛的饭菜，邀请亲朋好友共聚一堂，在享受美食的同时增进感情。

6. 饮食偏好

渭南人的饮食以经济实惠、味美可口为主。在日常生活中，他们喜欢做一些简单易做、成本低廉但又美味可口的菜肴。渭南人对辣味喜爱有加，许多菜品都会加入油泼辣子来提味。

四、特色饮食

渭南有许多特色美食，如时辰包子、踅面、麻食泡、潼关酱菜、带把肘子和水晶饼等。这些美食不仅在当地深受欢迎，也吸引了众多游客前来品尝。

（1）潼关肉夹馍：卤肉、和面、打饼和夹肉四道工序要求操作者技艺高超。刚出炉的馍皮薄松脆，像油酥饼。卤肉肥而不腻，瘦而不柴，咸香适口，香气四溢。用热馍夹煮好放凉的肉，俗称热馍夹凉肉，这是最传统的吃法。

（2）合阳踅面：源于西汉初年，是中国最古老的方便面，用荞麦面和小麦面混合制成，经过磨面、和面、摊面、切面、下面五道工序，口感筋道耐嚼，油香浓郁。

（3）华阴大刀面：因用大刀切面而得名，面条泛黄，煮熟后浇上油炸面酱、豆腐、粉条、臊子，加入醋、盐、辣子等调料，酸辣可口，筋道爽滑。

（4）南七饸饹：分为小麦面饸饹和荞麦面饸饹，以荞麦面饸饹为佳，用料讲究，可凉调、汤拌、油炒，芥末味是其特色之一，口感筋道，味道浓香。

（5）大荔带把肘子：这是陕菜中衙门菜的代表菜品，选用猪的前腿肉，先煮后蒸，肉质鲜嫩，色泽枣红，如把柄，似蒲团，香醇味美。

（6）水盆羊肉：羊肉配以多种佐料制作，肉烂汤清，清香鲜醇。有两种吃法：一种是把羊肉夹入馍中，自制夹馍；另一种是把饼掰成小块，泡进汤里，做成泡馍，佐以鲜大蒜、辣酱或糖蒜。

（7）韩城羊肉饸饹：将荞麦面压成圆条状，煮熟后捞入碗中，倒入加了多味调料的羊肉汤，饸饹细长绵软，臊子酥烂浓醇、麻辣鲜香。

（8）渭南时辰包子：始创于清乾隆年间，用白面粉、新鲜猪板油、赤水大葱及秘制调料制成，现蒸现卖，状如僧帽，油渗出呈金黄色，馥郁鲜爽。

（9）富平太后饼：以白面粉、猪板油等为原料揉制烘烤而成，外皮焦黄酥脆，内瓤层次分明，口感酥、脆、软、绵，油香不腻，老少皆宜。

（10）大荔月牙烧饼：形状像月牙，用白面粉等烤制而成，外皮黄亮焦脆，内瓤酥松空软，可夹肉、夹蔬菜、夹蛋类，各有风味。

（11）蒲城椽头蒸馍：将面粉揉条切成馍坯蒸熟，因上圆周方形似椽头而得名。和面不用碱发酵，揉条蒸熟，内酥外光，热吃不黏，冷吃香酥，堪称馒头一绝。

（12）水晶饼：用白面粉、猪板油、冰糖等制成，面色金黄，四周雪白，皮酥馅足，滋润适口，有浓郁的玫瑰和橘皮的清香，是当地民众喜爱的点心之一。

（13）大荔水磨丝：被誉为"国内烹饪界刀工的典范"，将猪耳切成极细的丝，再经焯水、调味等工序制成，香酸爽口，是一道精致的下酒佳肴。

（14）潼关鸭片汤："鸭片"实为猪里脊肉。相传清光绪年间，慈禧太后对潼关的烩里脊片赞赏有加，说其味似御膳中的鸭片，由此得名。制作时把鲜里脊肉先竖切后再横切成小片，用鸡蛋清调和，在炒锅中以热锅凉油的方式将肉炒至稍变色后出锅，去掉余油后，加适量的盐、姜末、葱片用白汤煮沸，盛入碗中，加少许香油即成。

此外，澄城手撕面、流曲琼锅糖、麦子泡、八宝辣子、潼关酱菜、大荔蜜汁轱辘等也十分有名。

渭南的早餐种类丰富，有豆腐脑、豆浆、豆腐泡、各种夹馍（如腊汁肉夹馍、土豆片夹馍、擀面皮夹馍、菜夹馍等）、胡辣汤、水盆羊肉、粉和米线系列（如酸辣粉、米线等），以及蒸制的各种包子等。还有一些炸、煎制品，如油饼、油糕、油条、水煎包、手抓饼、煎饼馃子等，也常出现在渭南人的早餐桌上。

综上所述，渭南作为"陕菜之都"，饮食深受历史、地理和文化的影响，形成了底蕴深厚、特色鲜明的饮食文化。在日常生活中，渭南人注重饮食的经济实惠和味美可口；在节日或庆典时，他们则会准备丰盛的饭菜来庆祝。渭南地区还有许多著名的特色小吃等待着人们去品尝和发现。这些美食不仅体现了渭南地区的独特风味，更承载着当地的风土人情与历史记忆。

附：

荣获"陕西金牌旅游小吃"称号的渭南美食：泡泡油糕、澄城水盆羊肉、富平太后饼、时辰包子、油泼菜鱼鱼、合阳踅面、面辣子、白水碎饺子、华州花馍、华阴大刀面、潼关肉夹馍、麦子泡。

第四节　宝鸡饮食文化

宝鸡这座位于关中平原西部的城市，是中国历史名城，是中华民族的始祖炎帝的故乡，也是周秦两大朝代的崛起之地，素有"炎帝故里""青铜器之乡"等诸多美誉，有着深厚的历史文化底蕴。在漫长的岁月里，宝鸡独特的地理位置和人文环境孕育了丰富多彩、独具特色的饮食文化，它不仅是当地人民生活的重要组成部分，更是这座城市历史与文化的生动体现。

宝鸡又称西府，著名的西府小吃经历了千余年的发展，博采各地之精华，兼收民族饮食之风味，挖掘、继承历代宫廷小吃之技艺，以品种繁多、风味多样著称，是中国烹饪文化宝库中一颗光彩夺目的明珠。

一、历史渊源

宝鸡的饮食文化源远流长，最早可追溯至新石器时代。从仰韶时期的刀耕火种到后来出现农耕文明，这片土地上的人们种植粟、黍等农作物，为饮食文化的发展奠定了基础。西周时期，宝鸡作为周王朝的发祥地，其饮食文化迎来了重要的发展阶段，出现了"钟鸣鼎食""九鼎八簋"的饮食礼仪和八珍，不仅体现了当时贵族阶层的生活方式，对后世的饮食文化也产生了深远的影响。

周秦汉唐以来，宝鸡作为京畿辅弼之地，秦、陇、蜀馔在此融合，使得当地饮食丰富多样。秦代以后，由于磨的发明和广泛使用，人们由"粒食"时代进入"面食"时代。到了汉唐时期，随着历史政治的变迁和皇室东迁至长安（西安），由宝鸡菜逐渐发展形成了陕菜，并达到高峰。三国时期，"明修栈道，暗度陈仓"的典故让宝鸡陈仓声名远扬，同时也促进了当地与其他地区饮食文化的交流与融合。

唐代的宫廷菜、官府菜、寺院菜、市肆菜、家常菜等，对后来中国菜系的形成和发展产生了很大的影响。随着时间的推移，宝鸡饮食不断吸收和融合周边地区的饮食特色，逐渐形成了自己独特的风格。

宝鸡素有"陕菜之根、美食之源"的美誉，有"中国臊子面之乡"岐山县和"陕菜之乡"陈仓区、太白县。岐山县的"西府十三花"、陈仓区的"姜太公钓鱼宴"被中国烹饪协会评为"中国名宴"，麟游血条面为宝鸡的非物质文化遗产。

二、食材特点

宝鸡地处关中平原，土地肥沃，物产丰富，为饮食的发展提供了丰富的食材资源。这里盛产小麦、玉米、豆类等粮食作物，是面食的天下。宝鸡小麦品质优良，面粉筋道，为制作各种面食提供了优质的原料。岐山臊子面、西府扯面、削筋面等众多面食种类，都以其独特的口感和风味深受人们喜爱。

宝鸡的蔬菜、水果也十分丰富。辣椒、大蒜、大葱等调味蔬菜的种植，为宝鸡的美食增添了浓郁的风味。秦椒以其色泽鲜红、辣味浓郁而闻名，是制作宝鸡特色辣椒油的主要原料。宝鸡还盛产苹果、猕猴桃、核桃等，这些食材不仅可以直接食用，还能被广泛应用于各类美食的制作中。眉县的猕猴桃口感鲜美，营养丰富，常被用于制作甜品和饮品；核桃则被用来制作核桃酥、核桃饼等特色小吃。

宝鸡的畜牧业也较为发达，提供了丰富的肉类资源。羊肉、牛肉、猪肉等在宝鸡的饮食中占据重要地位。凤翔的腊驴肉，以其肉质细腻、香味浓郁而成为当地的特色美食。岐山臊子面中的肉臊子，选用优质猪肉精心烹制，是这道美食的灵魂所在。

三、饮食文化特点

1. 风味独特浓郁

宝鸡饮食有鲜明的风味特色，以酸、辣、香、酥、烂、扒、透为代表。如：岐山臊子面酸辣鲜香，面条薄、筋、光，汤则煎、稀、汪；擀面皮搭配特制辣椒油与醋，酸辣开胃，口感筋道。

2. 面食种类丰富

宝鸡常被称为"面食之都"，面食是宝鸡人生活中不可缺少的主角。这里有臊子面、油泼面、扯面、削筋面、揪面片等多种类型，从面条的形态到烹饪方式，应有尽有，能满足不同的口味与喜好。

3. 历史底蕴深厚

宝鸡是周秦文化的发祥地，其饮食文化可追溯至先秦时期。宝鸡的许多美食都有悠久的历史，如岐山臊子面始于周代，最初用于祭祀礼，后从宫廷走向民间。

4. 饮食就地取材

宝鸡是农耕文化的发源地之一，丰富的农产品为饮食提供了充足的原料。小麦、大豆、辣椒、醋等都是常用食材，姜城堡的生姜、千陇的辣椒、千河的大葱、凤县的花椒，以及关中猪，秦川牛，山区羊，渭水鱼、鸡、驴等，对宝鸡饮食的形成产生了深刻影响。宝鸡擀面皮、豆花泡馍就是以当地的面粉、大豆为原料制作的。

5. 烹饪技法多样

宝鸡饮食烹饪技法丰富，以蒸、烀、炒、炸、氽、熗、煨、烩、温拌等见长，如用蒸的技法制作的粉蒸肉、糟肉，嫩而不糜，香味浓郁；通过"花打四门"用飞火炒制的金边白菜，达到了独特的脆嫩品质。

6. 民俗文化融合

宝鸡饮食与民俗紧密相连，体现了礼乐文明。如：在红白喜事礼宴上，开席、上菜皆有讲究；在凤翔的孝子宴上，"上大饭"时，人们会将菜夹给赴席的老人，让他们带回去，以表孝敬；还有婚俗中的"姑娘看茶"、寿礼中的长寿面等，都彰显了宝鸡的饮食礼仪。

7. 饮食风格多元

宝鸡是连接中原、西域与巴蜀的枢纽，其饮食融合了关中及周边地区的特点，既有关中菜的清淡鲜美，又有陕北菜的粗犷浓郁、西域口味的酸辣，还兼具自身的独特风味，如宝鸡烩面、宝鸡烧饼等。总之，宝鸡的饮食是一个多元融合的独特体系。

四、饮食习俗

宝鸡饮食文化不仅体现在丰富多样的美食上，还具有深刻的内涵。其饮食习俗不仅承载着当地人的生活智慧，更是地域文化的生动体现，反映出宝鸡独特的风土人情。从日常的三餐到传统节日的盛宴，每一道美食、每一个饮食场景都散发着浓郁的宝鸡味道。

1. 饮食礼仪

宝鸡作为礼乐文明的源头之地，其饮食具有很强的伦理性特征。在传统的宴席上，座位的安排、上菜的顺序、餐具的使用等都有严格的规定，体现了对长辈的尊敬和对宾客的礼遇。例如，在一些重要的场合，长辈会坐在主位，晚辈依序而坐，上菜时先上热菜，再上凉菜，最后上主食。这种礼仪规范传承至今，成为宝鸡饮食文化的重要组成部分。

2. 饮食习俗

宝鸡饮食大体上可分为日常饮食和节日饮食两大类。

（1）日常饮食：

早餐：朴实多样，豆花泡馍是首选，配上锅盔；擀面皮，配上豆浆或稀饭；此外还有油条、茶酥、油饼、包子等传统早餐，也深受宝鸡人喜爱。

午餐：以面条为主，面条品种繁多，有擀面、扯面、刀削面、臊子面、浆水面、油泼面等。其中，岐山臊子面堪称宝鸡面食的代表。此外，削筋面、驴蹄子面等特色面食也备受欢迎。

晚餐：俗称喝汤，较简单，有馍和稀饭，佐以小菜，多在农忙时才有晚餐。炒菜、米饭是常见的搭配。宝鸡人擅长用当地的新鲜食材制作出美味可口的家常菜，如酸辣土豆丝、西红柿炒鸡蛋、炒青菜等。这些看似普通的菜肴，因为家人的用心烹饪而格外美味。一些家庭也会将面食作为晚餐，如油泼面、炸酱面等。

（2）节日饮食：

宝鸡的节日饮食习俗蕴含着浓郁的烟火气与深厚的文化底蕴。

春节，从腊月起，家家户户就开始蒸花馍，鱼形、寿桃状的花馍栩栩如生，寓意着年年有余、健康长寿，承载着对新年的美好祈愿。除夕夜，西府合盘这道凉菜必不可少，肘花、皮冻搭配菠菜、豆芽，浇上醋汁，色彩缤纷又寓意着团圆。大年初一，全家人围坐在一起吃臊子面，热辣鲜香的面条中饱含着对新一年幸福长久的期盼。吃面之前还会先端汤去门前祭奠先人、祈愿丰收。

端午节，粽子飘香，糯米搭配红枣、豆沙，软糯清甜。一家人围坐在一起包粽子，长辈传授技巧，充满节日的温情。

中秋佳节，阖家团圆，月饼是桌上的主角，传统五仁月饼、豆沙月饼和新式水果月饼、蛋黄酥摆满盘子，边赏月边品尝，分享生活趣事，尽享天伦之乐。农村地区还会摆上供品祭月，在月光下许下美好的愿望。

每逢过节或招待客人，饭菜较丰盛，制作得也精细。但传统上一般早餐以臊子面为主，午餐配以凉菜、炒菜下酒，主食有饺子、米饭、蒸馍或臊子面。在农村待客的饭中，荷包蛋、丁层饼较常见。

3. 筵席讲究

宝鸡各县区的民间筵席大同小异，通常是八菜一汤，有猪肉、鸡肉、鱼肉、鸡蛋和其他炒菜。过去乡村筵席以煮菜为主，红白事一般讲究"十三花""十二件""十大碗"。如今筵席质量提高，花样增多，以炒为主。在乡村筵席中，鱼肉、鸡肉等肉食也成为常见的首道菜。

五、风味小吃

宝鸡的小吃经历了千余年的发展，名目繁多，其中尤以岐山名吃历史悠久，最负盛名。

（1）宝鸡茶酥：以猪板油和面，拌以调料，做成小饼，用菜油烙成金黄色，酥脆不腻，若加油煎荷包蛋，更加美味可口。有食客称赞："宝鸡茶酥不寻常，上烤下烙油渗黄。进口即酥味道美，层层落花放异香。"

（2）岐山臊子面：岐山臊子面可以追溯到西周时期，是周王室的宫廷美食，以"薄、筋、光、煎、稀、汪、酸、辣、香"著称。面条细长，薄厚均匀，臊子鲜香，面汤油光红润，味道鲜香浑厚而不腻，口感柔韧滑爽，酸辣适中，老幼皆宜。在关中地区，逢年过节、红白喜事、老人过寿、小孩满月、亲朋好友做客，都离不开臊子面。

（3）岐山擀面皮：当地传统的风味小吃，具有悠久的历史和独特的制作工艺。源于唐代，经过不断发展和完善，逐渐形成了今天的独特风味。以"白、薄、光、软、筋、香"闻名，凉爽可口，四季皆宜。它的独特之处在于筋道柔软、酸辣爽口。岐山擀面皮不仅是当地人的日常美食，也是游客必尝的特色小吃。无论是作为早餐、午餐还是晚餐，都能让人食欲大增。清康熙年间，岐山城北八亩沟村村民王同江在清宫御膳房专做面皮，因用面粉制作，又是京城御膳，故称御京粉。

（4）文王锅盔：据传始于周文王之时，主要作为客商的干粮，方便远走他乡时携带。因形似锅底、大如锅盖而得名。以"干、酥、白、香"著称。制作过程颇为讲究，选用优质小麦粉，经过发酵、揉面、擀制等多道工序后，放入特制的烤炉中慢慢烤制而成。外皮酥脆，内里松软，麦香四溢，而且耐储存。

（5）凤翔豆花：西府驰名的经济小吃。吃法特殊，用豆花泡锅盔，故称凤翔豆花。特点是豆花嫩、辣子汪。用豆浆泡锅盔，再拌以豆花块，佐以精盐、辣椒油。味道咸辣清香，营养价值高，易消化。

（6）凤翔腊驴肉：凤翔特有的传统肉制品。清朝咸丰、同治年间，县城东铁沟村屠户所创制。制作工序复杂，要经过夏、秋、冬三季的不同工序。经晒、压、煮、腌制成的腊驴肉，色泽鲜红，肉质细腻，香味浓郁，富有营养。

（7）陇县马蹄酥：又名蜜馅儿，是陇县的传统风味小吃。其历史可追溯至隋唐时期，相传原是宫廷膳食，后传入陇县民间。它状若马蹄，饼层薄如蝉翼，色泽褐黄，层次清晰。咬上一口，脆酥绵甜的口感瞬间在舌尖绽放，且久放依旧美味。

（8）扶风鹿羔馍：扶风县的特色风味食品，已有百年历史。圆形，中有小窝窝，内印有红色鹿羔，故名鹿羔馍。以酥香可口、耐贮存为特点。古往今来，凡经扶风的商旅无不慕名购买鹿羔馍，以备旅途之用。鹿羔馍也是本地人探亲访友的馈赠之物。

（9）西府扯面：从周代的礼面演变而来，秦汉时叫汤饼，宋元时称水滑面，在中华面食中历史较为悠久、最有代表性。油泼面、手擀面、蘸水面等都属于扯面。将面团反复揉搓、拉伸，扯成宽厚的面条，直接下入锅中煮熟。出锅后的扯面搭配葱花、蒜末、辣椒面等调料，淋上热油，再根据个人口味加入臊子、青菜等。面条筋道有嚼劲，入口爽滑，油香四溢，味道浓郁，是西府地区最常见的一种吃食。

（10）麟游血条面：麟游地区的特色风味小吃，相传唐太宗李世民到麟游九成宫避暑，在乡间视察民情时发现了血条面。因其喜爱，血条面得以发扬光大，流传至今。逢年过节、红白喜事，血条面都是麟游人招待亲朋好友的必备美食。制作方法较为独特，将新鲜的猪血与面粉混合制成面条，煮熟后搭配臊子食用。血条面颜色暗红，口感筋道，臊子鲜香，汤汁浓郁，蕴含着浓厚的地域文化特色。

（11）醋粉：宝鸡市的一种风味小吃，与岐山地区擅长制醋的传统密切相关。岐山人将粮食发酵制成醋后，利用剩下的醋糟创造出了醋粉这种独特的美食。经过调味的醋粉口感比较软，搭配辣椒油、醋、蒜泥等调料，清爽解腻，酸香微辣，风味独特，是宝鸡饮食独具匠心的体现。

第五节　铜川饮食文化

铜川，别称同官，位于关中平原与陕北黄土高原的过渡地带，北靠黄土高原，南依八百里秦川，独特的地理位置使其饮食文化融合了关中地区的面食文化和陕北地区的一些饮食文化特点，呈现出一种独特的风格。这里的美食，每一口都饱含着这片土地的质朴与热情，承载着深厚的历史文化底蕴。

一、历史渊源

铜川的饮食文化源远流长，可以追溯到数千年前。从新石器时代开始，这片土地上就有人类繁衍生息，当时人们以采集和狩猎为生，食物来源较为单一。随着农业的发展，粟、黍等农作物逐渐成为主要食物，奠定了铜川饮食的基础。

周秦汉唐时期，铜川作为京畿之地的重要区域，受到了当时先进饮食文化的影响。宫廷美食和贵族饮食的烹饪技艺、食材等逐渐融入当地的饮食，使得铜川饮食在保留质朴风格的同时，开始注重食物的品质和口味。例如，耀州窝窝面始于清道光年间，距今已有一两百年，制作工艺复杂，配料丰富，体现了当时对饮食精细程度的追求。

明清时期，铜川的商业逐渐繁荣，人口流动频繁，各地的饮食在此交汇融合。铜川不仅吸收了周边地区的美食特色，如关中的面食制作技艺、陕北的羊肉烹饪方法等，还将自身的饮食文化传播出去，形成了具有地方特色的饮食体系。

二、食材特色

铜川独特的气候和地理环境，为丰富多样的食材的生长提供了得天独厚的条件。适宜的主要农作物包括小麦、玉米、水稻，还有土豆等粗粮。这些粗粮不仅是当地居民的主要食物来源，更是铜川美食的灵魂所在。用小米熬制的粥，香甜浓稠，营养丰富；玉米可制作成玉米糁子粥、玉米饼等多种美食，口感醇厚；土豆则以其多变的形态出现在餐桌上，如洋芋擦擦、土豆烧牛肉等，味道鲜美。

小麦是铜川重要的农作物之一，铜川的小麦以颗粒大、色泽黄、弹性好、口感滑、味道美而著称，因此在国内外市场上备受欢迎。铜川也适宜种植玉米，所产玉米品质优良，主要特点是籽粒饱满、甜度高。铜川水资源丰富，土壤性质也适合水稻生长，水稻产量非常可观。

铜川还出产各种蔬菜。土豆、萝卜、白菜是常见的当家菜。土豆产量高，易储存，吃法多样，可炒、炖、炸，如土豆丝、土豆烧牛肉、炸薯条等都是深受人们喜爱的菜品。萝卜清甜可口，既可生食，也能腌制咸菜，或是炖汤、炒菜，为饮食增添了丰富的滋味。白菜耐寒，冬季家家户户都会储存大量白菜，用于制作各种菜肴，如白菜炖豆腐、醋熘白菜等。耀州辣椒身条细长，色泽红艳，肉厚味美，是制作油泼辣子等调料的绝佳食材，为铜川美食增添了独特的辣味风情。

在铜川的水果中，铜川大樱桃颇负盛名。当地的气候和土壤条件十分适宜樱桃生长，产出的樱桃果实饱满，色泽鲜艳，酸甜多汁。此外，桃子、苹果、柿子等水果也在铜川广泛种植。王益区孟家塬的孟姜红甜桃个儿大、色艳、味美。宜君的苹果以个儿大形正、色艳味浓、肉脆汁多著称。这些水果丰富了铜川人的饮食，也成为当地的特色农产品。柿子可制成柿饼，或者酿造柿子醋，为饮食增添了别样的风味。

在肉类方面，由于铜川靠近陕北，羊肉在铜川饮食中占据重要地位。当地的羊肉肉质鲜嫩，膻味较轻，适合用多种烹饪方式制作。无论是炖、煮、烤还是炒，都能展现出羊肉的鲜美。例如，北关饸饹以荞麦面为主要原料，搭配用羊肉、豆腐、萝卜、香菜等熬制而成的鲜香汤汁，酸辣爽口，驱寒暖胃，是冬季的绝佳美食。

三、烹饪特色

铜川饮食的烹饪手法融合了关中和陕北的特色，同时又具有自身的独特之处，整体风格朴实无华，注重食材本味的呈现，以简单的烹饪方式保留食物的营养与风味，充满浓郁的乡土气息。炖、蒸、烙、煎、炸等传统烹饪方式在这里得到了广泛的应用，每一种烹饪方式都赋予了食材独特的口感和风味。

炖菜是铜川饮食中的一大特色，如腊肉炖粉条。将腌制风干后的腊肉与粉条一起用慢火炖煮，腊肉的油脂融入粉条中，使其软糯筋道，同时又吸收了腊肉的醇厚香味，肥而不腻，两者完美融合，成为一道色、香、味俱全的经典菜肴。这种烹饪方式不仅能够充分释放食材的营养成分，还能让各种食材的味道相互渗透，从而形成独特的风味。

蒸制也是铜川人常用的烹饪方法，耀州蒸碗就是蒸制饮食的代表。蒸碗是过年时常见的美食，用传统灶火蒸制，最大程度地保留了人们记忆里的年味。以条子肉、酥肉等为主料，搭配丰富的配料，浇上调制好的汤汁，蒸制一个小时左右。成品酥烂咸香，软嫩多汁，入口即化。在蒸制过程中，食材的营养成分得以保留，口感也更加鲜嫩。

烙饼在铜川十分受欢迎，通常用小米面或玉米面制作。将面团擀成薄片，放入锅中烙制，饼薄而焦香，口感筋道。烙饼可以单独食用，也可以搭配各种菜肴一起吃，是当地人日常生活中不可或缺的主食之一。烙这种烹饪方式虽然简单，却能将粗粮的香气充分展现出来。

在调味方面，铜川饮食偏爱咸鲜口味，注重突出食材本身的味道。同时，辣椒、醋等调料也运用得十分广泛，为菜肴增添了独特的风味。油泼面便是很好的例证：将手工擀制的宽面煮熟后，放上葱花、蒜末、辣椒面等，再浇上热油，瞬间激发出浓郁的香味，面条香辣过瘾，让人回味无穷。

随着时代的发展，铜川饮食在保留传统烹饪技艺的基础上，也不断进行创新。厨师们开始尝试将现代烹饪理念和技术融入传统美食中，创造出更加丰富多样的口味和菜品。如在传统的面食制作过程中加入蔬菜汁、水果汁等，不仅增加了面食的营养价值，还使其颜色更加鲜艳，口感更加丰富。同时，一些新的烹饪工具和调料的应用，也为铜川饮食的创新提供了更多可能。

四、饮食文化特点

1. 以面食为主

铜川人的主食以面食为主，面条、馍馍等面食种类繁多，如窝窝面、咸汤面、小丘刀削面、印台驴蹄子面等。口感丰富，口味偏酸辣，也有香、鲜、甜、咸等多种味道。其中，荞面饸饹是极具代表性的面食之一，面条粗实筋道，配上用羊肉、豆腐、萝卜、香菜等熬制而成的鲜香汤汁，酸辣爽口，别具风味。寒冷冬日，来一碗热气腾腾的荞面饸饹，驱寒暖胃，惬意十足。咸汤面是耀州区的风味小吃，以其经济实惠和方便快捷的特点成为当地人喜爱的早餐选择。这两种小吃都反映了铜川深厚的历史文化底蕴，是铜川饮食的重要组成部分。

玉米糁子粥也是常见的铜川早餐，香甜软糯，营养丰富。不少人家还会在粥里加入红枣、花生等食材，让粥品更加丰富。此外，用小米面或玉米面制作的烙饼，外酥内软，营养丰富，是当地人爱吃的主食。

2. 小吃工艺独特

在铜川，街头巷尾藏着许多令人垂涎的小吃。锅盔是常见的街头小吃，用面粉制作，形状扁平，烤制而成，外皮酥脆，内里柔软，可以根据个人口味选择不同的馅料，如豆沙、芝麻等。凉皮口感筋道，配上辣椒油、醋等调料，酸辣爽口，是炎热夏季的解暑佳品。油炸糕外酥里嫩，甜糯可口，深受老少喜爱。黄米凉糕用黄米粉制作而成，口感软糯香甜，清凉解暑，是夏季消暑的不二之选。又如窝窝面，制作时先将面和好，擀平，切成筷子粗细的条，再切成面丁，然后用筷子的圆头将面丁一个个压成圆窝状，配上瘦肉、鸡蛋、木耳等烩煮而成，口感细腻顺滑，香气扑鼻。此外，铜川耳朵套的做法也十分独特。

3. 药膳养生独特

铜川作为药王孙思邈的故里，孕育了独特的药膳养生保健饮食文化。孙思邈在《千金要方》中系统阐述了药食同源理论，强调"药食两攻，则病无逃矣"，为铜川的药膳文化奠定了坚实的理论根基。受此影响，铜川充分挖掘当地丰富的食材资源与道地药材，将其巧妙融合。将宜君党参、耀州艾草等与乌鸡、山药等食材搭配，开发出众多养生菜品。如：以宜君党参煲制的乌鸡汤，汤汁浓郁，营养丰富，有补中益气、养血安神之效；用耀州艾草制作的青团，清香可口，兼具祛湿散寒的作用。

在烹饪技艺上，铜川药膳既保留了传统陕菜的技法，又结合现代营养学进行了创新。厨师们精心调配食材与药材的比例，注重色、香、味、形的完美呈现，力求让食客在享受美食的同时，达到养生保健的目的。除了菜品，铜川还有特色的养生小吃，如用茯苓、山药粉等制作的糕点，口感软糯，健脾益胃。

铜川的饮食文化，是当地地理环境与人文特色的生动体现，既融合了关中和陕北的饮食文化精髓，又彰显出自身的质朴与醇厚。其每一道美食都承载着当地人的生活记忆与情感寄托，吸引着人们前来品味，感受这座城市的独特魅力。

五、饮食习俗

在日常生活中，铜川人的一日三餐各有特色。

早餐较为简单，以馍馍、稀饭、咸菜为主，玉米糁子粥香甜软糯，是常见的早餐粥品，搭配自家腌制的咸菜，清爽可口，吃完后开启活力满满的一天。当然，也有不少人会选择吃一碗热气腾腾的咸汤面，面条细长，汤底咸香适中，配上红亮的辣椒油和入味的豆腐，暖胃又满足。

午餐相对丰富，主食多为面食，各种面条、饼搭配着炒菜或炖菜一起吃。一家人围坐在一起，共享午餐时光，交流生活琐事，充满温馨的氛围。

晚餐较为清淡，多是简单的汤品、馍馍和小菜，如鸡蛋汤、挂面汤等，搭配凉拌黄瓜、炒豆芽等小菜，既能补充营养，又不会给肠胃带来负担。

在传统节日和举行重要庆典时，饮食更是增添了浓重的仪式感。在春节这个重要的传统节日，铜川人会精心准备各种美食。年前家家户户都忙着蒸馍馍，有白馍、花卷、豆包等，寓意着来年生活蒸蒸日上。还要制作各种油炸食品，如麻花、油糕等，麻花酥脆可口，油糕外酥里嫩。这些油炸食品不仅是节日美食，也是走亲访友时用于馈赠的佳品。过年期间，耀州蒸碗是必不可少的传统美食，充满浓浓的年味，承载着人们对美好生活的向往。

六、特色美食

（1）窝窝面：始于清道光年间，已入选铜川市非物质文化遗产名录。原料丰富，制作考究，刀工精细，味香可口，有"天下美味都吃遍，首推耀州窝窝面"的美誉。

（2）咸汤面：耀州特有的传统小吃，历史悠久，已被列入陕西省第五批非物质文化遗产名录。面条筋道，咸辣出头，汤鲜味美，清早食用有暖胃活血等功效。

（3）雪花糖：俗称渣子糖，是耀州当地久负盛名的传统特产，有健胃润肠、止咳化痰等功效。制作工艺复杂，糖面平整，糖色黄白，薄厚均匀，口感好，已被列入陕西省第四批非物质文化遗产名录。

（4）油茶泡馍：历史悠久，清代就有人售卖，用家畜油和面粉炒制而成，具有滋补身体的功效，一直深受当地人喜爱。

（5）北关饸饹：其历史可追溯至唐代，盛行于清末民初，已成为铜川酒席上的一道菜。其特点是口感筋道、面体光滑，汤底中有多种调料，能驱寒暖胃。印台北关饸饹制作技艺已入选铜川市第三批非物质文化遗产名录。

（6）耀州蒸碗：当地人逢年过节、婚丧嫁娶等宴席上必备的菜肴。种类丰富，包括粉蒸肉、蒸丸子、蒸酥肉、蒸鱼块等。将食材处理后放入笼屉，用柴火大火蒸制，软烂入味，香而不腻。

（7）耀州刀削面：面条细长爽滑，筋道耐嚼，搭配用多种调料熬制的汤头，口感醇厚。

（8）腊肉炖粉条：用腌制风干后的腊肉与粉条一起炖制而成，腊肉肥而不腻，粉条软糯筋道。

（9）铜川炖羊肉：源于农耕时代冬日进补的习惯，讲究慢火细炖 4~5 小时，羊肉软烂入味，羊汤奶白醇厚。

（10）宜君耳朵套：宜君的传统美食，有荞面、麦面的两种，可浇汁、油泼、清炒等，因酷似耳朵保暖套而得名，是宜君款待亲朋的首选美食。

此外，铜川还有其他美食，如印台驴蹄子面、小饺子、西红柿泡馍、农家滋卷、农家漏鱼、折花锅盔等。这些美食共同构成了铜川丰富多彩的饮食文化。

附：

铜川十大特产：铜川苹果、耀州瓷、耀州黄芩、孟家原桃、宜君核桃、雪花糖、宜君玉米、耀州花椒、铜川大樱桃、宜君党参。

第六节　延安饮食文化

延安位于陕北黄土高原，不仅有着深厚的历史文化底蕴，还是中国革命的圣地，其独特的饮食文化更是这片土地不可或缺的一部分。延安饮食文化历经岁月沉淀，融合了当地的历史文化、地理环境、食材特色、烹饪技法与饮食习俗，具有浓郁的黄土气息和质朴的人文情怀。

一、历史渊源

延安的历史源远流长，其饮食文化的形成深受历史发展和民族融合的影响。陕北地区一直以来都是多民族聚居和交流的地带，农耕文明与游牧文明在这里相互碰撞、融合，为延安饮食文化注入了多元的基因。

古时延安地处边疆，军事活动频繁，这在一定程度上塑造了当地的饮食风格，炒面和炒米便是具有代表性的食物。炒面有软糜子炒面和黄豆炒面，炒米则多为炒小米或炒黄米，食用时只需用水搅拌即可，携带方便，是古代士兵和牧民行军、放牧时的理想干粮，类似于现代的便当。随着时间的推移，食品种类逐渐丰富，烙饼、肉干和咸菜等也成为常见的选择，人们外出时会带上水囊，搭配这些干粮食用。

自唐代起，荞麦种植在陕北地区逐渐普及，这使以荞麦为原料的美食不断涌现。

吴起剁荞面是其中的典型代表，当地流传着"媳妇强不强，先看荞面剁得长不长；媳妇利不利，先看荞面剁得细不细"的民谣，足见其在当地饮食文化中的重要地位。吴起剁荞面是伴随着荞麦的种植和面食文化的发展而逐渐形成的。

延安在中国近代革命史上有着举足轻重的地位。在艰苦的革命岁月里，延安军民同甘共苦，烹制出许多具有时代特色的饮食，也为延安饮食文化增添了红色文化内容。延安大生产运动时期，八路军第三五九旅的战士们在南泥湾开荒种地，收获了丰富的食材，南泥湾香菇面便是在这样的背景下诞生的。如今延安地区有正宗香菇面、秘制香菇面、香菇清汤面等，多种口味的香菇面以肉美菇鲜、汤浓面好享誉陕北。党中央在陕北的 13 年中，陕北小米滋养了千千万万的革命战士，延安军民用小米加步枪打败了国民党军队的飞机和大炮，随后建立了中华人民共和国。

二、食材特点

1. 谷物杂粮

延安独特的地形地貌和气候条件，造就了丰富多样的食材资源。这里地处黄土高原，山地较多，气候干旱，昼夜温差大，适宜种植各类杂粮，如荞麦、糜子、谷子、高粱、豆类等，它们成为延安饮食的重要组成部分。

荞麦是延安地区的特色农作物，吴起县的荞麦更是闻名遐迩。荞麦高蛋白、低脂肪，维生素含量高于小麦、大米，长期食用有治疗高血压、控制糖尿病、消积消滞、降温解毒等功效。除了直接煮熟食用，荞麦还被加工成各种美食，如吴起剁荞面、荞面搅团等。

小米也是延安的代表性农产品，陕北的小米在历史上就颇负盛名。延安的小米颗粒饱满，色泽金黄，煮出的粥香浓可口，营养丰富，是当地人餐桌上的常客，也是馈赠亲友的佳品。

2. 肉类

羊肉是延安人喜爱的肉类之一。志丹羊肉盛名已久，自古就有"山保安，牛羊山"之说。早在春秋战国时期，吴起、志丹一带就是狄戎等少数民族的游牧区。到了北宋，牧业已十分发达，宋廷曾令保安军榷场每年进贡羊 2 万只。延安的羊肉肉质鲜嫩，肥而不腻，没有膻味，可用于制作羊肉面、羊杂碎、炖羊肉等多种美食。其中，地椒羊肉被誉为"肉中人参"，延安羊肉面选用的就是地椒羊肉，羊肉肥嫩，汤汁鲜美，香气四溢，令人垂涎欲滴。

3. 蔬菜瓜果

延安气候干旱，过去种植蔬菜较少，但当地人充分利用有限的资源，种植了土豆、萝卜、白菜、豆角等蔬菜。土豆在延安饮食中扮演着重要角色，除了常用来炒菜、炖菜，还被制作成洋芋擦擦、洋芋馍馍（黑楞楞）等特色美食。洋芋擦擦是将土豆用擦子擦成寸把长的细条，拌入花椒、葱丝、姜粉、盐等，同面粉一起搅匀后上笼蒸熟，食用时可根据个人口味拌入用蒜汁、味精、酱油、醋、葱花、油等调和而成的汁，或者像炒米饭一样炒着吃，口感酥绵可口，久吃不厌。

4. 其他

延河流域盛产河鲜，如鱼、虾等，不过它们在传统饮食中所占比例相对较小。当地的豆类如绿豆、黑豆等，可制作成凉粉、钱钱饭等。

此外，延安还有丰富的山货资源，如红枣、核桃、酸枣等。清涧的红枣个儿大核小，皮薄肉厚，香甜可口；黄龙的核桃皮薄仁满，营养丰富；延安的酸枣富含大量维生素、柠檬酸及钙、铁、锌、镁等微量元素和生物活性物质，素有"天然维生素丸"之称。这些山货不仅是当地人日常食用的零食，还被加工成各种特色食品，如枣糕、核桃酥等。

三、烹饪技法

延安的烹饪技法融合了多种元素，既保留了北方传统的烹饪方式，又因地域和食材特点形成了独特的风格。由于当地杂粮较多，粗粮细作成为延安烹饪的一大特色，展现了延安人民的智慧和创造力。

在主食制作上，延安人将各种杂粮运用得淋漓尽致。以糜子为例，它可以被制作成软米油糕、油馍馍等美食。软米油糕是将糜子面蒸熟后，包入豆沙、枣泥等馅料，再放入油锅中炸至金黄，外皮酥脆，内馅软糯香甜。油馍馍则是将糜子面发酵后，加入适量的糖和小苏打，将其揉成面团，分成小块，搓成环状，放入油锅中炸熟，色泽金黄，细腻柔软。在延安的民俗中，油馍馍是富裕吉祥的象征，常出现在逢年过节或款待亲朋好友的餐桌上。

吴起剁荞面的制作过程更是体现了独特的烹饪技巧。制作剁荞面使用的剁刀一般长 2 尺（约 66.67 厘米），宽 1 寸（约 3.33 厘米），刀背两端装有木质手把。剁面时，双手握住剁刀的手把，提起手臂，双肘向上，剁刀与面垂直，面向后倾斜，由前向后剁，要求刀下见面，准确均匀。剁出的面条粗细均匀，长短合适，煮熟后搭配臊子汤、酸菜汤、羊肉汤等，再依个人口味放入香醋、油泼辣子、葱花、香菜等调料，酸辣可口，嚼劲十足。

除了主食，延安菜肴的烹饪也有其独特之处。炖、烩、煮是常见的烹饪方式，能够最大程度地保留食材的营养和原汁原味，同时也适合批量制作，能够满足一家人或多人的用餐需求。例如，羊杂碎就是用羊的头、蹄、血、肝、心、肠、肚、肺等食材烩制而成，又名羊杂烩。这道菜形色繁多，肉质各异，味道酸辣咸宜，不腥不腻，汤鲜味美，入口生津，是延安人喜爱的传统美食之一。

延安的炒菜口味浓郁，注重调料的运用。延长烤肉凭借讲究的配方和烧烤手艺，在延安美食中独树一帜。其选用的食材丰富多样，以五大特色风味著称，包括猪蹄、脆骨、腰花、榨菜、老肥筋。食客伸手揪住签子，用力扯下一块烤肉，再配上几片醋泡蒜，满口火热，蒜香四溢，幸福感十足。

四、饮食习俗

延安的饮食习俗充满浓郁的地方风情，与当地的生活方式、传统节日和礼仪文化紧密相连，反映了延安人民质朴热情的性格特点和他们对生活的热爱。

1. 日常饮食

延安人一日三餐以面食和杂粮为主食，搭配各类菜肴。早餐常见的有肉夹馍、羊肉面、子长煎饼、洋芋擦擦等；午餐较为丰盛，有炒菜、炖菜、米饭或各种面食；晚餐则相对简单，通常是粥或汤面，搭配一些小菜。值得一提的是，延安人吃饭时喜欢端着碗坐在门口或院子里，一边吃饭一边聊天，邻里之间相互交流，充满浓浓的生活气息。

2. 节日饮食

延安的节日饮食丰富多彩。春节是最重要的节日，从腊月开始，家家户户就准备年货，制作各种美食，炸油糕、蒸年糕、做豆腐、炖肉等都是必不可少的环节。年三十晚上，一家人围坐在一起吃团圆饭，餐桌上摆放延安八大碗（烧肉、酥肉、排骨、酥鸡、丸子、炖肉、肘子、炖羊肉）等美食，寓意着吉祥如意、幸福美满。大年初一，人们会吃饺子，有的还会在饺子里包上硬币、红枣等，寓意着新的一年财源广进、甜甜蜜蜜。

3. 特殊场合的饮食

在婚丧嫁娶、乔迁新居、孩子满月等重要场合，延安人也有独特的饮食习俗。在婚宴上，除了延安八大碗，还会有各种炒菜、凉菜和面食。新人向宾客敬酒敬烟，表达感谢之情。在葬礼上，人们会准备一些简单的饭菜，招待前来吊唁的亲朋好友，以表达对逝者的尊重和怀念。

4. 待客饮食

延安人热情好客，在客人来访时，会拿出家中最好的食物招待客人。通常会先沏上一壶热茶，准备瓜子、花生、糖果等茶点。吃正餐时，会摆满一桌丰盛的菜肴，有肉有菜，主食也多种多样。如果客人是远方来的，主人还会特意准备当地的特色美食，如子长煎饼、吴起剁荞面等，让客人品尝地道的延安风味美食。在餐桌上，主人会不断地给客人夹菜劝酒，以表达热情和诚意。

陕北民歌《山丹丹开花红艳艳》中"热腾腾（儿）的油糕哎咳哎咳哟，摆上桌哎咳哎咳哟，滚滚的米酒捧给亲人喝咿儿呀儿来吧哟"，以小见大，从油糕、米酒等极具延安特色的饮食入手，体现延安深厚的文化内涵，让我们真切感受到那段充满热血与激情的革命岁月。

延安饮食文化是这片黄土地上的宝贵财富，它承载着延安人民的历史记忆、生活智慧和情感寄托。从历史渊源到食材特色，从烹饪技法到饮食习俗，每一个方面都展现了延安独特的魅力。随着时代的发展，延安饮食文化也在不断传承与创新，吸引着越来越多的人前来品尝和探索，让这份来自黄土高原的烟火味道，在新时代焕发出更加耀眼的光彩。

五、特色小吃

（1）子长煎饼：元末明初即开始制作。以荞麦面为原料，饼薄如纸，银白透亮，有大有小，有豆腐干煎饼、热豆腐煎饼、凉菜煎饼、酥肉煎饼、鸡肉煎饼等。食用时可根据个人喜好配以醋、蒜汁、辣油或凉汤等，醇香扑鼻，酸辣味浓，久食不厌。

（2）油糕：以糜子和红枣为主要原料，口感酥脆，味道香甜。圆形环状，炸熟后金黄似铜钱，在延安民俗中是富裕吉祥的象征。

（3）黄米馍馍：主要原料是黄米，味道香醇。

（4）洋芋擦擦：把土豆擦成丝，加入面粉和调料拌匀后蒸熟，食用时可添加辣椒油、葱花、香菜等调料，十分美味。

（5）抿节：以豌豆和麦子磨合而成的杂面制作，营养丰富，清淡可口，易于消化吸收。

（6）陕北羊杂碎：用羊的头、蹄、血、肝、心、肠、肚、肺等烩制而成，有很好的滋补效果。

（7）吴起剁荞面：用荞麦面制成，口感筋道爽滑，搭配特制的酱料和羊肉汤，味道十分鲜美。

（8）甘泉豆腐干：味道香醇，质地坚韧，十分耐嚼，可直接食用或作为配菜。

（9）延安沾沾：一种颇具特色的地方小吃，分为凉、热两种。它以穿在细竹签上的各式菜品为主，锅底不放一滴油，调料基本由孜然、辣椒面、小茴香等配制而成，特色蘸料有醋泡蒜、凉汤和芝麻酱。食材种类繁多，素菜有各色蔬菜、面皮、面筋、洋芋馍馍、锅巴等，荤菜则有牛肉、腊肠、脆骨、鸡肉等。延安随便一家街边沾沾店都能提供几十种菜品。

（10）麻辣羊蹄：分为烤羊蹄和卤煮羊蹄两种，卤煮羊蹄的口味更佳，酸中带辣，爽滑不腻，外皮软糯，蹄筋弹牙。如今已成为延安夜市的招牌美食之一。

（11）延安香菇面：延安大生产运动时期，南泥湾的军民在艰苦的环境下利用当地食材创造了这道美食。以肉美菇鲜、汤浓面好闻名。面条筋道爽滑，吸足了浓郁醇厚的汤汁，每一口都饱含鲜香，是延安极具代表性的美食，在当地衍生出多种风味，备受人们喜爱。

（12）延安口袋鸡：1943年中央领导人在南泥湾视察八路军第三五九旅的工作时，伙房用自养的鸡、山上的香草和山泉水制作了卤鸡，香味浓郁。因当时物资匮乏，为避免浪费，将鸡架装入口袋带回去熬汤，口袋鸡由此诞生，传承至今。

此外，延安还有小米凉粉、钱钱饭、延安面皮、睁眼辣子、荞面饸饹、安塞黄馍馍、延长烤肉、炖羊肉等美食。

第七节　榆林饮食文化

榆林，陕西省最北部的省辖地级市，古称上郡，别称驼城、小北京、塞上明珠，北邻内蒙古，东望山西，西连宁夏、甘肃，独特的地理位置使其成为中原农耕文化与北方游牧文化的交汇融合之地。在漫漫历史长河中，榆林饮食文化逐渐形成，它不仅承载着当地人民的历史记忆，更反映了地域特色与民族风情，在中国饮食文化的版图中独树一帜。

历史文化名城榆林，地处黄土高原与毛乌素沙漠的交界处，宛如一部厚重的史书，每一页都写满了岁月的故事。

一、历史渊源

榆林的历史可以追溯到新石器时代，河套人在这里繁衍生息，创造了河套文化。在漫漫历史长河中，这里曾有华夏、东夷、苗蛮、匈奴、契丹、拓跋、鲜卑、党项等众多民族长期征战、杂居、融合，因而榆林的传统饮食是在充分吸收各民族、各地区优秀饮食元素的基础上，加以改良而形成的。品种繁多，风格各异，具有很强的包容性，为榆林饮食文化注入了丰富多元的基因。

榆林是中原王朝抵御北方游牧民族的重要防线，军事活动频繁。这使得榆林饮食带有鲜明的军事和边塞色彩，许多食物都便于储存和携带，如风干羊肉、炒面等。这些食物既能满足士兵行军作战的需求，也逐渐融入了当地百姓的日常生活。同时，各民族文化的相互影响也体现在饮食上。受蒙古族生活习俗的影响，榆林人有了吃手抓羊肉的习惯，将羊肉按个人需要的量切成大块，放入锅中炖熟，充分体现了游牧民族饮食的豪爽风格。而中原农耕文化带来的粮食作物种植技术，则让小米、荞麦、豆类等成为榆林饮食的重要食材，形成了以粗粮为主食的饮食习惯。

明清时期，榆林作为九边重镇之一，商业繁荣，人口聚集，进一步促进了饮食文化的发展。各地的美食和烹饪技艺在此汇聚、融合，经过不断改良和创新，逐渐形成了独具特色的榆林饮食体系。

二、食材特点

榆林独特的地理环境和气候条件，孕育了丰富多样的食材资源。北部的风沙草滩区地势开阔平坦，水草丰美，是优质的牧场，为畜产品的生产提供了得天独厚的条件；南部的黄土高原丘陵沟壑区，梁峁起伏，沟壑纵横，适宜种植各种耐旱的农作物，如小米、荞麦、土豆等，这些粗粮成为榆林饮食的基础食材。

羊肉是榆林饮食的一大特色，其中横山羊肉更是声名远扬。横山地处毛乌素沙漠与黄土高原的过渡地带，独特的自然环境使得这里的羊吃沙生植物长大，肉质鲜嫩，肥瘦相间，肥而不腻，瘦而不柴，且无膻味，富含蛋白质、氨基酸、维生素和矿物质，营养价值极高。无论是烤全羊、烤羊肉、炖羊肉还是羊杂碎，都深受当地人喜爱，也成为榆林美食的代表。

小米也是榆林的代表性食材，颗粒饱满，色泽金黄，熬成的小米粥香浓可口，营养丰富。据记载，中华民族的人文始祖轩辕黄帝就曾食用陕北小米。它不仅是当地居民日常饮食的重要组成部分，还常常被作为馈赠亲友的佳品。

荞麦在榆林种植历史悠久，是当地居民喜爱的粗粮之一。荞麦富含蛋白质、膳食纤维、维生素和矿物质，具有降血脂、降血糖、减肥等功效。榆林人将荞麦制作成各种美食，如荞面饸饹、荞面圪坨、剁荞面等。其中靖边的风干羊肉剁荞面闻名遐迩，用风干的羊肉熬成汤，配上手工剁制的荞面，汤鲜味美，面条细滑，酸香开胃，是靖边人待客、节庆时必吃的美食。

土豆在榆林种植面积广泛，产量丰富，也是榆林饮食中不可或缺的食材。榆林土豆淀粉含量高，口感沙糯，可制作成多种美食，如洋芋擦擦、土豆宴等。洋芋擦擦是将土豆条裹上面粉蒸熟，再以热油爆葱花等清炒，拌入佐料即可，口感软糯，香气扑鼻，令人百吃不厌。土豆宴以土豆为主要原料，通过多种烹饪方式，制作出几十道不同口味的菜肴，充分展示了榆林人关于土豆的独特创意和对土豆的深厚感情。

此外，榆林还有丰富的豆制品。榆林豆腐是其中的佼佼者，以黄土高原产的黑豆为原料，经过炕晒、脱皮、浸泡、磨浆、过滤、煮浆、点浆、压制八道工序制成，色泽黄亮，四棱分明，碴口细腻，软中带韧，老嫩适宜，味道清淡而纯正。豆腐宴也深受中外美食家的欢迎，一桌宴席全是用豆腐及豆制品制作而成，菜品丰富，口味各异，让人回味无穷。

三、烹饪技法

榆林的烹饪技法融合了北方游牧民族和中原地区的特点，形成了独特的风格。在用料上，讲究素荤搭配，粗粮细作；在技法上，烧、烤、炸、炒、蒸、煮、熬、炖、涮、烩、熘、煎、贴、汆、煸、烩、扒、焖、拌等工艺交替使用，制作过程精到细致，力求达到色、香、味、形俱全的境界。

烧烤是榆林饮食中常见的烹饪方式之一，烤羊肉、烤全羊等都是极具代表性的美食。烤羊肉选用新鲜的羊肉，切成小块，用铁签子穿起，在炭火上烤制，边烤边撒盐、孜然粉、辣椒面等调料，烤至外皮金黄酥脆，内部鲜嫩多汁，香气四溢。烤全羊则是将整只羊腌制后，用特制的烤炉烤制，烤好的全羊外皮金黄，色泽诱人，表皮酥脆，羊肉鲜嫩，香气扑鼻。烤全羊通常在重要的节日、庆典或招待贵宾时才会制作，是榆林人热情好客的象征。

炖菜也是榆林饮食的一大特色，如羊肉炖萝卜、猪肉熬酸菜、羊肉大烩菜等都是当地人喜爱的家常炖菜。这些炖菜以肉类和蔬菜为主要原料，加入适量的调料，用慢火炖煮，使食材的味道充分融合，汤汁浓郁，味道醇厚。如：羊肉炖萝卜，将横山羊肉与当地产的萝卜一起炖煮，羊肉的鲜美与萝卜的清甜相互交融，营养丰富，暖身又滋补；猪肉熬酸菜则是将猪肉与腌制好的酸菜一起炖煮，酸菜的酸味中和了猪肉的油腻，口感清爽，开胃下饭。

除了烧烤和炖菜，榆林还有许多有特色的面食制作技艺。抿节是榆林的一种传统面食小吃，在陕西、山西等地都很流行。制作抿节用的是豌豆和小麦磨合而成的杂面，通过特制的抿节床压出小面条，形状如同小鱼。吃的时候，桌上会摆放韭菜花、辣椒油、蒜泥、芝麻盐等十几种小料，食客可以根据自己的口味随意添加小料，干拌、带汤均可，味道鲜美，口感独特。

拼三鲜是一道极具代表性的榆林菜肴，浓缩了陕北菜系的精华。三鲜指的是猪肉、羊肉、鸡肉，运用煮、烧、炸、蒸、涮、焖、烩等多种烹饪技法，加入鸡蛋、木耳、黄花菜、海带、韭黄、菠菜、葱、香菜等食材，制作工序繁杂，需要众多配料。这道菜荤素搭配适宜，稀稠相间，汤色清亮，味道鲜美，既体现了榆林食材与烹饪技法的多元融合，也显示出榆林饮食文化的包容性。

四、饮食习俗

榆林的饮食习俗与当地的生活方式、传统节日和礼仪文化紧密相连，充满浓郁的地域风情。饮食烹饪技法以熬制为主。手抓羊肉、风干羊肉、羊杂碎、腌酸菜、大烩菜、熬豆角、熬土豆、炸油糕、油馍馍、煎饼、荞剁面、荞面圪坨等有名的地方传统风味小吃，多与在陕北居住的游牧民族的饮食习惯有关。榆林不同地区人的饮食习惯不同：靠近内蒙古的风沙草滩地区的人爱吃炒米、奶茶、酪丹子、酥油、黄米饭、猪肉熬酸菜，与蒙古族的饮食习惯相同；西面的三边人爱吃燕麦炒面、剁荞面、羊羔肉、黄鼠肉等，这与契丹、女真及满族饮食习惯的传入有关；东南地区的人爱吃豇豆钱钱饭、揪面片等。

在日常饮食中，榆林人以面食和粗粮为主食，搭配各类菜肴。早餐通常较为简单，有牛奶泡糖棋子、干炉、羊杂碎等；午餐相对丰盛，有炒菜、炖菜、面食等；晚餐一般比较清淡，可能是粥或汤面，搭配一些小菜。榆林人吃饭时喜欢围坐在一起，边吃边聊，家庭氛围浓厚。

在传统节日里，榆林的饮食习俗更是丰富多彩。春节是榆林最重要的节日，从腊月开始，家家户户就忙碌起来，准备年货，制作各种美食，如炸油糕、蒸年糕、做豆腐、炖肉等。油糕用黄米面或糯米面制成，包上豆沙、枣泥等馅料，放入油锅中炸至金黄，外皮酥脆，内馅软糯香甜。年糕是用糯米或黄米蒸制而成，加入红枣、葡萄干等食材，口感软糯，甜而不腻。

除夕夜，一家人围坐在一起吃团圆饭，餐桌上摆满各种美食，其中拼三鲜、红烧肉、清炖羊肉等都是必不可少的菜肴，寓意着团圆、幸福、吉祥。大年初一，人们会吃饺子，饺子里还会包上硬币、红枣等，寓意新的一年财源广进、甜甜蜜蜜。

元宵节时，有吃元宵、闹花灯的习俗。元宵是用糯米粉制成的，包上各种馅料，如芝麻、花生、豆沙等，煮、炸均可，口感软糯，香甜可口。此外，榆林各地还会举办丰富多彩的社火表演，如秧歌、腰鼓、舞龙、舞狮等。人们在欢乐的氛围中品尝美食，观看表演，共度佳节。

在婚丧嫁娶、乔迁新居、孩子满月等重要场合，榆林人也有独特的饮食习俗。在婚宴上，菜品丰富多样，除了各种美味佳肴，还有象征着甜蜜和幸福的甜点，如子洲馃馅。子洲馃馅用枣泥或糖馅做心，外裹油酥面团，用木模压中点红，外沿又鼓又圆如车轮，摆在平底盘上，放入老式烤炉内，用文火烤至焦黄，皮酥内甜，香味宜人。新人向宾客敬酒敬烟，表达感谢之情。宾客则送上美好的祝福，共享喜悦。在葬礼上，人们会准备一些简单的饭菜，招待前来吊唁的亲朋好友，以表达对逝者的尊重和怀念。饭菜通常以素食为主，如豆腐、青菜等，体现了对生命的敬畏和对逝者的追思。

榆林饮食文化是当地人民智慧和情感的结晶，它以独特的历史渊源、丰富的食材资源、精湛的烹饪技法和浓郁的饮食习俗，展现了塞上明珠的独特魅力。无论是在繁华的城市街头，还是在宁静的乡村小院，榆林美食都散发着诱人的香气，吸引着人们去品尝、去探索。这不仅是一种味觉享受，更是一种文化传承，让人们在品味美食的同时，感受到这片土地的深厚底蕴和独特风情。

五、特色饮食

俗语说"黄河百害，唯富一套"，位于河套地区的榆林是黄土高原与毛乌素沙漠的过渡地带，也是农耕文明与游牧文明的交汇之处。特殊的地理位置，造就了榆林丰富多元的饮食文化，使其美食既有北方的粗犷豪放，也有西北特有的醇厚淳朴。无论是街头巷尾的小吃摊，还是热闹非凡的大饭馆，都散发着让人难以抗拒的美食魅力，每一口美食都能让你感受到浓浓的边塞风情。

榆林有许多风味小吃，如子洲馃馅、米脂驴板肠、绥德油旋黑粉、镇川干炉、佳县马蹄酥、榆林炸豆奶、神木粉皮、清涧煎饼、府谷果丹皮等，它们都有独特的风味。另外，羊杂碎、粉浆饭、拼三鲜、黄酒、麻汤饭等都是在别处难以吃到的。

（1）榆林羊道：榆林农村盛产山羊，其品质因"吃着中草药（俗称天草），喝着矿泉水（俗称天水），唱着信天游，扭着大秧歌"的说法而闻名天下。榆林先民用一只整羊和六副羊杂碎，即可烹制出有 108 道菜肴的全羊席，美其名曰"羊道"。1518 年，明武宗朱厚照巡边路过榆林时，榆林总兵戴钦用羊道招待他。武宗品尝后十分高兴，将羊道的烹饪技艺带到了京城，羊道由此成为达官贵人争相品尝的美味。羊道也是当时国内的第一大盛宴。后来，满族人入主京城，建立清政权，喜好美食的清皇室受羊道的启发，精选天下名品名菜，制作出更为经典的满汉全席，羊道的霸主地位才被取代。但羊道一直流传于世。当时还有山西、内蒙古等地的许多富商巨贾携带亲朋好友专程到榆林，目的就是品尝羊道，以求一饱口福、一解心馋。

（2）榆林豆腐：远在明代，榆林古城为长城线上的九边重镇之一，当地居民便使用普惠泉流出的桃花水做豆腐食用。此豆腐白嫩细腻，味香可口，与外地豆腐截然不同。榆林豆腐吃法多样，有烩豆腐、炸豆腐、炒豆腐、清蒸豆腐等。特别是炸豆奶，色黄，皮脆，里嫩，味香，堪称色、香、味俱全，入口不腻，百吃不厌，是豆腐菜中的上品，也是宴席上用来款待嘉宾的上等名菜。

（3）拼三鲜：榆林宴席上必不可少的压轴大菜，堪称陕北饮食文化的代表之作。这道菜汇聚了肉、汤、料的精华，用猪、羊、鸡三种肉的高汤混合熬制，再配上酥肉、丸子、鸡块、土豆片、黄花菜、粉皮等各种食材，口感层次丰富。连汤带料舀一大碗，配黄米饭或馒头一起吃，堪称一绝。

（4）羊杂碎：由羊的血、心、肝、肺、肠、肚等烩制而成，汤浓味厚，麻辣鲜香，有着丰富的口感和独特的风味，既是陕北人民心中的美味佳肴，也是榆林人早餐的常见选择。

（5）子洲馃馅：陕北传统风味小吃，源于明代，选用滩枣做馅，口感酸甜，绵软可口，外形独特，中心部位压有红色印记。在以前，订婚时男方需送女方 8～24 个子洲馃馅。

（6）炸豆奶：榆林风味小吃，以豆浆、鸡蛋和绿豆淀粉为原料用油炸成，外层金黄酥脆，内部软嫩，白糖的甜美与之完美结合，甜而不腻，香而不燥。

（7）靖边剁荞面：用优质的荞麦糁子加工成的荞麦粉制成，面条细若粉丝，整齐如机制挂面，煮熟后加上特制的汤料，别有风味。

（8）荞面饸饹：榆林的传统美食之一。将荞面揉成面团，放入特制的饸饹床子中，挤压成细长的面条，放入锅中煮熟。口感筋道，搭配羊肉臊子或素臊子食用，味道醇厚。在榆林有"荞面饸饹羊腥汤，死死活活相跟上"的说法，足见当地人对荞面饸饹的喜爱。

（9）羊肉面：堪称陕北面食界的"扛把子"，以绥德最为著名。手工拉制的面条筋道爽滑，搭配用羊骨熬制的浓汤，再加上炖至软烂的羊肉，一口面条，一口羊肉，再喝上一口鲜美的羊肉汤，整个人都沉浸在浓郁的肉香之中。清晨，街边羊肉面馆里飘出的浓郁肉香，总能吸引众多食客前来食用。

（10）抿节：榆林乃至陕北地区极具特色的传统面食。将豌豆面、荞麦面或莜麦面与小麦面混合，和成面团，用特制的抿节床将面团压成短节状，放入锅中煮熟。吃抿节时，通常会搭配各种配菜和臊子，如西红柿鸡蛋、韭菜豆腐、羊肉臊子等。食客可以根据自己的口味随意搭配，口感丰富，味道鲜美。

（11）绥德油旋：绥德县的"硬核早餐"，已经有上百年的历史。以面粉为主要原料，加入葱花、盐、油等调料，经过盘卷、擀制、烘烤等工序制作而成。油旋呈螺旋状，外观独特，外皮酥脆，内瓤柔软，葱香四溢。若搭配一碗热羊杂汤，油香与汤香完美融合，让人产生一种幸福感。

（12）镇川干炉：传统烧饼，因不用油，用炉火干烘烤熟，故名干炉。其独特之处在于用老面发酵，加入适量的盐、碱、糖等调料，经过反复揉面、发酵，制成圆形面饼，再放入特制的烤炉中烘烤至金黄。干炉表面撒满芝麻，香气扑鼻，外皮硬脆，内里空心，携带方便，久存不坏，是古代商旅、戍边将士的"硬核干粮"，如今已成为榆林人的日常零食和走亲访友的伴手礼。

此外，炖羊肉、洋芋擦擦、清涧煎饼、洋芋馍馍等，都是榆林人喜爱的美食。

榆林饮食犹如一部丰富多彩的饮食宝典，每一道菜都承载着当地的历史文化和风土人情。无论是鲜香的羊肉、朴实的粗粮，还是多样的面食，都让人回味无穷。到榆林，一定要品尝这些特色美食，在这片黄土地上尽情享受美食盛宴，感受这座城市独特的边塞风情和烟火气息。

第八节　汉中饮食文化

汉中因汉水而得名，是汉王朝的发祥地，北依秦岭，南屏巴山。受汉江滋养的汉中，南与四川省相连，西与甘肃省相邻，是一个历史悠久、山清水秀的鱼米之乡。汉中因其独特的地理位置，成为南北文化的交融地，也孕育了别具一格的饮食文化，为汉中饮食文化的发展奠定了基础。

汉中饮食文化以其独特的魅力独树一帜，宛如一颗璀璨的明珠，散发着诱人的光芒。它是历史的沉淀，是自然的馈赠，更是汉中人生活智慧的结晶。

一、历史渊源

汉中饮食文化源远流长，几乎与中国饮食文化同步。古褒国被誉为"南国领袖"，当时这里的饮食文化就已颇具影响力，引领着周边各诸侯国的饮食风尚。夏商时期，汉江中上游及巴山南麓的人们在这片沃土上耕耘、渔猎，创造出灿烂的饮食文明。

汉武帝时期，汉中成固（今陕西城固）人张骞出使西域，历尽艰辛，开通了丝绸之路，不仅使西域的农作物和调味品，如葡萄、核桃、石榴、胡麻、胡椒等传入中原地区，还使中原地区的烹饪技术与西域食材充分融合，极大地拓展了汉中饮食的边界，丰富了汉中人的餐桌，如核桃的引入让汉中人创造出独具特色的核桃馍。

抗战时期，汉中成为抗战的大后方，沦陷区的许多高校、中学和大批难民相继迁徙至此，京、鲁、豫、湘等菜系也随之在汉中扎根，并与当地的食材相结合，形成了新的菜品。这段特殊的历史时期，使得汉中饮食在传承本土精华的基础上，又吸收了外来菜系的烹饪技巧和风味特色，变得更加丰富多彩。

二、食材特色

独特的地理位置赋予了汉中丰富的自然资源，也为其提供了多样的食材。《华阳国志》记载："其山林泽渔，园囿瓜果，四节代熟。"汉中在地理上处于我国南北分界线以南，在行政上属于陕西，长江流域的稻鱼饮食文化与黄河流域的麦粟饮食文化在这里交融。汉江和嘉陵江两大水系贯穿汉中全境，河网密布，为水稻种植提供了优越的条件，大米因而成为平川地区居民的主食，衍生出米饭、面皮、米粉、米糕馍、八宝饭等多种米制品。而在高寒山区，受气候的影响，苞谷、洋芋和豆类作物广泛种植，苞谷面、浆粑馍、搅团、菜豆腐节节等是山区居民的日常主食。

秦巴山区广袤的山林是天然的食材宝库，因而山货是汉中菜肴的重要材料。木耳、香菇、笋干、香椿芽等山珍野味，为汉中美食增添了独特的风味。这里自然生态环境优越，野生植物资源极其丰富，可供食用、药用的野生菌多达几十种，绿色、天然、无污染的食材多达百余种。秦岭作为中国重要的中药材宝库，有 500 多种药膳食材被广泛应用于汉中菜肴的烹饪，体现了汉中饮食文化中食医结合的理念。例如，用天麻炖鸡不仅味道鲜美，还具有祛风通络、平肝息风的功效，是一道美味又养生的佳肴。汉中饮食文化强调"五味调和"，认为美味的产生需要各种佐料的调和，入口进食与天地节律变化协调同步，体现了天人合一的理念。

汉中的家畜、家禽养殖十分发达，猪肉、牛肉、羊肉、鸡肉、鸭肉等都是常见的食材。其中，西乡的西镇牛是优种黄牛之一，其肉质鲜嫩，脂肪分布均匀，肌腱部富有弹性，是制作牛肉干等美食的上等原料；镇巴的腊肉采用独特的腌制和熏制工艺制作，肉质紧实，香味浓郁，深受人们喜爱。

此外，汉中的果蔬资源也十分丰富，苹果、梨、桃、杏、李子、樱桃等水果四季不断，白菜、萝卜、青菜、辣椒、茄子、西红柿等蔬菜种类繁多。这些新鲜的果蔬不仅为汉中饮食增添了丰富的色彩，也提供了充足的维生素和矿物质。

三、烹饪技艺

汉中饮食在烹饪技艺上博采众长，融合了南北烹饪的精华，形成了自己独特的风格。蒸、炒、炖、焖、煨、凉拌等烹饪技法一应俱全，每种技法都被运用得恰到好处，将食材的美味发挥到极致。

蒸是汉中饮食中运用较多的烹饪技法，分为清蒸、粉蒸和扣蒸等。这种技法能够最大程度地保留食材的原汁原味，使菜肴口感细嫩顺滑。宁强青木川的十三花（辅唐宴）、城固的原公土席、镇巴的家常菜和留坝的八大碗等，都以蒸菜为主。如原公土席杂烩这道名菜传承了 500 多年，选料严格，采用特制的四喜丸子，水滑肉，硬滑肉，干炸丸子，猪的心、肺及肉，酥肉块，黑木耳等原料，装碗上笼蒸熟，再以用白油、陈醋、胡椒粉、蒜苗、葱头、香菜及鸡蛋皮等调制的酸汤热浇。色艳味鲜，香中有辣，荤而不腻，清香淡雅，暖胃生津，咸中有酸，常被当地人作为宴席首选菜肴，是汉中蒸菜的代表。

炒、炖、焖、煨等烹饪技法在汉中饮食中也大放异彩。汉中的炒菜注重火候和调味，讲究食材的搭配，如酸辣肚片，以猪肚为主料，搭配泡椒、酸菜等调料，用大火爆炒，酸辣开胃，口感爽脆。炖菜则追求汤汁的浓郁醇厚和食材的软烂入味。如汉中炖鸡，选用当地的土鸡，加入红枣、枸杞、党参等食材，用慢火炖煮数小时，汤汁浓郁香甜，鸡肉鲜嫩多汁，营养丰富。

凉拌菜在汉中饮食中同样占据重要地位，尤其是在夏季和秋季，清爽可口的凉拌菜备受青睐，多选用时令蔬菜，如豆芽、黄瓜等，搭配独特的调料汁，酸辣鲜香，口感丰富，既能消暑解腻，又能刺激食欲。

在调味方面，汉中饮食受川菜的影响，偏重麻辣口味，但又不像川菜那样过于浓烈，而是在麻辣中融入本地的特色，形成了独特的风味。辣椒和花椒是汉中菜肴常用的调味品，将它们巧妙地搭配，为菜肴增添了丰富的层次感。此外，汉中人还善于用各种酱料和调料，如豆瓣酱、豆豉、八角、桂皮、香叶等来提升菜肴的味道。

汉中面食融入了关中面食的特点，但立足本土，因而颇具地方特色，衍生出汉中人更喜爱的浆水面、豆花面、苞谷面节节等。面条口感丰富，形状多样，长短、薄厚随意，或薄如蝉翼，或厚如硬币，当地人用小巧的青花瓷碗盛面条，一顿吃两碗也是轻轻松松的。将关中面食融入当地的口味，不仅满足了汉中人的味蕾需求，也反映出汉中饮食文化的兼收并蓄。

四、饮食风味

汉中人在饮食上有着独特的偏好，尤其喜爱酸味。当地俗语说"三天不吃酸，走路打蹿蹿"，形象地说明了汉中人对酸的喜爱程度。这种酸，并非单纯的醋酸，而是浆水菜和泡菜的酸，是自然发酵产生的天然的酸，味道醇厚，层次丰富。无论是浆水面、搅团、拌汤还是菜豆腐，都离不开浆水的调味。吃米饭时，浆水菜或泡菜也是必不可少的配菜。酸菜鱼、酸辣肚片、酸辣鸡丁等菜肴，更是因为加入了泡菜、腌菜和浆水菜而变得酸辣可口，让人食欲大增。

除了酸味，汉中人对麻辣味也情有独钟，"尚辛辣，好食酸"。受川菜的影响，汉中饮食中常常能见到辣椒和花椒的身影。麻辣鸡、麻辣火锅等麻辣口味的食物，深受汉中人的喜爱。在寒冷的冬天，一家人围坐在一起，吃一顿热气腾腾的麻辣火锅，既能驱寒保暖，又能增进家人之间的感情。

五、饮食礼仪

汉中民风淳朴，汉中人热情好客，在饮食礼仪上也十分讲究。凡有亲友登门，主人必定盛情款待，拿出家中最好的食物来招待客人。即使家境不富裕，也要尽力筹备丰盛的饭菜，体现出"穷过日子富待客"的传统观念。亲友进门，首先被让到座位上，沏茶、敬烟。随后，主人会烧一碗甜酒煮鸡蛋或荷包蛋给客人垫肚子。正餐往往十分丰盛，少不了七碟八碗，酒也是必不可少的。在宴席上，主人热情地为客人夹菜，让客人感受到家的温暖。

在汉中的饮食礼仪活动中，知客是一种关键人物。《辞海》解释"知客"："旧时专管招待宾客的人。"在民间的众多礼仪活动中，尤其是在红白喜事中，知客承担整个活动的组织实施，代主家发号施令，全盘主持事务。一个好的知客必须能说会道、出口成章、八面玲珑，会察言观色，为主家操心，给宴席添彩。山区一般场院小，客人多，酒席常开数轮，称为流水席。每轮酒席开始之前，知客都要在席前致礼仪词。在他们的张罗下，宴席得以有条不紊地进行。

正式的宴席，如婚嫁、丧葬、祝寿、满月等红白喜事的宴席，则更有排场。主人大都会事先精心筹划，拟定菜谱，或按一定的宴席规矩准备。杀猪宰羊，准备充裕的鸡、鸭、鱼、海味、蔬菜等，酒自不必说。若来客较多，须请专门的厨师主厨，蒸、炖、焖、熘、炒、炸，以及拼盘等，力争摆上用各种烹饪技法做出的各种花色的佳肴。

汉中饮食文化是一部生动的历史画卷，它记录了汉中地区的沧桑变迁，展现了汉中人的智慧与创造力；融合了南北饮食文化的精华，既有北方饮食的豪爽大气，又有南方饮食的精致细腻。从丰富多样的食材，到独具匠心的烹饪技艺，从琳琅满目的风味小吃，到热情隆重的饮食礼仪，每一个细节都蕴含着深厚的文化底蕴和浓浓的生活气息。无论是当地居民对家乡味道的眷恋，还是外地游客对汉中美食的惊叹，汉中饮食都在人们的舌尖上留下了难以磨灭的记忆，成为连接人与人之间情感的纽带，也让汉中这片土地散发出独特的魅力，吸引着更多的人去探索、去品味。

六、特色菜肴及风味小吃

（1）宁强麻辣鸡：陕西传统名菜。选用当地土公鸡，用几十年的老汤煮制，汤中含肉桂、草果等 10 多种精选药材，鸡肉煮至七成熟，肉质细腻嫩脆。最后用煮鸡的原汤加入以花椒粉、辣椒油等调制的汁拌制，鸡肉麻辣鲜香，油光金亮。

（2）略阳菜豆腐节节：略阳传统特色饮食。先将大豆泡涨磨成豆浆，过滤后烧开，点入浆水菜的浆水制成豆腐，捞出待用；再将玉米面与小麦面混合，加入捞过豆腐的浆汤揉擀成节节面条，下到浆汤锅里煮熟，最后加入豆腐即可。食用时搭配蒜辣子、泡菜等小菜，酸香可口，清香宜人。

（3）城固原公杂烩：食材精良，选料考究，荤素搭配。素菜有黄花菜、木耳等，荤菜有鱼丸、响皮、酥肉等。用猪骨头、鸡骨头熬汤，采用动物血去浊法让汤变清，再调制酸汤。成菜讲究清汤，不见一丝浑浊，味道鲜美，营养丰富。

（4）西乡牛肉干：传统的清真风味食品，已有数百年历史。原料选用当地特产的优种黄牛西镇牛的肉，经腌、烤、熏、烘干等程序加工而成。肉质鲜嫩，色红味酥，清香可口，便于保存和携带，是旅游休闲和馈赠亲友的佳品。

（5）镇巴腊肉：选用当地土猪肉，经腌制、烟熏等多道工序制成。腊肉色泽红润，肉质紧实，肥而不腻，瘦而不柴，有独特的烟熏香味，可与各种蔬菜搭配炒制，也可蒸煮后直接食用，味道十分鲜美。

（6）宁强核桃馍：将核桃仁去皮后与椒盐、芝麻等混合，制成馅泥，将油面发酵三次后抹上馅泥，放入烤炉中烘烤而成。小如瓷盏，色橙黄，味浓郁，入口香酥。

（7）略阳罐罐茶：有水泡茶、油炒茶、面罐茶等种类，其中面罐茶最具特色。用小罐盛水，放入茶叶，置于火上煮熬，边煮边放入面糊，再加上清油，调以茴香、藿香、生姜、食盐、核桃、肉丁、鸡蛋花等，提神暖胃，爽口宜人。

（8）汉中面皮：用大米经浸泡、磨浆、蒸制等工序制成，可热食或凉拌，口感软糯。搭配豆芽、土豆丝等，再浇上特制的醋、酱油、辣椒油等调料，香气扑鼻。

（9）西乡松花变蛋：用传统工艺将鸭蛋放入石灰、碱、盐等原料中腌制而成。蛋体凝固后，蛋白半透明，表面有松枝状花纹，蛋黄呈溏心状，味道鲜美。

（10）西乡泡粑馍：将糯米粉加水揉成面团，分成小块，搓圆后压扁，放入蒸笼蒸熟。口感软糯，香甜可口，可直接食用，也可配白糖、蜂蜜等食用。

此外还有南郑草堰酱肉、汉台梆梆面、洋县挂面、宁强根面角、石门麻辣豆瓣鱼、浆水面、汉台褒河鱼等美食，深受大家喜爱。

七、汉家菜与汉家宴

1. 行业规范

2021 年 3 月 29 日，汉中市商务局正式发布《汉家菜烹饪技术规范》，从种类繁多的汉中地方菜品中认真甄别、反复推敲、优中选优，最终确定了 82 个品种作为陕西系汉家菜的典型代表。其中，传统菜品 39 道、创新菜品 16 道、非遗菜品 5 道、风味小吃 22 道。既突出了市场上流行的汉中菜品的特点，又着重吸收了镇巴菜、略阳菜等地方菜的精华，极大地丰富了汉家菜标准的内涵。该规范是汉中历史上首部菜品制作标准。

2. 汉家菜

汉家菜是位于秦巴腹地的汉中市行政管辖的九县两区居民的风味小吃、家常菜品等日常饮食，以及祭祀、婚丧嫁娶、乔迁、生日宴席上的饮食的统称。从宫廷到民间，汉中饮食不断交融、发展，形成了独具特色的汉家菜体系。汉家菜的食材丰富多样，既包含本土的五谷杂粮、蔬菜、肉类，又融入了从西域等地引进的食材。山珍、河鲜、畜禽、腌腊，口味丰富，兼收并蓄。烹调手法多样，有炒、爆、煎、炸、熘、焖、烧、烩、熬、烤、炝、卤、汆、拌、蒸、煮、炖、酿、扣等约 20 种。因汉中地处汉水之源，素有"汉家发祥地、中华聚宝盆"之美誉，故当地菜点统称为汉家菜。

3. 汉家宴

汉家宴是汉家菜的集中展示，作为汉家菜的一种高级呈现形式，在重要的庆典、祭祀、外交等场合中扮演着重要角色，展现了大汉的威严与昌盛。汉家宴从 82 道汉家菜中选出，包括冷盘、热菜、汤品、主食和甜品等多个部分。冷盘作为开场菜肴，以精致的造型和多样的口味吸引宾客的目光；热菜则是宴会的主角，有寓意吉祥的四喜丸子、象征团圆的全家福等；汤品起到润口和调节口味的作用；主食和甜品则为宴会画上圆满的句号。在宴会上，宾客的座位排序、上菜的顺序都遵循严格的礼仪规范，体现了中华民族尊老爱幼、长幼有序的传统美德。2022 年 8 月 11 日，CCTV-17 大型融媒体节目《田园过大节》走进汉中秦巴饮食文化节，推出汉家宴 20 道菜品。

花色冷拼 1 道：祖国大好山河。

凉菜 8 道：麻辣鸡、汉中牛肉干、香辣河虾、什锦拼盘、汉中变蛋、拌凤尾笋、红油魔芋丝、糖醋莲菜。

热菜 8 道：原公杂烩、菜豆腐煨乌鸡、双色珍珠鱼、玉珠大鲵、红油鳝丝、汉中酿肘子、银芽里脊丝、翡翠仿鲍鱼。

小吃 3 道：茶壶酥、汉中锅贴、鸳鸯饺子。

汉家菜与汉家宴承载着厚重的历史文化，是历史的馈赠，是中华民族饮食文化中璀璨的明珠。它们以独特的风味、高超的烹饪技艺和深厚的文化内涵，在中华美食史上留下了浓墨重彩的一笔。

第九节　安康饮食文化

安康位于陕西东南部，古称金州、兴安，与湖北、四川、重庆接壤，南靠巴山，有汉水横贯东西，宛如一颗镶嵌在秦巴山间的璀璨明珠，有"秦头楚尾"之称。安康独特的地理位置和悠久的历史，孕育出别具一格的饮食文化。它既传承了北方饮食的豪爽大气，又融合了南方饮食的精致细腻，自成一派，散发着迷人的魅力。享有"小汉口"和"小江南"美称的安康市也是西安市民休闲度假的理想之地，被誉为"西安后花园"。

一、历史渊源

安康饮食文化源远流长，可追溯至数千年前。早在新石器时代，安康地区就有人类繁衍生息，那时的人们以采集和狩猎为生，饮食简单质朴，主要食用野果、野菜和猎物。随着农业的发展，小麦、水稻等农作物的种植逐渐普及，安康人的饮食结构开始发生变化。

秦汉时期，安康作为交通要道，商业逐渐繁荣，与周边地区的交流日益频繁，饮食文化也受到影响。

到了唐宋时期，安康的经济、文化达到了一个新的高度，烹饪技术不断提高，饮食种类更加丰富。一些传统名菜如紫阳蒸盆子，历经千年传承，不断改进创新，成为安康饮食的代表之一。

明清时期，大量外来移民涌入安康，带来了各自家乡的饮食习惯和烹饪方法，进一步丰富了安康的饮食文化。不同地域的饮食文化在这里相互融合，形成了如今安康独特的饮食风貌。

二、食材特点

安康得天独厚的自然环境，为其提供了丰富多样的食材。这里因土壤富含硒元素而被誉为"中国硒谷"。这里是茶叶、蚕茧、油桐、生漆的主要产区。独特的历史地理环境、自然风光和丰富的文化底蕴，使安康被誉为"秦巴万宝山""中药材摇篮"。

秦巴山脉广袤的森林孕育了无数的山珍，木耳、香菇、银耳、天麻、魔芋等在这里生长繁茂。木耳质地脆嫩，无论是凉拌、炒菜还是炖汤，都能增添独特的口感；香菇香气浓郁，晒干后香味更浓，是炖菜和煲汤的绝佳食材；魔芋富含膳食纤维，可制成魔芋豆腐，口感爽滑，是餐桌上常见的美食。

汉江及其众多支流为安康带来了丰富的水产资源。安康的鱼，肉质鲜美，品种多样，有鲤鱼、鲫鱼、草鱼、鳙鱼等。其中，汉江鳙鱼因肉质鲜嫩、营养丰富而备受青睐，其鱼头更是制作鱼头泡饼等名菜的上等食材。

广袤田野上种植的土豆、红薯、玉米、小麦等农作物是安康人的主食来源。土豆吃法多样，可炒、炖、煮，或做成洋芋粑粑；红薯可蒸、烤、煮，也可加工成粉条，用来制作各种烩菜、汤品、馅料等；玉米可直接煮食，更多的是磨成面或糁子，用来做玉米糊、玉米饼等。

三、烹饪技法

安康的烹饪技法丰富多样，涵盖了蒸、炖、炒、煮、炸、煎、烤等多种方式。

1. 蒸

蒸是安康人常用的烹饪技法之一，许多特色美食都离不开蒸制。紫阳蒸盆子就是一道典型的蒸菜，将猪蹄、母鸡、莲藕、香菇等食材放入大瓦盆中，加入调料和清水，用小火慢蒸数小时。在蒸制过程中，食材的营养和鲜味充分融入汤汁中。成品汤汁浓郁鲜美，肉质软烂入味。安康蒸面也是蒸制而成，面条筋道爽滑，配上独特的调料，酸辣可口，深受当地人喜爱。

2. 炖

炖菜在安康十分常见。炖注重火候和时间的掌握，通过长时间的炖煮，使食材的味道充分释放，达到营养与美味的完美结合。如魔芋炖鸭子，将魔芋和鸭肉一起炖煮，鸭肉的醇厚与魔芋的爽滑相互交融，汤汁浓郁，味道鲜美。

3. 炒

炒是最常见的烹饪方式之一，安康人擅长将各种食材搭配起来炒制。如腊肉炒青椒，选用当地的烟熏腊肉，搭配新鲜的青椒，腊肉的咸香与青椒的清爽相互映衬，口感丰富，香气四溢。

4. 其他烹饪技法

炸、煎、烤等烹饪技法也被广泛应用。炕炕馍就是烘烤而成，以面粉、菜油、芝麻为原料，面粉用老面发酵，制作油酥，擀饼涂水沾芝麻，然后放入上下两面都有炭火的铁鏊中烘烤而成。外皮酥脆，内部柔软，表面金黄，香气扑鼻。

四、饮食文化特点

安康饮食文化最大的特点是具有共容性。在饮食文化属性上，表现出鲜明的南北交融性和秦巴山地性。在食材构成上，呈现出南北兼具的多元化特征。

1. 口味

由于地处川、陕、鄂、渝四省市的交界处，安康成为南北饮食文化的汇聚点。在口味上，既有川渝人喜爱的麻辣，又有荆楚人偏爱的醇厚，还保留着关中地区传统的咸香。这种多元融合的口味特点，使安康美食在味觉上别具一格。无论是热辣过瘾的魔芋炒腊肉，还是汤汁浓郁的紫阳蒸盆子，抑或是酸辣开胃的安康蒸面，都体现出这种独特的融合口味。

2. 食材

从食材的运用上也能看出安康饮食文化的兼容性。这里既有北方常见的小麦、玉米、土豆等，又有南方盛产的水稻、莲藕、木耳、香菇等。安康人将这些食材巧妙地搭配，烹制出一道道美味佳肴。如二米饭，用大米和玉米混合制作，口感丰富，营养均衡。

五、饮食习俗

安康处于南北交接地带，古代曾是巴国之地，又是蜀国的属地，巴蜀文化奠定了安康文化最早的基因。汉水流域属荆楚文化，为安康的风俗、民情和饮食注入了秦风楚韵。秦文化、中原文化，乃至氐羌文化，也为安康饮食文化增色添彩。明清时期，南方各省移民移居安康后，在这里形成了"五方杂居"的格局，对安康饮食文化产生了重大影响。南甜北咸，东辣西酸，无所不包，有道是"酸甜咸淡随人口，美味何以尽麻辣"。宴席上的八大件、十三花的菜肴结构，与关中西府的相近，菜肴内容却不同。如凉菜，西府十三花的下酒菜是五个肉碟子（排骨、肉丝、肉丁、皮冻、凉拌肉），安康的是四荤（鸡、蹄、肚、肘），中间为大空盘；西府用酱油、香油、辣子油作为调味汁，安康的叫醋碟，用醋、酱油、辣子、姜、蒜等调汁蘸菜。

安康的饮食习俗充满了浓郁的地域特色和人文情怀。在农村，每逢喜事或重大节日，都会举办热闹的流水席。流水席一般有 10 道菜或 12 道菜，菜品丰富多样，以蒸、炒、炖为主。按照一定的顺序依次上菜，每道菜都有其独特的寓意。宾客们围坐在一起，边吃边聊，共享欢乐时光。

在一些地区，还有吃庖汤的习俗。杀年猪是农村的一件大事，也是一种传统习俗。

杀完年猪后，主人会邀请亲朋好友一起品尝庖汤。通常以新鲜的猪肉和猪血为主要食材，制作成猪血旺、回锅肉、炖排骨等。大家围坐在一起，吃着热气腾腾的庖汤，分享着丰收的喜悦，增进了邻里之间的感情。

安康人在饮食上也非常注重时节。春季，人们喜欢采摘新鲜的野菜，如荠菜、香椿、蒲公英等，将其制作成各种美食，如荠菜饺子、香椿炒鸡蛋等，品尝春天的味道。夏季，天气炎热，浆水面是人们消暑开胃的首选。浆水菜是用芹菜、白菜等蔬菜经过发酵制成，具有独特的酸味和香气。将浆水菜煮成汤，加入煮熟的面条，再配上葱花、香菜、油泼辣子等调料，一碗清爽可口的浆水面就做好了。

安康人在饮食上有三大偏爱：一是爱吃酸，二是爱吃肉，三是爱喝酒。安康人几乎家家都有泡菜缸、腌菜坛、浆水菜盆。一般家庭，"一年四季，酸菜不离"，因此有流传久远的民谚说安康人"三天不吃酸，走路打蹿蹿"。

《隋书·地理志》称，安康人"性嗜口腹，多事田渔，虽蓬室柴门，食必兼肉"。安康人善于储藏干菜、肉食品，特别是山区人用火塘烧生柴，有了烟熏腊肉食品的便利条件。一般人家都要杀年猪，猪肉一时吃不完，或腌或熏，加工成腊肉，一年四季随时可食用。山里人吃肉讲究肉块厚、大，一块肉的两端可以搭过碗边，称过桥肉、梳子肉、杠子肉，待客时用以表达主人的实在和诚意。

安康在古代曾是巴国之地，古代巴人善酿清酒，酒以巴乡清著称于世，表明当时的酿酒技术已达到相当高的水平。安康人擅长造酒、饮酒，体现的是巴人遗风。安康人喜欢喝自家烧制的粮食酒，如大米酒、小麦酒、苞谷酒、红薯酒、高粱酒等。他们自制的果酒有柿子酒、拐枣酒、甜秆酒、木瓜酒、马桑拐酒、猕猴桃酒等。以粮食为原材料酿造的米酒有麦仁醪糟、大米醪糟、苞谷醪糟等。

安康饮食文化是一部生动的历史画卷，每一道美食、每一种烹饪技法、每一种饮食习俗，都承载着这座城市的历史记忆和文化传承。安康饮食不仅满足了人们的味蕾，更是连接安康人民情感的纽带，在岁月的长河中不断传承和发展，绽放出更加迷人的光彩。

六、十大名菜

（1）紫阳蒸盆子：以猪肉、鸡肉、鸡蛋、海鲜等为主要原料，口感香醇，味道浓郁。

（2）安康蒸面：以面粉为主要原料蒸制而成，口感软滑，味道香醇。

（3）岚皋辣子鸡：选用农村散养的土公鸡，切成块，与辣椒等调料一起用大火煸炒、小火焖制而成，香辣多汁，以鲜香和味醇著称。

（4）汉阴白火石氽汤：选用当地食材，采用氽的方式制作，汤汁鲜美，食材保持了原汁原味。

（5）汉阴酸辣茴香小鱼：用汉阴特产的白条鱼制作，搭配酸辣子、茴香等，香辣鲜酸，鱼骨酥软，可一口吃净全鱼，口感细腻。

（6）汉阴养生菌汤：选用安康本地特有的菌菇作为主要食材炖煮而成，营养丰富，有益于健康。

（7）岚皋吊罐肉：岚皋人用吊罐烹制的各种肉类，搭配各种配菜食用。

（8）白河肉糕：以猪肉、鸡肉、鸡蛋、淀粉等为主要原料制作，口感鲜香软糯。

（9）石泉烤鱼：选用汉江生态鱼，经炭火烤制，与辣椒、花椒及石泉泡菜一起烩制而成，麻辣鲜香，鱼肉酥嫩。

（10）旬阳八大件：菜品丰富多样，包括蒸菜、炒菜、汤菜等，口味各有特色。

七、十大名小吃

（1）汉滨烧饼肉夹馍：酥脆的烧饼夹上多汁的卤肉，咬一口，肉香与面香完美融合。

（2）汉滨莲花蒸面：筋道的蒸面搭配豆芽，浇上醋汁与油泼辣子，酸辣过瘾。

（3）汉阴炕炕馍：又名芝麻饼，以小麦粉、芝麻为原料烤制而成，色泽金黄，酥脆咸香。

（4）汉阴涧池烩面片：手工面片搭配丰富的配菜，烩制出一锅鲜香浓郁的美味。

（5）岚皋洋芋丝饼：用洋芋丝混合面粉煎制而成，外酥里嫩，香味十足。

（6）岚皋苦荞饼：用高山苦荞磨成的面粉制作，香气独特，还有保健功效。

（7）白河王记黄金脆：用独特的工艺制作，口感酥脆，香飘满街。

（8）平利苦荞核桃包：苦荞面粉搭配核桃馅料，营养又美味。

（9）紫阳茶香黑米煎饺：用黑米面皮包裹馅料，将其煎至金黄即可，带有淡淡的茶香。

（10）石泉鼓气馍：制作工艺独特，馍身鼓起，麦香浓郁，可直接吃或搭配小菜吃。

第十节　商洛饮食文化

商洛，别称上洛、商州，因境内有商山、洛水而得名，坐落于秦岭东段南麓，处于秦楚相交地、鄂豫两省交界处，东与河南接壤，南与湖北相邻，宛如一颗被岁月尘封的明珠，散发着独特而迷人的魅力，正所谓"秦岭最美是商洛"。其饮食文化源远流长，承载着千年的历史记忆，宛如一条奔腾不息的河流，汇聚了不同地域的文化元素，在岁月的长河中逐渐沉淀、融合，形成了独特的风格。

一、历史渊源

商洛饮食文化的起源可追溯至远古时期。早在新石器时代，这片土地上就有人类繁衍生息，他们以采集、狩猎和原始农业为生，主要食用野生植物、猎物以及简单种植的谷物。随着时间的推移，农业逐渐发展，粟、黍等农作物成为当地居民的主食，开启了商洛饮食文化的序章。

在历史上，商洛是多个朝代的交通要道和军事要地。秦汉时期，中原饮食文化随着中央政权的管辖传入此地，面食的制作与食用方法逐渐融入当地人的生活，为商洛饮食注入了新的活力。唐代，商洛作为长安的东南门户，经济文化繁荣，商业往来频繁，使得这里的饮食在吸收了中原文化精髓的同时，又融合了南方饮食的精致细腻，宛如一幅绚丽多彩的画卷，不断丰富着自身的内涵。到了明清时期，大量外来移民涌入商洛，他们带来了家乡的饮食习惯和烹饪技艺。不同的文化在这里相互碰撞、交融，造就了商洛饮食文化的多元性，进一步丰富了商洛饮食文化的内涵。

二、食材特点

商洛多山地，"九山半水半分田"的独特地貌造就了这里丰富多样的自然生态环境，也提供了得天独厚的食材资源。这里自然条件优越，物产丰富，被外界称为神秘的风水宝地、世外桃源。

山区广袤的土地孕育了种类繁多的山货。核桃、板栗、木耳、香菇等山货，如同大自然赠予的珍贵礼物，不仅营养丰富，还具有独特的风味，成为商洛菜肴中不可或缺的食材。镇安大板栗，作为乡土品种，生长于秦岭山区，镇安、柞水等地更是其主要产区，这些地方板栗产量多，质量佳，营养丰富，味道甜脆，常用于制作板栗焖土鸡等特色菜肴，鸡肉的鲜嫩与板栗的香甜相互交融，令人回味无穷。洛南核桃历史悠久，是当地引以为傲的特色农产品，既可直接食用，显示其原汁原味的醇厚，也可用于制作核桃饼、核桃炒肉等美食，为菜肴增添独特的口感和香气。

商洛的野菜资源同样丰富，商芝、荠菜、灰灰菜等野菜在山间恣意生长。商芝呈淡紫色，雅称紫芝，因其独特的形态和丰富的营养，被认为是商洛特有的野生名菜。史料记载，秦末商山四皓曾以商芝充饥，他们自编的《紫芝歌》中"莫莫商山，深谷逶迤。晔晔紫芝，可以疗饥"的描述，更为商芝增添了几分神秘的色彩。如今，商芝依然是商洛饮食中的重要食材，常被用于制作商芝肉等特色菜肴。其以独特的香气和口感，成为商洛饮食文化的标志性符号。

除了山货和野菜，商洛的农产品也各具特色。玉米、红薯、豆类等农作物在这片土地上茁壮成长，成为商洛人餐桌上的常客。这些农产品不仅是能饱腹的主食，更是商洛人粗粮细作的灵感源泉，衍生出众多独具特色的美食。

三、烹饪技法

传统的商洛菜以腊肉、野味、粗细粮搭配为特色。在烹饪技法上，商洛人展现出高超的技艺和独有的智慧，以蒸、煮、烧、煎、炸、汆等多种技法为主，每一种技法都蕴含着对食材的尊重和对美味的追求，注重保留食材的原汁原味，口味以咸鲜为主，让人们品尝到食物最本真的味道。

商洛腊肉历史悠久，是当地极具代表性的美食。过去由于缺乏保鲜技术，肉类难以长期保存，每到寒冬腊月，家家户户便将杀好的年猪除留下部分鲜肉用于当下和过年期间食用外，其余的肉便腌制熏烘，制成美味的腊肉。熏制好的腊肉，表里一致，煮熟切成片，透明发亮，色泽鲜艳，吃起来味道醇香，肥而不腻，瘦不塞牙，具有独特的风味。在烹制腊肉时，可根据不同的口味需求，采用炒、蒸等多种方式。

商洛人擅长粗粮细作，将玉米、红薯等粗粮巧妙地做成各种令人垂涎欲滴的美食。搅团便是其中的代表，通常用粗粮制作，尤以用玉米面制作居多。制作搅团是个考验耐心和技巧的活儿，"搅团要好，七十二搅"，只有不断地搅拌，才能使搅团口感软绵、细腻。搅团的食用方式多种多样：可用来浇热汤，让热汤的鲜美渗入搅团中；可配酸菜，酸菜的酸爽能为搅团增添别样的风味；也可凉调或烩食。每一种吃法都能带来独特的味觉体验。调上红彤彤的辣子，那种软绵中带着酸辣的滋味让人欲罢不能，充分展现出商洛饮食的质朴与豪爽。

四、饮食习俗

商洛地理位置独特，一山分两水，洛河和丹江分别流入黄河、长江，因而商洛是一个南北文化交融的地方。加之明清时期湖广、安徽、江西、福建、河南、山西等地移民的大量进入，南北文化、秦楚文化在这里融合，形成了独具特色的地域文化，风土人情、饮食文化兼有北国之粗犷和江南之灵秀。

这里的饮食习俗丰富多彩，与当地的文化传统和生活方式紧密相连，宛如一首悠扬的乐章，奏响了生活的美好旋律。每逢佳节或红白喜事，商洛人都会精心准备丰盛的宴席，招待亲朋好友，分享喜悦，传递情谊。

过年期间，商洛人延续着古老而传统的习俗，吃饺子、蒸馍、炸丸子等都是过年必不可少的环节。饺子形状酷似元宝，寓意着招财进宝。包饺子时，还会在其中包上硬币或红枣，寓意着新的一年好运连连、甜甜蜜蜜。蒸馍则象征着生活蒸蒸日上，人们将对未来的美好期许都融入了一个个白白胖胖的蒸馍中。

大年初一，一家人围坐在一起，共享团圆饭。桌上摆满各种美食，商州大烩菜、腊肉、油炸食品等琳琅满目，每一道菜都蕴含着浓浓的年味，寓意着新的一年丰衣足食。此外，商洛人过年还有吃核桃、板栗等坚果的习惯。这些坚果不仅营养丰富，更代表着吉祥如意，为新年增添了一份甜蜜和温馨。

端午节时，商洛人有吃粽子、挂艾叶、喝雄黄酒的习俗。当地的粽子多为糯米粽，里面放有红枣、豆子等馅料，用槲叶包裹，槲叶独特的清香渗透进粽子中，使粽子口感软糯香甜，别具一番风味。人们将艾叶挂在门口，以驱邪避灾，祈求平安健康；喝雄黄酒则有杀菌驱虫的作用。

在商洛，过事（红白喜事、庆典、开张、大寿、盖房上梁等）时的宴席尤为讲究，其中蕴含着深厚的文化内涵和礼仪规范。以商州地区为例，过事一般用一天或者三天，中午 12 点前以面食为主，臊子面是常见的选择。臊子是用豆腐丁、萝卜丁、木耳、鸡蛋花、葱花等烹制而成，最后加入淀粉，使其口感清淡爽口。食用时，调入油泼辣子、酱油、醋，再加上用清油炒的葱花，一碗热气腾腾的臊子面香气扑鼻，令人食欲大增，既温暖了胃，也拉近了人与人之间的距离。

过事时吃的重头戏在下午的席面。入席后，餐桌上早已备好了茶水、瓜子、花生。客人就座，互致问候，唠家常，营造出温馨而热闹的氛围。席面开始后，先是上荤素搭配、色彩斑斓的凉菜，让人赏心悦目。接着热菜登场，具有商洛民间特色的蒸碗、扣碗闪亮上桌。蒸碗有酥肉蒸碗、糯米甜蒸碗以及排骨、肘子蒸碗等，香酥软烂，入口即化，每一口都饱含着独特的味道。扣碗出笼后，将碗中的菜肴趁热扣入盘中，配菜在下，条子肉在上，排列有序，保持了菜的造型，有甜有咸。甜的如糟肉，用醪糟与肉配红枣、油炸红薯或者芋头块上笼同蒸而成，香甜软糯。咸的如商芝肉，这是商州特色菜，是典型的地方美食。猪肉肥瘦适宜，带皮入油锅炸至皮色金黄，上酱色，切成片状，整齐地排列在碗底部，肉上配商芝，浇高汤，入调料，在笼中蒸熟。打开蒸笼，趁热将其快速翻入盘中，上面的条子肉呈棕红色，极具吸引力，肉下便是商芝，释放奇香，肥而不腻，烫而不烧，爽滑顺口，香气缭绕，让人品尝后难以忘怀。

席间各种菜肴上齐，酒喝到正酣之时，压轴菜商州大烩菜与米饭端上来，很多人吃席就是奔着这一口。商州大烩菜历史悠久，过去山区百姓缺粮少油，主家为了让亲友吃饱，用大锅炖红白萝卜块，倒入肉汤，再加入豆腐块、白菜叶、粉条等。如今的商州大烩菜在保持原有特色的基础上，从营养、色、香、味等方面进行了改良，以大锅熬制，主料仍是红白萝卜，以红萝卜为主，配上油炸豆腐块、木耳，加入红烧肉片、红薯粉条、白菜叶、葱段、姜块。用大锅将萝卜炖至软烂，口感极佳，再将一把葱花撒在表面。也有在大烩菜中再加入红烧排骨、酥肉、肉丸的，但基本内容及制作方式是一样的。

席面进入尾声时上的是丸子汤（当地人称之为滚蛋汤），清汤里有青菜叶、木耳、黄花菜，再放入香油，白色的肉丸漂于汤上，热乎乎的，喝上一碗，醒酒解渴，席面就算结束了。

这场美食盛宴，不仅是味蕾的享受，更是情感的交流和文化的传承，让人们在品尝美食的同时，感受到浓浓的亲情和乡情。

商洛饮食文化是一部生动的历史画卷，秦楚文化交融，承载着这片土地的记忆与情感，展现了商洛人的智慧与创造力。从历史渊源到食材选用，从烹饪技法到饮食习俗，每一个环节都蕴含着独特的魅力。无论是热气腾腾的商州大烩菜，还是香气四溢的商芝肉，抑或是街头巷尾的特色小吃，都能让人感受到商洛饮食文化的独特韵味，吸引着人们去探寻、品味这里的独特风味。

五、非遗饮食

商洛的非物质文化遗产中包含着许多饮食文化遗产。已列入陕西省非物质文化遗产名录的有柞水十三花、漫川八大件、柞水洋芋糍粑、洛源豆腐干制作技艺、古镇宴席三点水、丹凤传统葡萄酒制作技艺等。已列入商洛市非物质文化遗产代表性项目名录的有洛南景村烧鸡制作技艺、商山核桃饼、鞑子梁烤馍、商州大烩菜、商州大王烧鸡、商州黑龙口豆腐干制作技艺、商州洋芋糍粑制作技艺、商州孝义柿饼制作技艺、商州商江芳杰松花皮蛋制作技艺、商州手工挂面制作技艺、洛南槲叶粽子、洛南花馍制作工艺、洛南寺坡橡子凉粉制作工艺、洛南梁家坟腊肉锅巴制作技艺、洛南西寺蛮糖制作工艺、洛南兰草河红薯粉条制作工艺、洛南巡检陈醋制作工艺、洛南手工挂面、丹凤商芝肉制作技艺、丹凤吊挂面、丹凤面花、丹凤柿子醋酿造技艺、丹凤老李家烧鸡、丹凤老苞谷酒酿酒技艺、丹凤翻碗子制作技艺、商南十三花、商南冯氏传统手工扯面制作技艺、商南赵川传统高粱酒、镇安八大件子、镇安菜肴三台席、镇安清真菜肴老碗席、镇安木王腊肉制作技艺、镇安云镇荞麦饸饹制作技艺、镇安土法榨油制作技艺、镇安挂面制作技艺、镇安面花、镇安熬糖、柞水南山蒸碗子制作技艺、柞水猴子翻跟头宴席、柞水砧板肉制作技艺、柞水糍粑制作技艺、柞水石磨豆腐制作技艺、柞水醪糟制作技艺、柞水青花苞谷酒酿造技艺、柞水博盛荣酿酒技艺、甘露浆补药酒酿造技艺、柞水传统制糖制作技艺、山阳羊肉泡、山阳粉皮制作技艺、山阳豆腐制作技艺、山阳神仙叶凉粉制作技艺、山阳漫川豆豉制作技艺、山阳中村挂面制作技艺、山阳面花、山阳苞谷酒制作技艺、山阳柿子酒、山阳魔芋制作技艺等。

这些非遗美食及其制作技艺是商洛饮食文化的重要组成部分，承载着深厚的文化内涵和民间传说，是中国非物质文化遗产的重要组成部分。

六、特色菜品、小吃、家宴

商洛市为加快推动"一都四区"建设，打造商洛特色美食名片，提升商洛美食的知名度和影响力，于2021年9月开展了"康养之都·商洛美食"网络评选活动，评选出20种特色菜品、10种特色小吃、6种特色家宴。

1. 特色菜品

（1）商州大烩菜："商州地方美得太，名吃第一是大烩菜。"商州大烩菜上桌，肉香伴着萝卜特有的香味，夹杂着淡淡的葱花香，让人垂涎欲滴，配上白馒头或米饭就是一道美食。

（2）商芝肉：陕菜十大名菜之一。商芝肉的垫菜商芝，是一种古老的蕨类植物，因其古老、美味，生长在商山深处，被称为商山的"地灵"。商芝肉色泽红润，非常诱人，经过先煮后炸再蒸的五花肉，质地软糯，入口即化，吃起来肥而不腻，还带有浓郁的商芝的香味。

（3）洛南热豆腐：洛南豆腐名扬四海，热豆腐更是到洛南县必吃的一道美食。热豆腐浇上精心调制的蒜汁、辣椒油、香醋、韭花酱，再撒一把翠绿的葱花和香菜，热乎嫩滑的豆腐裹着醇厚的调料，豆香与佐料杏完美交融，辣而不燥，还有韭花的香味，让人回味无穷。

（4）镇安芋粉炒腊肉：镇安县的一道特色菜品，用上好的腊肉和洁白的洋芋粉皮烹制而成，香而不腻，软滑爽口，让人满口生津。

（5）镇安板栗焖土鸡：选用优质的板栗与山野放养的土鸡焖制而成，色泽红亮，咸鲜醇正，香中带甜，甜中带鲜，鸡肉软烂入味，板栗香甜软绵。

（6）木王砧板肉：木王加工制作腊肉的传统源远流长，木王腊肉久负盛名。该肉色泽透亮鲜艳，黄中透红，肥而不腻，瘦而不柴，色、香、味、形俱佳。

（7）山阳炝拌九眼莲：山阳人种植的九眼莲是国家农产品地理标志产品。制作手法快，完全保留了莲菜的脆爽口感，色泽白亮，入口清甜无渣。

（8）天麻（柞水木耳）拌核桃仁：洛南天麻，肉质肥厚、坚实，有着醇厚绵密的口感。木耳在温润的山林间汲取甘露，泡发后脆嫩爽滑，饱含山林的清新。当地核桃仁颗粒饱满，香脆中带着微微的回甘，开胃爽口，营养丰富，好看又好吃。

（9）洛南洛源煮干丝：煮干丝对原料的要求非常高。豆腐干用洛河源头龙潭水和优质大豆制作而成。充分借用滋味鲜醇的高汤、多种佐料烹调，再加入南瓜汁，味道进入干丝里，煮沸后趁热装盘。色、香、味俱佳，入口细嚼，干丝嫩滑爽口，豆香味隐隐存在，咸甜鲜香，回味无穷。

（10）酸菜魔芋：商洛的一道家常菜，深受人们喜爱。筋道软弹的魔芋，吃到嘴里非常有嚼劲，酸爽入味的酸菜，汁水饱满，搭配香辣开胃的小米椒，让人看到菜名就不禁会流下口水。

（11）黄金豆焖驴板筋：将新鲜的驴肉切成小块，下锅爆炒出香味，再放入调料翻炒，加水之后放入高压锅。最后放入黄金豆和青红线椒段，一盘美味的黄金豆焖驴板筋就做好了。

（12）铁锅黑猪肉：选用纯粮食喂养的黑猪肉制作而成，麻辣口味。搭配烤饼，肉香饼脆，回味无穷。

（13）赛熊掌（牛蹄）：最初出现在清代满汉全席中。选用去骨的牛蹄，采用制作熊掌的方法加工而成，外形和口感酷似熊掌，是四皓家宴中的代表菜。

（14）招牌芦花鸡：商洛的一道传统名菜，颇受当地居民及游客的喜爱。色泽鲜艳，美观大方，肉质脆嫩，鲜美醇厚，风味独特。

（15）干豇豆扣腊肉：商洛的一道传统特色菜，主要食材为干豇豆、腊肉。它属于中菜，味咸甘平，入口醇香，妙不可言。

（16）茶香腊肉：腊肉与新鲜茶叶完美结合，茶香浓郁，腊味地道。茶叶入肴，肉片细腻，茶香浓郁。

（17）高烧板栗南瓜：商洛的板栗和南瓜都是当地的名优农产品，两者完美结合，焖出一道脍炙人口的美食。

（18）洛南景村烧鸡：原料非常讲究，必须用农家散养一年的3斤左右的活土鸡。用祖传的百年卤锅卤煮烧鸡。色泽鲜艳金黄、湿润油亮，食之不油不腻、清爽酥脆，味道鲜嫩绵厚，回味悠长。

（19）肥肠鸡：采用精选肥肠、散养柴鸡以秘制的老汤卤制，醇香爽口。肥肠和鸡肉肉质紧实、筋道。味型以红汤为主，具备麻辣鲜香的特点，新鲜可口，营养丰富，老少皆宜。

（20）山阳小酥肉：山阳漫川关的一道传统特色名菜，逢年过节、红白喜事、生日家宴，都离不开这道美味。以清淡、咸鲜为口味特点的小酥肉，在当地人的心中是永远的美食，在客居他乡的游子心中是家乡的记忆。

2. 特色小吃

（1）柞水洋芋糍粑："万青九间房，洋芋当主粮。要得生活来改善，洋芋捶得稀巴烂。"这首民谣说的就是柞水洋芋糍粑。做法是将洋芋蒸熟放凉，在石板上压开，反复捶打。捶好的糍粑黄嫩筋道，佐以酸菜调汤，开胃提神，营养丰富。

（2）商州酸汤扁食：商州人把饺子叫作扁食，小巧玲珑的扁食，馅儿多是用炒鸡蛋、豆腐、韭菜、大葱等剁碎搅拌而成，皮儿常为方形，做好的扁食形似元宝，寓意着圆圆满满、财源滚滚。煮熟后的扁食浇上用辣子、蒜泥、柿子醋调制而成的酸汤，味道鲜香。

（3）商山核桃饼：商洛被誉为"中国核桃之都"，商洛的核桃皮薄肉厚、营养丰富，做成的核桃饼松脆酥香、香味浓郁。

（4）山阳羊肉泡馍：别具风味，特点是在煮馍的过程中加入了用羊油熬成的辣油，辣味与羊肉的鲜香浑然一体，形成了浓郁的山阳味道。一样的高汤、羊肉、粉条，由于有了辣椒与羊油的绝妙搭配，显得与众不同。

（5）丹凤牛筋面：牛筋面是近年来兴起的一种小吃，与辣条类似，用机器加工出的粗棍棍面条，配合特色的香辣调料，让人食后难忘。现在又新出了菜汤牛筋面和干炸牛筋面。菜汤牛筋面营养丰富，菜、汤、面搭配合理。

（6）商州擀面皮（镇安黑米皮）：皮厚筋道，滑爽弹韧，以薄、光、软、筋、香闻名，绵辣醇香，酸辣开胃，酸酸辣辣，凉爽可口，让人回味无穷。"无擀面皮不商洛，一天不吃就不得劲"是对擀面皮的形象描述。

镇安黑米皮是商洛一带的名小吃，在白擀面皮的基础上改良加工而来，具有筋道、柔软、凉香、酸辣可口、四季皆宜的特点。黑米皮可凉拌，可炒制，亦可和白擀面皮混搭，口味更独特。

（7）水煎包：商州水煎包是商州远近闻名的早餐，形状扁圆，上下呈金黄色，外酥里鲜，口感甚佳。一口包子皮，一口包子馅，酸辣爽口，瞬间勾起人的食欲。

（8）神仙叶凉粉（橡子凉粉）：又叫神仙豆腐，是用从秦岭采集的神仙叶子制作而成。传统的做法是将鲜嫩的叶子用清水浸泡后捞出，再放到锅里加少许食用碱熬煮。过滤之后，形成黏稠的糊糊。冷凉凝固后，用清水泡一天左右。切成块或条放在碗里，浇上备好的调料汤即可食用。最好浇上大蒜辣子酸菜汤，吃起来清凉爽口，别有一番风味。

（9）洛南搅团：搅团被洛南人称为"模糊"，用玉米面、洛河水制作而成，色、香、味俱全，香甜软糯。再配上商洛的酸菜，酸甜可口，让人难以忘怀。

（10）鞑子梁烤馍：选用洛南小麦粉，用传统的酵面发面，加入少许食用碱，揉均匀，做坯蒸出自然开花的馍，再烤制而成。麦香浓郁，皮焦里嫩，配上豆腐乳、青椒圈，令人赞不绝口。

3. 特色家宴

（1）镇安回民十大碗：回族传统的风味菜肴，每逢宴会，尤其是红白喜事，都用十大碗来招待客人，这种风俗已有200多年的历史。如今十大碗逐渐成为回民的家庭菜肴，一般包括6道蒸碗、2道凉菜、2道小炒。

（2）山阳漫川八大件：分为四扣碗、四炒盘，上菜顺序为刮刀丸子（扣碗）、肉丝大炒（盘）、豆油卷子（扣碗）、干炸鸡块（盘）、甜醪糟肉（扣碗）、红薯丸子（盘）、红莲蹄子（扣碗）、肉片小炒（盘）。

（3）商南十三花：凉菜通常为腌鸭蛋、猪肝片、猪耳条、腊肠、木耳拌粉丝、金针菇拌豆皮（腐竹）、香菇、竹笋、商芝、油炸酥鸡、油炸豆腐干之类，四角小菜通常为绿豆芽、黄豆芽、泡蒜薹、凉拌豆腐等。然后轮番换上鸡、鸭、鱼、肉、圆子等各种热菜与滚汤。每上一盘热菜就随即撤下一盘凉菜，饭桌上始终保持着13道菜品和汤品。

（4）柞水十三花：指在宴席上一次摆出13道菜，中间为顶盘，四周由四大碗、四大盘、四衬盘这12个青花白瓷盘环绕，有四荤、四素、四干果，间次摆开。从开始上菜到所有菜上完,饭桌上始终为 13 道菜。顶盘的菜为煮鸡蛋、鸭蛋等圆形食品以示圆满,也可为豌豆凉粉。豌豆为当地所产,用红油酸汤调汁,清凉下火,食之爽口,寓意着风调雨顺。

（5）洛南豆腐宴:洛南是豆腐的天下,蒸、煮、炒、焖、炸,有用豆腐制作的诸多美食,如铜锅涮豆腐、熘豆腐、炒豆腐、拌豆腐、上汤豆腐、炸豆腐等。一种食材,不同的做法,不同的口味,让食客尽享豆腐盛宴。豆腐宴上不一定每一道菜中都有豆腐,但必须以用豆腐做的菜为主,以其他菜肴为辅,着重于美容、养颜、滋补,突出民俗特色,既把豆腐做出了花样,又不失农家的味道。

（6）四皓家宴:由商洛市上洛味道文化主题餐厅开发出品,享有多项殊荣。主要由 8 道凉菜、8 道热菜组成,还配有主食、小吃、汤羹等。

第四章　陕西茶饮文化

第一节　陕茶的历史渊源

陕西位于中国的西北部，是中国产茶区的北缘。陕南地区，包括汉中、安康和商洛，是陕西主要的茶叶产区。这些地区地形复杂，气候适宜，得天独厚的地理条件使得茶叶品质优良。

一、陕茶的起源

陕西茶饮的历史可以追溯到久远的时代。上古时期，大约 5000 年前，神农氏在秦岭、大巴山一带发现了茶叶，这是关于陕西茶饮起源的古老传说。陕西的茶文化起源于商周，兴盛于秦汉，繁荣于唐宋，明清达到鼎盛。陕西地处黄河流域，秦岭、渭河和汉江为其提供了得天独厚的自然条件，使得陕西成为茶文化的重要发源地之一。

据史书记载，陕西的茶叶种植始于商周时期。《华阳国志》记载，陕南巴人早在商周时期就开始种植茶叶，并将"香茗"作为贡品进献给周王室，开启了中国的贡茶之路。早在西周时期，关中地区已经形成了吃茶的风俗。秦取蜀之后，巴蜀地区所产茶叶开始大量进入中原地区。"自秦人取蜀而后，始有茗饮之事。"（顾炎武《日知录》）

二、陕茶的兴盛

秦汉时期陕茶开始兴盛，成为重要的农产品。张骞出使西域时，茶叶作为主要贸易商品之一远销国外，开启了中西方茶文化交流的先河。陕西是丝绸之路的起点，陕茶因而成为主要的外贸商品之一，沿丝绸之路输往中亚、欧洲和北非。

唐宋时期陕茶发展到鼎盛，尤其是紫阳茶成为宫廷贡品，并通过丝绸之路远销西亚和欧洲。唐代饮茶之风盛行，还正式形成了国家贡茶制度。长安城内茶店林立，文人墨客以茶会友，品茶赋诗，茶文化空前繁荣。唐代宫廷茶具的精美绝伦，反映了当时茶文化的辉煌。

三、陕西官茶

唐代，政府为了增加财政收入，实行榷茶法，严格控制茶叶的生产和销售。陕西的茶叶开始运往西北地区进行茶马交易，这是陕西官茶的前身。陕西官茶也被称为茯茶或茯砖茶，属于边销茶，主要用于茶马互市，并在明清时期成为西北地区的主要茶叶品种。陕西官茶在历史上还作为贡品进献给朝廷，因而声名大噪。

陕西官茶文化意义重大，它不仅是一种饮品，更是陕西地区文化的重要组成部分。陕西官茶通过丝绸之路远销至西亚、东欧等地，促进了中外茶文化的交流。

明清时期，陕茶在国内外市场上占有重要地位，形成了独特的茶饮文化，以茶易马的国策促进了茶文化的传播。

近年来，陕西传统茯砖茶制作技艺得到了恢复和发展，使得这种古老的茶饮重获新生。

四、千年陕茶焕发生机

1998 年，汉景帝阳陵出土了一种不明植物遗存，后经中国科学院专家鉴定为距今约 2150 年的古茶，这是目前发现的世界上最古老的茶叶。此外，唐代宫廷的金银茶具在法门寺地宫出土，反映了唐代宫廷饮茶的奢华和仪式感。

近年来，陕西积极推进特色现代农业建设，茶产业快速发展，形成了绿茶、红茶、黑茶、白茶等多品种、多层次协调发展的产业格局。陕西的茶文化不仅在国内继续传承和发展，还通过各类茶文化活动传播开来，如"茶之旅"等项目，成为中华文化的重要组成部分。

第二节　陕茶的种类

陕茶的种植区域主要在汉中、安康与商洛，以绿茶为主——陕青是陕西绿茶的总称。紫阳、安康、岚皋、汉阴等地茶叶产量最高，紫阳焕古毛尖、平利三里垭炒青、白河家园炒青、岚皋万安寨烘青、西乡午子仙毫都很有名。泾阳茯茶属于黑茶，覆盖了陕西大部分茶叶市场。

陕茶种类丰富，经过杀青、揉捻、理条、提香、精选等工序加工而成，其中用火炒干的叫炒青，用火烘干的叫烘青。主要包括绿茶、红茶、黑茶、白茶和黄茶等，每种茶叶都有其独特之处和主要产地。

一、绿茶

1. 午子仙毫

午子仙毫是西乡县午子山上出产的名茶，因其独特的生长环境和采摘工艺，茶叶条形紧细、甘洌可口，且经久耐泡。《西乡县志》记载，午子仙毫始于秦汉，盛于唐宋，为历代贡茶。早在唐代，它就被列为贡品，名噪京师。这种茶是用单芽头或一芽一叶制成，每斤成品茶有 4 万～5 万个芽头，嫩度和香味都很独特。1985 年被评为省级优质名茶，1986 年在全国名茶评定会上被评为全国名茶。它还富含锌、硒等微量元素，具有保健作用，深受消费者欢迎。

2. 汉中仙毫

汉中仙毫产自汉中秦巴山区——我国古老的茶区之一，是中国国家地理标志产品，包括午子仙毫、定军茗眉、宁强雀舌、汉水银梭、秦巴雾毫等多个品种。

该茶以单芽头或一芽一叶为原料，经过特殊工艺加工而成，外形微扁，挺秀匀齐，嫩绿显毫，香气高锐持久。冲泡后汤色嫩绿，滋味鲜爽回甘，叶底匀齐鲜活，且富含锌、硒等微量元素。

3. 紫阳毛尖

紫阳毛尖也称富硒紫阳毛尖，产于安康市紫阳县，芽叶嫩壮，白毫显露，香气高长且带有花香。据《紫阳县志》记载，从唐代开始，"每岁充贡"，在清代就已被列入全国十大名茶。

该茶产自汉江两岸的近山峡谷地区，得益于这里多云雾、冬暖夏凉的气候特点，以及由花岗岩和片麻岩发育而成的矿物质丰富的土壤。茶外形条索圆直、紧细，色泽翠绿，白毫显露。冲泡后汤色嫩绿清亮，滋味鲜爽回甘。

4. 商南泉茗

该茶是商洛出产的高档绿茶，以其独特的口感和品质备受推崇，有"茶香溢商洛，泉茗先为佳"的美誉。该茶初名毛尖，后定名为泉水清，又改名为商南泉茗。其采摘标准为一芽一叶至一芽二叶初展，经过摊放、杀青、清风、初炒、做形、烘焙等多道工序手工制作而成。生长在秦岭山脉、新开岭和郧西大梁山的相交处，土壤肥沃，远离工业污染，使得茶叶品质极高。多次获得名茶称号，如 1992 年在中国中西部地区名茶促进会上获"陆羽杯"奖。

5. 平利女娲茶

该茶是安康市平利县的特产，荣获全国农产品地理标志。产自陕西东南部，位于特定的地理坐标内，生长在 300～2717.2 米的不同海拔。独特的地理位置和温和的气候条件使得茶叶富含茶多酚、咖啡碱、硒和锌等元素，特别是硒含量达到 0.52～3.52 毫克/千克，使其成为富硒好茶。外形匀齐，色泽翠绿。冲泡后汤色清亮，香气高长，滋味醇厚，叶底嫩绿明亮，非常耐冲泡。

二、红茶

1. 汉中红茶

产于汉中，色泽红润，香气独特，滋味浓郁，被誉为"陕西的茶王"。

2. 商南泉茗

虽归为绿茶，但也有红茶品种，具有形美、香高、味醇的特点。

三、黑茶

陕西的黑茶主要是茯茶，产于咸阳市泾阳县，是 1368 年前后诞生的用特殊工艺加工而成的茶叶，至今已有 600 多年的历史。唐代以后，茯茶由官府指定制造并销售，因此也有官茶和府茶的别称。

泾阳茯茶被誉为丝绸之路上的"神秘之茶""生命之茶"，在历史上是茶马互市的重要战略物资。因其是在夏季伏天加工制作，香气和作用又类似茯苓，且蒸压后的外形呈砖状，故又称茯砖茶，也称封子茶、泾阳砖，是再加工茶类中黑茶紧压茶的一种。

茯茶兴盛于明清至民国时期，1958 年停产，2006 年开始得到保护性恢复研究，2011 年其制作工艺被列入陕西省非物质文化遗产名录，2019 年被认定为国家地理标志产品。该茶采用独特的发酵工艺，含有金花菌，具有消食解腻、调节肠胃等保健作用。冲泡后汤色红浓明亮，味道醇厚回甘。

四、白茶

陕南的安康、商洛和汉中是种植白茶的主要区域，所产安吉白茶制作工艺独特，茶叶色泽洁白，香气清雅，口感醇和，具有较高的观赏价值和品饮价值。

五、黄茶

汉中黄芽茶，产于汉中南郑区、西乡县、勉县。洛川黄芽茶，产于洛川县。茶叶嫩芽肥壮，富含茶多酚和维生素 C，具有清香高爽、颜色黄中带绿、滋味鲜醇回甘的特点。

六、特种茶

1. 平利绞股蓝

该茶是平利县的特产，也是中国国家地理标志产品。它不仅是一种茶品，还被医学界誉为"东方神草"和"人间福音草"。这种茶的生长对土壤和气候条件要求较高，而平利县拥有独特的区域小生态环境，非常适合绞股蓝生长。因此，平利县被称为绞股蓝的自然分布分化中心和故乡。制成的茶饮汤色清澈，初尝味涩，但有明显的回甜，是一种非常有利于健康的茶饮品。

2. 罐罐茶

作为一种与茶有关的地方特色饮食，罐罐茶有着上千年的历史，最早是古羌族的主要饮食之一。因地域不同、经济条件差异、生产和生活习俗不同，罐罐茶多种多样、风味各异。根据熬制方法和用途，罐罐茶又分为油茶、面茶、清茶三种。罐罐茶的特点是把茶饮和饮食礼仪结合为一体。

所谓罐罐茶，就是煮茶不用壶或锅，而是用陶瓷罐在火塘边煨制。制作罐罐茶的每一个步骤都非常讲究。茶叶要先炒一下，一般用粗老茶，耐熬、口劲大。加入茴香、花椒等去除茶叶的生涩，并使之充分入味。熬茶时加入面糊，即用白面熬煮成的糊。将藿香叶、生姜片放入茶汤中调味，再加入炒熟的腊肉丁、鸡蛋碎、核桃碎等配料，这才成为一碗正宗的罐罐茶。

罐罐茶在陕南秦巴山区流传至今，与茶马文化有着密切的联系，形成了一种具有浓郁地方特色的茶饮文化。

3. 菊花茶

据记载，唐朝人已开始有喝菊花茶的习惯。以陕西秦岭地区的野菊花为原料制成的茶饮，因具有较高的药用价值和独特的口感而深受消费者喜爱。

菊花茶具有清热解毒、散风清热、清肝明目和解毒消炎等作用。野菊花清热解毒的效果更好，可缓解生疮、牙痛、口臭等症状。菊花茶还能降低胆固醇，抑制血压升高，具有很好的抗氧化性能，能帮助清除体内的自由基。饮用时，可以将野菊花泡在热水中，现泡现饮，避免久放，以保持其保健效果。体寒体虚的人可以在菊花茶中加入适量冰糖以减轻寒性。

4. 八宝盖碗茶

陕西八宝盖碗茶的历史可以追溯到盛唐时期，最初在回族民众中广泛流传，后来逐渐成为一种传统饮品。它是传统的待客饮品，代表着热情与尊重，寓意着团圆和福气。

八宝盖碗茶的主要配料包括茶叶、冰糖、枸杞、红枣、核桃仁、桂圆肉、芝麻、葡萄干和苹果干等。这些配料使得盖碗茶不仅味道层次丰富，还具有驱寒滋补、清咽利喉等功效。此外，根据不同的季节，还可以加入玫瑰花、菊花等辅料，以适应不同的健康需求。

八宝盖碗茶也称三泡茶，通常用带盖的茶碗饮用。冲泡时先将茶叶和配料放入盖碗中，再加入滚烫的开水，盖上盖子静待片刻即可饮用。饮用时一般不拿掉盖子，而是用盖子轻轻刮几下茶面后用嘴吸着喝，这样既能保温又能避免烫手。

在陕西，八宝盖碗茶不仅是日常饮品，更代表着一种待客的礼仪，体现了当地人的热情与好客。

5. 奶茶

奶茶是一种将茶与奶或奶制品混合的饮品，有着丰富的历史背景和多样的制作方法，是北方游牧文化与中原农耕文化交融的结晶，并通过丝绸之路逐渐传入印度、欧洲等地，形成了不同的风格和口味。唐代，阿拉伯人将奶茶带回去，还加入了糖。奶茶传到欧洲后，受到贵族们的喜爱。到了近代，欧洲人在探险的过程中又把奶茶带回东南亚。改革开放以后，新式奶茶传到中国，港式奶茶、台湾珍珠奶茶等在西安市场上风靡一时，特别受年轻人喜爱。

七、新式茶饮

陕西茶饮独具魅力，从古法传承的茯砖茶到现代流行的新式茶饮，可谓应有尽有。目前，新式茶饮市场上充满多样性和创新性，一些新式茶饮坚持"中茶西做"的理念，将中国风情融入新式茶饮。其产品涵盖茶卡布、茶拿铁、纯茶奶盖、手打柠檬茶、水果茶以及各种花茶。这些品类不仅在产品制作上追求极致，还在店铺设计和文化活动上不断创新，为消费者提供了独特的茶饮体验。当然，陕西茶饮的魅力远不止这些。

第三节　陕西茶饮文化

一、茶饮渊源

陕西茶饮的渊源可追溯至商周时期，是扎根于黄河流域文明沃土上的。商周时期，巴人向周王室贡茶，陕西作为政治中心开始出现茶饮。汉代张骞通西域，茶通过丝绸之路传至西域，饮茶之风渐兴。唐代长安"茶肆遍列"，上至王公贵族、下至市井百姓皆饮茶，茶税成为国家财政的重要来源，茶道盛行。宋代茶事更盛，茶深入社会各阶层。明清时期，泾阳茯茶崛起，成为茶马古道上的"黑黄金"，延续至今。数千年来，陕西始终是茶饮传播与发展的关键枢纽，既承载着政治经济的变迁，也孕育了独特的地域茶文化。

二、茶饮特色

陕西茶饮文化历史悠久，底蕴深厚，是中华文化宝库中的瑰宝。丝绸之路的起点在陕西西安，茶文化在这里得到了广泛的传播和发展。陕西的茶饮特色不仅反映了当地的历史文化背景，还体现了多民族融合的特点。

陕西的茶文化特色鲜明，以粗、酽、陈、浓著称，兼具北方的豪迈与地域物产特色。陕西的茶以紫阳富硒茶、汉中仙毫、安康富硒茶、泾阳茯茶等名品为代表。紫阳富硒茶因其独特的保健功效和地理标志保护而闻名，汉中仙毫则以其卓越的品质而享誉全国。这些名茶不仅在国内市场上占有重要地位，还通过丝绸之路传播到西域各国，促进了中外文化的交流。

三、茶饮礼俗

陕西的茶饮礼俗渗透于人们的日常生活点滴，既显出礼仪之邦的底蕴，又具有民间烟火气。陕西人爱饮茶，待客也以茶为先。客人坐定，主人先奉上一杯热茶，表示欢迎，然后陪客人叙话，开始谈论正事。在陕西，无论是家庭聚会、商务洽谈还是朋友聊天，茶都是不可或缺的饮品。

关中人和陕南人都有饮茶的嗜好，且喜清早饮茶。各地习俗不同，饮茶方法各异。在关中农村，不论冬夏，人们天亮起床后头一件事就是沏一壶茶，空着肚子喝。而且不是在家中独饮，通常三五成群，手持小茶壶，或站在屋前，或蹲在树下，边啜饮边谈天，俗称茶壶会。

在陕南，饮茶是当地居民日常生活的重要组成部分，有客来访时必以茶相待，体现了客来敬茶的传统习俗。在秦巴山区，还保留着吃罐罐茶的习俗。如略阳罐罐茶，是氐、羌民族流传下来的一种古老的传统饮食及手工技艺，具有上千年的传承历史，是研究嘉陵江上游羌族人饮食文化的宝贵资料。

此外，陕西人还喜欢将茶叶与美食结合起来，制作出各种茶餐，如茶叶蛋、茶香肉、绿茶饸饹等。这些美食深受当地人喜爱。

四、茶馆文化

陕西茶馆源远流长，早在唐代长安就出现了专卖茶水的茶肆。唐人封演在其《封氏闻见记》中记载："……渐至京邑，城市多开店铺煎茶卖之，不问道俗，投钱取饮。"可见当时关中人饮茶之风已形成。到了近代，各地更是茶馆遍布，无论是县城还是村镇，都有数家或数十家茶馆。茶馆之多，尤以陕南为最。两间瓦房或一座凉棚，摆设几张长桌、几个条凳，即可容纳三四十名茶客，这就是村镇上常见的小茶馆。县城的大茶馆一般有宽敞的茶厅或茶楼，一律的小圆桌、竹靠背躺椅，可容纳数百人饮茶。茶具有高雅的盖碗，有大众化的缸子，也有用茶壶沏茶，另配茶杯斟茶的。茶客有不同的饮茶爱好和习惯，因此大茶馆通常会准备好几种茶，如花茶、陕青、红茶等。茶客来了，茶倌立即满面春风地迎上去，先"问客点茶"，问明客人有几位，喜欢喝什么茶，然后将客人点的茶分别送到桌上。

纵观陕西全省，关中茶馆以西安的为代表，陕北茶摊多在窑洞前、集市边，陕南茶社受巴蜀文化的影响而多在茶园或江边。茶不仅是一种饮品，更是一种社交活动的象征，人们在品茶中交流感情，享受温馨的氛围。

五、茶歌文化

茶歌，指的是茶叶生产和饮用过程中派生出来的一种茶文化。陕西茶歌源于茶农的劳作，随着茶叶种植和采摘活动的开展而形成，兼具秦歌的苍凉与南方小调的婉转，是活态的茶文化遗产。在劳动过程中演唱茶歌，不仅能缓解劳动的疲劳，还能增添劳动的乐趣。茶歌为茶文化增添了浓墨重彩的一笔。

陕南茶歌，如《上茶山》《采茶调》《请茶调》等。《三月采茶茶叶青》描绘了茶农在茶园中辛勤劳作的场景，歌词"三月采茶茶叶青，奴在家中织手巾。织得手巾绣牡丹，茶树脚下等郎来……"充满山野浪漫；《手提二封茶》描绘了情人之间通过送茶表达情感的画面；《高山点茶行对行》反映了茶农采摘茶叶时的情景。

关中茶谣，多为童谣或叫卖调，如《卖茶歌》："泾阳砖茶哟香又醇，客官喝了脚生风。千两茶砖驮马背，万里丝路走西东。"传唱的是茯茶贸易的盛景。

陕北茶曲，融入信天游元素，如《茶壶里熬的是圪崂崂水》，以茶寓情："茶壶里熬茶熬三回，想你想成个病汉哩。一碗碗浓茶泼在地，单等你回头看一回。"直白而热烈。

陕西茶歌的旋律轻盈而高亢，音符中蕴含着绿色的精灵。其风格既有北方音乐的高亢、奔放，又融入了南方音乐的柔和、细腻。茶歌源于民间，是劳动人民情感和智慧的结晶。其内容复杂多样，涵盖了劳动号子、山歌、小调等多种形式，生动地表现出茶农的生活画面。

六、茶艺表演

茶艺在陕西有着悠久的历史和丰富的文化内涵。陕西的茶艺表演和茶道仪式，展现了陕西深厚的文化底蕴。茶艺表演既展示了茶道技艺，也融合了地方特色和文化传统，主要有宫廷茶艺表演与民俗茶艺表演两大流派。

《大唐茶韵》：以唐代宫廷茶宴为背景，再现了当时贵族品茗论道的情景。演员们身着华丽的古装，手持精美的茶具，在悠扬的古筝乐曲中缓缓展开一幅幅生动的历史画卷。

《秦岭茶情》：聚焦于秦岭山脉这一重要的茶叶产区，讲述当地茶农辛勤耕耘的故事。表演中不仅有精彩的采茶舞，还展示了细致入微的制茶过程，让人仿佛置身于一片翠绿的茶园之中。

《茶香墨韵》：将书法与茶艺相结合，邀请书法家现场挥毫泼墨，书写关于茶的诗句，同时茶艺师进行泡茶操作。两者相得益彰，共同诠释了"茶书同源"的中国传统美学思想。

《茶艺新曲》：汉中市举办的一场茶艺表演大赛的侧记，不仅展示了茶艺，还融合了器乐、声乐、舞蹈、诗词、朗诵和情景剧等艺术门类。表演者通过精湛的技艺和优雅的动作，展现了茶艺的魅力和文化内涵。该表演强调了茶艺的茶礼、环境、礼法和修行四大要素，突出了饮茶的艺术审美功能。

七、名人与茶

饮茶作为一种文化现象，与人们的生活关系密切。有许多名人与茶结缘，不仅写有吟咏称道茶的诗章，还留下了不少关于煮茶品茗的逸闻趣事。

汉高祖刘邦在汉中居住时，对当地的茶饮情有独钟。传说他曾在汉中品茶论道，享受茶香，留下了与茶饮有关的美好故事。

唐代陆羽著《茶经》时曾游历陕西，在紫阳考察茶事，称"紫邑茶芽，甘香如兰"，是陕茶最早的"代言人"。

唐代诗人白居易是华州下邽（今陕西渭南）人，识茶懂茶，一生嗜茶，亲自辟园种茶、烹茗煮茶。他将茶文化引入诗坛，写有关于茶的诗50多首，通过诗作将茶文化传播到百姓之家，是茶文化的积极推广者。他终生、终日与茶相伴，早饮茶，午饮茶，夜饮茶，酒后索茶，有时睡下了还要索茶。他不仅爱饮茶，而且善于鉴别茶之优劣，因而别号"别茶人"。"起尝一瓯茗，行读一卷书""夜茶一两杓，秋吟三数声""或吟诗一章，或饮茶一瓯"……这些诗句都是在说茶助文思、茶助诗兴、以茶醒脑。

宋代文学家苏轼在凤翔为官时，对茶有着深厚的情感，写下了许多关于茶的诗文，如"从来佳茗似佳人"。他对茶事也颇有研究，特别喜爱玉女洞的泉水，每次去玉女洞都会取两瓶泉水回来烹茶。为了方便取水，他还制作了一块调水符，一半交由寺僧保管，另一半由取水的使者持为信物。

1873年，左宗棠恢复茶商领茶票的制度，泾阳共领500余票，吴家东院至少占300票。这项政策极大地促进了泾阳茶业的发展。

1900年，慈禧太后逃难到西安。陕商首富吴周氏，即泾阳的安吴寡妇，到西安拜见慈禧太后，除捐贡白银十万两外，还带了一些土特产贡品，其中就有泾阳的茯砖茶。吴周氏上贡时说"这是泾阳茯茶"，因"茯"与"福"同音，慈禧太后听了高兴地说："福茶好！福茶好！"吴周氏因此被慈禧太后收为义女，并被封为诰命夫人。慈禧太后返回北京后，饮用"泾阳福茶"一时成为紫禁城内外的风尚。

1936年年底，红军前敌总指挥部及各方面军陆续进驻泾阳县云阳镇一带，张学良、杨虎城二将军派人会同国民党县政府官员前去慰问。慰问品有猪肉、羊肉、面粉、布匹、茯砖茶等，其中以茯砖茶最为珍贵。自红军驻扎泾阳，到改编为八路军的数月时间里，指挥部的首长们，包括朱德、彭德怀、刘伯承等，日常喝的都是泾阳的茯砖茶。彭德怀从泾阳回延安开会，带了一些泾阳茯砖茶给毛泽东。得知此茶是用湖南茶加工制成的，辗转了大半个中国的毛泽东感慨而又高兴地说："很长时间没有喝到家乡的茶了，留下来尝尝。"他品饮后连说："好茶！好茶！"毛泽东非常珍爱这些泾阳茯砖茶，在延安喝了很长时间。

作家贾平凹对茶的偏爱在其作品与生活中皆有鲜明的体现，茶不仅是他笔下的文化符号，更融入了他的创作与人生体验。他在文字中常以茶为媒，勾勒地域风情，表达人生哲思。在小说《暂坐》中，他以西安的茶庄为舞台，将茶馆比作"西京的气脉"；在关于茶的散文中，他多次表示茶对于他的重要性，说饮茶"是身体与精神都需要的事"。他将喝茶与写作灵感挂钩，泡一杯茶置于案头，一日的工作便开始了。可以说，茶是贾平凹乡情的味觉载体。

历史名人对陕西茶饮的喜爱，不仅展现了陕西茶饮的独特魅力，也为陕西茶饮文化增添了丰富的历史底蕴。名人效应对陕西茶饮的推广和普及起到了积极作用，提升了陕西茶饮的知名度和影响力。

八、文学艺术中的陕茶

陕茶作为陕西地域文化的重要组成部分，在多部影视作品中以场景、道具或文化意象的形式出现，成为展现三秦风情的窗口。《那年花开月正圆》《大秦帝国》《白鹿原》《平凡的世界》《装台》等影视作品，进一步宣传了陕茶，吸引了更多人的关注和喜爱。

陕茶屡见于诗词、小说、戏曲中，成为地域文化的符号。小说《创业史》《巍巍嵯峨》《白鹿原》等，都通过艺术化的手法展现了陕茶的魅力。

陕西茶饮文化如一壶陈年老茶，浓酽中藏着历史的沉香，粗朴里蕴含生活的智慧。从长安宫廷的煎茶雅韵，到市井茶馆的烟火喧嚣，从茶马古道的驼铃茶香，到文学艺术的墨韵茶魂，陕西茶饮文化既是三秦大地的味觉记忆，更是中华文明多元一体的鲜活注脚。

第五章　陕西酒水文化

第一节　陕酒的历史与发展

一、陕酒的历史背景与传说

陕西是我国酿酒历史最悠久的地区之一，其酿酒最早可以追溯到新石器时代的仰韶文化时期，距今已有 6000 多年。考古发现也支撑着这一观点，西安半坡遗址发掘的陶器中有疑似与酒相关的器具，且该器具上有"酉"字，这在一定程度上表明当时已有与酒相关的活动。此外，甲骨文和金文中也有关于"酒"字的记载，进一步证明了陕西在远古时期就已经有了丰富的酒文化。

《黄帝内经·素问》中黄帝和岐伯关于酒的对话表明，在新石器时代，古雍大地上已经出现了酒。此外，炎帝神农氏也被传为造酒的始祖，他在姜水（即今陕西宝鸡岐山县境内的岐水）首创农耕，农业生产的发展为造酒提供了物质基础。

杜康酒的历史可以追溯到 4000 多年前的黄帝时期，相传杜康是当时的一位大臣，专门负责粮食生产。在一次偶然的机会中，他发现粮食在树洞中发酵后渗出一种浓香的水。经过反复钻研，他最终发明了酿酒。杜康的发明不仅在当时引起了轰动，在后来的历史文献中也多次被提及，如《酒诰》《世本》《说文解字》《战国策》《汉书》等古典文献中都有明确的记载。曹操在《短歌行》中有"何以解忧？唯有杜康"一句。

二、陕酒的发展历程

陕酒的发展历程可以分为如下几个主要阶段。

1. 周代陕西已有酿酒的记载

传说，周代有一男子将蒸米饭倒入树洞内进行发酵，这是酿酒的起源。周代，酒主要用于祭祀祖先，祈祷来年五谷丰登。西周将贵族各阶层的用酒纳入礼的范畴，以礼节制，对庶民百姓聚众酗酒予以严惩，但并非绝对禁酒，只是为了吸取前朝亡国教训，进行严格限制而已。这却把酒提高到至尊无上的地位，酒被列为天子、诸侯、大夫、士等各阶层祭祀、朝聘、宴飨等礼仪活动中必备的饮品，同时设有专职官员，并根据不同场合使用不同的青铜礼器。西周的这一套饮酒礼仪成为后来春秋战国甚至秦汉以后整个封建社会食礼的滥觞。

《诗经》中的很多内容都反映了西周社会尤其是秦地的酿酒，并对其进行歌咏。如《诗经·小雅·信南山》有云："疆埸翼翼，黍稷彧彧。曾孙之穑，以为酒食。"酒成为周人最虔诚的一种表达性信物，这种信物在人与自然、人与祖灵之间起到沟通作用，这也是后来秦地在历代都注重酒与祭祀的原因。周代的秦中古酒如今已很难找到原貌，只能通过出土及传世的青铜酒器想象当时的盛况。

在蒸馏酒被发明出来之前，浊醪与清酒始终是传统米酒的两大类，而这两类酒早在西周时期就在关中地区形成固定模式了。《诗经·周颂·丰年》有云"为酒为醴"，酒指清酒，醴是浊醪的一种，俗称甜酒。

如今我们在博物馆里看到的罍、觚、方彝、铜壶、耳杯等许多青铜酒器，验证了古代陕西酒文化的繁荣。1927年宝鸡出土的周公东征方鼎上赫然刻有"酓（饮）秦酓"三字。"秦酓"即秦酒，是一种由秦人或自秦地生产的酒浆，是柳林酒的前身。这也是有关陕西特色美酒柳林酒的最早的文字记录。

2. 秦汉时期酒开始用于日常生活中招待宾客

秦代陕西地区自然条件优越，为酿酒业提供了物质基础。当时陕西地区温暖湿润，雨水丰富，粮食丰产，为酿酒业提供了充足的原料。据《周礼》记载，当时使用的酿酒原料包括稻、黍、粱等。此外，秦代还出现了多种特色酒品，如醴、冻醪（春酒）、旨酒、清酒、丽酒等。酿酒技艺已经相当成熟，用粮食酿酒极为普遍。秦始皇对酒的看法和应用也反映了当时的酒文化。秦始皇相信酒可以养生、使人长寿，这在一定程度上推动了酿酒业的发展。秦统一六国后，社会生产力迅速发展，农业生产水平提高，也为酿酒业的兴盛提供了物质基础。

汉代，陕西的酿酒业进一步发展。汉武帝时期更是兴建了高规格的酒坊，宫廷内也设有专门的酒官管理酿酒事务。当时的官营酿酒由少府掌管，具体操作由少府属下的太官和汤官负责。太官"掌御饮食"，而汤官为太官的下属，主要掌管酒的酿造与供应。西汉时期一度实行酒类专卖。

3. 隋唐时期陕西酒业达到鼎盛

隋唐时期，随着经济的繁荣，酒文化得到进一步的发展和弘扬。这一时期无酒禁，陕西的酒业达到鼎盛。长安东西两市酒业兴隆，雍县（今陕西宝鸡凤翔区）有43家烧坊，郿县（今陕西宝鸡眉县）开始出现蒸馏工艺，这对陕西白酒的形成和发展起到了决定性作用。著名的柳林酒更是受到达官贵人和文人墨客的赞誉，成为宫廷御酒。各路文人墨客聚集长安，酒文化得到弘扬。李白等诗人的作品中都提到了酒，酒成为诗人吟诗作赋的助兴工具。贞观年间，雍县的西凤酒就有"开坛香十里，隔壁醉三家"的赞誉。仪凤年间，吏部侍郎裴行俭送波斯王子回国，途经雍县时留下了"送客亭子头，蜂醉蝶不舞。三阳开国泰，美哉柳林酒"的诗句。此地郡守赠裴侍郎一坛美酒，裴侍郎回朝后将此酒献给高宗皇帝，高宗皇帝饮之大喜，将其钦定为宫廷御酒。

除了官方及名门大户酿酒之外，唐代秦中各地的民营酒坊也十分活跃。当时的民营酒坊大多设置集酿酒与售酒于一体的店铺，俗称酒肆、酒楼、酒家、酒舍、旗亭。凡具备售酒条件者，一般都能开坊酿酒，无须从别处购进成品酒。当时还很少有店铺兼售他人生产的成品酒。民营酒坊酿造和售卖的酒被称为市店酒。

据宋代钱易《南部新书》记载："太宗破高昌，收马乳蒲桃种于苑，并得酒法，仍自损益之，造酒成绿色，芳香酷烈，味兼醍醐，长安始识其味也。"西域的葡萄酒传入已久，但陕西地区酿制葡萄酒始于唐太宗时期。自兹而后，唐王朝庆典赏赐都离不开葡萄酒。

胡姬、美酒是唐长安城的一大特色。长安城东城门附近有很多家胡姬酒店。胡姬手捧美酒，争相劝客。李白《送裴十八图南归嵩山》诗云："何处可为别，长安青绮门。胡姬招素手，延客醉金樽。"岑参《青门歌送东台张判官》诗云："胡姬酒垆日未午，丝绳玉缸酒如乳。"

4. 宋代陕西的酿酒技术达到了前所未有的高度

宋代酒业的发展得益于物产丰富和社会经济的发展，酿酒技术也显著提高。宋人编纂了大量关于制曲酿酒技术的著作，如朱肱的《北山酒经》、李保的《续北山酒经》、苏轼的《东坡酒经》和范成大的《桂海酒经》等。这些著作将传统经验转化为理论记录下来，推动了酿酒技术的发展。

宋代陕西酿酒的种类也丰富多样，涌现出许多名酒，令华夏酒人为之惊叹，史家亦多有书写。张能臣《酒名记》中载有陕西名酒凡九种，即凤翔府（今陕西宝鸡凤翔区）橐泉酒，华州（今陕西渭南华州区）莲花酒、冰堂酒、上尊酒，邠州（今陕西彬州）静照堂酒、玉泉酒，同州（今陕西渭南大荔县）清洛酒、清心堂酒，金州（今陕西安康）清虚堂酒。这些名酒均为官方所酿，称为官厨酒或公库酒。宋朝的酿酒群体分为官府和民间两部分，所酿的酒各有风格，两股力量共同助推了宋朝酿酒业的繁荣。

宋代的陕西名酒以凤州酒呼声最高。凤州即今宝鸡凤翔区，宋时建府于此，多酿美酒。《遁斋闲览》有云："（凤州）公库多美醖，故世言凤州有三出，谓手、柳、酒也。"长安城在唐末败落之后，仍有好酒酿造，维持昔日的旧名，故陆游《以石芥送刘韶美礼部刘比酿酒劲甚因以为戏》诗云"长安官酒甜如蜜"。当时凤翔境内"烧坊遍地，满城飘香"，酒业十分繁荣，过境路人常常"知味停车，闻香下马"，争相品尝柳林酒。在苏轼的大力倡导下，凤翔橐泉酒也大放异彩。

5. 明清时期陕西酒业的发展达到一个新的高峰

明清时期，陕西的酿酒工艺日趋成熟，形成了"水是酒之血，曲是酒之骨，粮是酒之肉"的观点，强调酿酒原料和水质的重要性。这一时期，陕西酿酒作坊林立，酿酒业十分发达。陕西名酒的种类逐渐增多，除了传统的浊醪和清酒之外，又有烧酒和醅酒流行。烧酒以凤翔所产者较为著名。据《凤翔县志》记载，明朝万历年间，凤翔城内的酒坊达到 48 家，显示了当时酿酒业的繁荣。凤翔柳林镇出现了烧锅酿酒坊，酿出烧酒，此即今日西凤酒的前身。

明清时期，陕西的酿酒技术进步，市场需求也比较大。当时农户以自产的高粱、大麦、豌豆作酿粮，以麦草作燃料，以自家牲畜作动力，开设烧锅酿酒，俗称连家生意。这种家庭作坊式的酿酒方式不仅满足了当地的市场需求，还促进了酿酒技术的不断进步。

据《中国酒文化通典》记载，明末清初，陕酒的酿造技艺、酵母、曲药、泥样等传入四川，才有了后来的泸州老窖、绵竹大曲、全兴，五粮液、郎酒也都与西凤酒、柳林酒有关。

清代，陕西不仅有官办的酒坊，还有大量的民间烧坊分布在各个地区。白酒酿造技术在这一时期得到了发展和传播，特别是在汉中洋县等地，小曲酒的制造技术得到了广泛应用。白酒需求量大，酒坊众多，生产规模逐渐扩大，形成了较强的生产能力。清代的陕西酒业在乾隆年间最为繁荣。据《洋县工业志》记载，乾隆三十一年（1766年），洋县城乡的官办和民间生产的白酒量非常大，当地人以饮用老窖为时尚。民间烧坊众多，烧酒原料多为玉米，人工操作，土法制造小曲酒。清代《陕西通志稿》载："酒，有三种，一曰高粱酒，又称烧酒，由烧锅蒸出。一曰黄米酒，每岁冬季居民家家酿之。"1911年，意大利传教士安西曼和其徒弟华国文共同创办了丹凤葡萄酒厂。

6. 近现代陕西酒业

近现代时期，陕西多分散的私人作坊在从事酒的酿造和经营，规模较小，生产效率低，产量有限。这些作坊通常采用前店后坊的自产自销模式，位于交通要道和商业繁荣的地方，主要集中在凤翔、岐山、宝鸡等地区。这些地区地理位置优越，水源充足，适宜农业种植，为酒业发展提供了良好的条件。

凤翔产的酒尤为出名，贩卖范围广泛，东到岐山、扶风、武功等地，北到甘肃，南到汉中、四川，甚至贩卖到更远的地区。1928年，西安产有"烧酒、黄酒、葡萄酒、苦南酒、双瑰露酒、玫瑰酒、太白地酒"等酒品；在"陕西省地方农工出品展览会"上，有的酒品获二等奖，有的酒品获四等奖。

改革开放以来，陕西酒业经历了显著的发展变化，尤其是在品牌建设和市场拓展方面取得了显著成就。西凤酒作为陕西的代表性名酒，经历了多次技术改进和创新，结合传统工艺和现代科技，提升了酒体品质。西凤酒通过"1＋N"产学研创新合作模式，实现了酒体品质的持续提升和品牌价值的提升。

陕西白酒市场竞争激烈，凤香型和浓香型白酒在市场上占据主要地位。陕酒已经开始抱团发展。通过龙头企业的引领和政府的支持，陕酒产业正在构建更加健康和可持续的发展格局，以应对分化加剧的市场挑战，拓展更广阔的市场，实现品牌的提升。

第二节　陕酒的种类

陕西的历史名酒具有悠久的历史，采用了独特的酿造工艺。从周秦时期的秦饮到唐宋时期的柳林酒，这些历史名酒不仅承载了陕西丰富的历史文化，还通过不断创新和提升品质，继续在国内外享有盛誉。

一、白酒

白酒是传统的蒸馏酒，以谷物及薯类等富含淀粉的粮食作物为原料，经过糖化、发酵、蒸馏而成。酒液清澈透明，质地纯净，无浑浊，口味芳香浓郁、醇和柔绵，刺激性较强。

（一）凤香型白酒

1．西凤酒

西凤酒产自陕西宝鸡凤翔区柳林镇，是中国四大名酒之一。西凤酒以其独特的凤香型著称，清而不淡，浓而不艳，行家评其酸、甜、苦、辣、香五味俱全，而五味又不出头。

西凤酒的历史可追溯至殷商时期。其酿造工艺讲究，以优质的高粱、大麦、小麦、豌豆为原料，配以柳林镇的清泉，经过传统的固态发酵、蒸馏、陈酿等工序制作而成。

西凤酒在 1915 年举办于美国旧金山的巴拿马太平洋万国博览会上获金奖，在 1952 年、1963 年、1984 年、1988 年的第一、二、四、五届全国评酒会上获国家名酒称号及金质奖章，1984 年获轻工业部酒类质量大赛金杯奖。20 世纪 90 年代以后，蜚声国际。1992 年获巴黎国际名优酒展评会金奖，并在巴黎国际食品博览会上获金奖。声势赫奕，举世闻名。

2. 太白酒

太白酒产自陕西宝鸡眉县，中国国家地理标志产品，与唐代诗人李白有着不解之缘。太白酒因取太白山之水为酿造用水而得名。以优质高粱、大麦、豌豆为原料，用大麦、豌豆制成的大曲为糖化发酵剂，采用传统工艺酿造。酒体清澈透明，香气扑鼻，入口绵柔，回味悠长。

太白酒先后获得50多项大奖，1981年被评为陕西省优质产品，1985年被命名为陕西省名酒，1988年在第五届全国评酒会上获中国优质酒称号及银质奖章。

3. 柳林酒

柳林酒历史悠久，起源于周秦时期，曾是宫廷御酒。经过多次改良和发展，柳林酒从传统走向现代化，成为陕西著名的白酒品牌。1988年获中国酒文化节授予的中国文化名酒称号。

4. 秦川大曲

秦川大曲是陕西古老的名酒之一，它的前身是双凤牌西凤酒、双凤大曲，产于陕西宝鸡西秦酒厂。它的历史可以追溯到3000多年前的虢镇，那里自古以来就是著名的酿酒之地。它以优质高粱为主要原料，以大麦和豌豆制曲，经老五甑工艺长期发酵，固态蒸馏，经两年时间分级贮存、微波处理、精心勾兑和科学色谱分析精制，不加任何化学添加剂，保持传统白酒原有的天然成分，集清香型汾酒和浓香型泸州老窖的优点于一体，形成了典型的秦川酒独特的风格。1980年获陕西省优质酒称号，1984年获轻工业部酒类质量大赛银杯奖，1986年被命名为陕西省名酒，1989年获中国首届食品博览会金奖，2010年获中华老字号称号。

（二）清香型白酒

杜康酒是清香型白酒中的领先品牌，产于陕西白水县，承载着数代人的智慧与匠心，被誉为"酒林元老"。该酒因酒祖杜康始造而得名。三国时期曹操在《短歌行》中留下了"慨当以慷，忧思难忘。何以解忧？唯有杜康"的千古绝唱。

杜康酒以优质的小麦、大麦、豌豆和高粱为原料，用老土泥池发酵，结合传统的酿造遗方与现代科学的酿酒工艺，确保每一瓶酒都清澈透明、芳香纯正、口感绵甜。以杜康酒为基础，又酿成杜康沙苑子酒、杜康五加参酒。1984年获轻工业部酒类质量大赛铜杯奖，1985年、1988年被评为陕西省优质产品，1986年被命名为陕西省名酒。

（三）浓香型白酒

1. 西安特曲

西安特曲产自陕西西安，是浓香型白酒的代表之一。酒液清澈透明，芳香浓郁，口味醇正，绵甜爽净，适合宴请宾客或自饮小酌。其酿造采用传统工艺与现代技术相结合的方式，以优质高粱、小麦、糯米为原料。1981年被评为陕西省优质产品，1986年被评为陕西省名酒，1984年、1988年荣获商业部授予的优质产品称号及银爵奖。

2. 城固特曲

城固特曲产自陕西汉中城固县，是陕西浓香型白酒的代表之一。城固特曲风格接近四川浓香型白酒，酒体醇厚，香气浓郁，入口绵柔。其酿造采用传统的单粮浓香型白酒工艺，以优质高粱、小麦为原料。以小麦制成的大曲为糖化发酵剂，经人工老窖长期发酵、缓火蒸馏、分级陈贮、精心勾兑等工序酿成。1985年被评为陕西省优质产品，1986年被命名为陕西省名酒。

3. 三粮液

三粮液产自陕西汉中勉县定军山，是传统的浓香型白酒。选用高粱、小麦、糯米作为酿酒用粮，酒质醇厚，其名字就来源于其独特的酿造原料。

4. 泸康特曲

泸康特曲产于陕西安康，具有芳香浓郁、绵柔甘洌、香味协调、入口甜、落口绵、尾净余长等特点。其原料包括水、高粱、大米、玉米、小麦、糯米、豌豆等。泸康特曲以其不干口、不上头的品质备受消费者青睐，适合在各种场合饮用。

5. 长安特曲

长安特曲由陕西长安酒业有限公司（原长安酒厂）生产，以优质高粱、小麦、大麦、豌豆等为原料，采用传统工艺与现代技术相结合的方式酿造而成。酒液无色透明，窖香浓郁，甘爽柔绵，回味悠长。其历史可以追溯到 1974 年建立的长安酒厂。该厂继承和发扬了古长安传统的酿酒技艺，并结合现代技术，使长安特曲在保持传统风味的同时，也具备了现代生产优势。

二、黄酒

黄酒是我国最古老的传统酒，是以大米等谷物为原料，经过蒸煮、糖化、发酵和压滤而成的酿造酒。黄酒具有较高的营养价值，富含麦芽糖、葡萄糖、甘油、琥珀酸等物质，对人体有益无害。陕西有代表性的黄酒有以下几种。

1. 户县黄酒

户县黄酒产自陕西西安鄠邑区（原户县），是中国国家地理标志产品。西安鄠邑区被认为是黄酒的发源地之一，具有悠久的酿酒历史。该黄酒以其独特的风味和品质闻名，是当地的特色产品。

2. 谢村黄酒

谢村黄酒产自陕西汉中洋县谢村镇，有着 3000 多年的酿造历史。该黄酒在当地非常受欢迎，是当地饮食文化的重要组成部分。

3. 黄关黄酒

黄关黄酒产自陕西汉中南郑区黄官镇，是当地的特色食品。该黄酒以其独特的风味在当地享有盛誉。

4. 甘泉黄酒

甘泉黄酒产自陕西延安甘泉县，具有悠久的历史和深厚的文化底蕴。甘泉黄酒以甘泉县的天然泉水和黄土高原特有的软糜子为原料，采用传统工艺酿制而成，色泽微黄通透，口感香醇，具有驱燥、养胃的功效。

5. 黑米酒

黑米酒属于黄酒的一种，产于陕西汉中洋县，以被誉为"世界米中之王"的黑米为原料。先将黑米脱去糠皮，从糠皮中提取黑色素液，再将脱糠后的黑米发酵，酿制出黄酒，最后加入适量的黑色素液，制成黑米酒。

黑米酒的特点包括酒色乌紫晶莹、醇和香柔、馨香袭人、酸甜适口、后味爽快、风味独特且营养丰富。俗语说："常饮黑米酒，能活九十九。"1987 年获全国首届黄酒节一等奖、新秀奖。1988 年以来，先后获省级、部级、国家级优质保健产品金奖，国际博览会金奖，消费者最喜爱的产品等 80 多项荣誉。

三、啤酒

啤酒是以麦芽为主要原料，经过麦芽糖化，加入啤酒花，利用酵母发酵制成的一种有泡沫和特殊香味，味道微苦，酒精度较低的酒，含有二氧化碳、多种氨基酸、维生素等，营养成分丰富，热量较高。

陕西啤酒的工业化生产历史可以追溯到 19 世纪末 20 世纪初，当时陕西的啤酒生产主要集中在西安、宝鸡、咸阳等几个城市，经历了从地方品牌崛起到全国知名再到逐渐被大型啤酒品牌收购的过程。

20 世纪 80 年代是陕西啤酒发展的辉煌时期，陕西几乎每个地市都有自己的啤酒品牌，当时陕西共有 16 家啤酒厂、32 种啤酒。然而随着市场竞争的加剧和品牌的整合，许多地方品牌逐渐消失或被大品牌收购。目前，陕西的啤酒市场主要由青岛啤酒等全国性品牌主导。

1. 宝鸡啤酒

宝鸡啤酒是宝鸡市的代表性啤酒品牌，始于 1956 年，略带苦味，比一般的啤酒酒劲人一些，以清杳淡雅的口感和纯正的味道著称，曾被誉为"中国西部啤酒工业的一颗明珠"。宝鸡啤酒辉煌的时代是 20 世纪 90 年代，获得了全国啤酒行业优质产品、德国慕尼黑世界名酒金奖等国内外 50 多项大奖，并远销国内外。2003 年，宝鸡啤酒被青岛啤酒收购，现在虽然还能买到，但是口味已经有所改变。

2. 汉斯啤酒

汉斯啤酒是 1995 年由德国人汉斯·穆勒引入西安，并与当地的汉德啤酒企业合作创立的。其工艺借鉴了德国的啤酒酿制技术，以泡沫洁白细腻、挂杯持久和清香爽口迅速获得市场的认可。当年的汉斯西北狼啤酒（汉斯干啤）火遍了大街小巷。汉斯企业还生产过汉斯神奇啤、汉斯苦瓜啤酒、汉斯 2000 啤酒，大家喝得最多的果啤就是汉斯小木屋，当时的广告语是"到处逢人说汉斯"。

2005 年，汉斯啤酒被青岛啤酒收购，成为其第二大子品牌，销量和市场占有率位居前列。

3. 西安啤酒

西安啤酒是西安本地的传统知名品牌，曾在 1988 年的中国食品博览会上获得金奖，在 1991 年的第二届北京国际博览会上获得金奖。当年的西安啤酒一度是陕西省的啤酒之冠，曾经还有沙棘啤酒、干啤、延河啤酒。后来由于未能在新机遇下有所创新，逐渐失去了市场上的地位。

4. 蓝马啤酒

蓝马啤酒由陕西蓝马啤酒有限公司生产，创立于 2000 年，总部位于咸阳市，旗下有 20 多个啤酒品种，巅峰时期年产量超过 10 万吨。蓝马啤酒主要在陕西、甘肃和宁夏销售，在一些地区占据市场主导地位。公司拥有先进的生产设备和较高的产能，产品质量优异。2007 年以后，随着啤酒行业的洗牌，蓝马啤酒开始走下坡路。如今还能想到蓝马啤酒的人已经不多了。

5. 金威啤酒

金威啤酒（西安）有限公司始建于 2005 年，当年开工，当年建成，当年出酒，用了不到 9 个月的时间，创造了世界同等规模啤酒厂最快建厂纪录。有纯生啤酒、金纯啤酒、金威啤酒等中高档产品，以及干啤、超爽啤酒等。公司的整个厂区采用园林化设计，且拥有一个面积达 1000 平方米的啤酒文化博物馆，2008 年被国家旅游局批准为国家工业旅游示范基地，产品先后荣获西安市名牌产品、陕西省名牌产品等荣誉称号。2013 年 9 月正式加入华润雪花，由华润雪花啤酒晋陕区域公司管辖。

6. 太史啤酒

1985 年 5 月，太史啤酒饮料厂在陕西韩城应运而生。以"太史"为注册商标，寓意着这款啤酒与司马迁的历史渊源。太史啤酒在 1993 年香港国际食品博览会上荣获金奖，并被授予世界名牌啤酒称号。黄绿色的太史啤酒商标更是受到无数酒标收藏者的青睐。

太史啤酒曾是陕西"八大啤"之一，在当地享有盛誉。如今虽然太史啤酒厂已经不复存在，但太史啤酒和那段历史依然被人们铭记。

7. 衮雪啤酒

衮雪啤酒由陕西汉中啤酒厂（原名汉中县啤酒厂）生产。该厂建于 1977 年，主要产品有 12°汉中牌黄啤。2000 年，衮雪啤酒被青岛汉斯公司收购。近年来汉中也在致力打造精酿啤酒，褒河精酿啤酒正风靡汉中。

8. 汉中啤酒

在汉中啤酒系列中，唯有这款 12°的啤酒连续三年被评为陕西省优质旅游产品，主要销往陕南，后来被收购。当时汉中啤酒厂除了有汉中啤酒外，还有衮雪啤酒、三强啤酒、猕猴桃啤酒等，但这些啤酒都没有汉中啤酒名气大。当时一个汉中啤酒的空酒瓶可以卖四五毛钱，许多小孩通过卖酒瓶换取零花钱。

9. 秦力啤酒

这款啤酒产自陕西渭南啤酒厂。1984 年，渭南秦力啤酒厂开始筹建，从联邦德国、美国和保加利亚等国引进啤酒生产设备，生产的秦力啤酒荣获中国食品工业新成就展示会优秀新产品奖等奖项。这些荣誉使渭南秦力啤酒厂誉满三秦大地，生产的啤酒卖到脱销。当时秦力啤酒是渭南等地夏季必不可少的解暑之酒。据当地啤酒爱好者回忆，秦力啤酒口感较淡，入口有浓浓的麦香和酸味。

2000 年，通过资产重组和股权转让的方式，正式成立了青岛啤酒渭南公司，实现了二次重生，秦力啤酒这个品牌从此消失了。

10. 方泉啤酒

方泉啤酒出自陕西铜川方泉啤酒厂，是 20 世纪 90 年代炙手可热的啤酒品牌之一。当年方泉啤酒厂还推出了桶装散啤，夏日铜川夜市上随处可见冰镇的方泉啤酒，它是不少人消暑的选择。到了 20 世纪 90 年代后期，啤酒市场饱和，竞争激烈，名噪一时的方泉啤酒厂关门停产。据当地年纪大的人回忆，方泉啤酒初入口时微苦，随后有点酸涩，后劲比较大。

11. 三原啤酒

三原啤酒厂于 1982 年建成，所产三原啤酒是陕西"八大啤"之一，因口感和价格合乎民心，故被当地酒友视为口粮酒。后来在强劲发展之际疏于管理，加之宝鸡啤酒崛起，导致其没落。

12. 延安啤酒

作为一款承载着延安人集体记忆的啤酒品牌，延安啤酒的历史可以追溯到 1985 年，当时延安啤酒厂在甘泉县成立，主要生产延安牌 9°瓶装啤酒和散装鲜啤。20 世纪 90 年代末，延安啤酒的发展达到鼎盛，街头巷尾随处可见其身影，延安啤酒深受当地人喜爱。

1998 年，延安啤酒厂停产。2023 年，延安古泉精酿啤酒有限公司在延安成立，标志着延安啤酒的复兴之路正式开启。2024 年 8 月，延安啤酒在世界啤酒大奖赛中荣获银奖，标志着延安啤酒在国际舞台上迈出了重要的一步。

除了上述品牌，陕西还有过许多已经消失了的啤酒品牌，如御泉啤酒、西京啤酒、中华猕猴桃啤酒、法门寺干啤、水星啤酒、峪泉啤酒、三强啤酒、兄弟啤酒、望江啤酒、司马迁啤酒、华山啤酒等。这些啤酒品牌在老一辈人心中有着深刻的印记，但由于市场竞争和经营管理不善等原因，逐渐淡出市场。这些是陕酒文化中应该珍存的记忆。

此外，还有一些特制啤酒，如韩城的花椒啤酒。花椒啤酒的酿造结合了韩城的地域特色，使用的是大红袍花椒、进口麦芽、啤酒花，经过一个多月的发酵酿制而成。这种啤酒不仅保留了精酿啤酒的原有口味，还融入了花椒的独特香味，具有鲜明的地方特色。

四、米酒

1. 稠酒

稠酒是一种历史悠久的传统饮品，主要产于陕西，特别是关中（西安）和陕北。稠酒制作工艺独特，主要以糯米为原料，经过浸泡、蒸熟、发酵等步骤制成。其特点是酒体稠密，味道酸甜适中，适合在寒冷的冬天饮用，既能驱寒暖身，又能增强食欲。

稠酒，其历史可以追溯到商周时期，当时被称为醪醴，《诗经》《礼记》中均有相关记载。在古代，稠酒不仅是日常饮品，还常出现在文人墨客的诗词中，有观点认为李白的诗句"李白斗酒诗百篇"中的"酒"指的就是稠酒。稠酒在国宴上也有一席之地，被认为是国宴级别的美味。

稠酒根据产地和制作方法的不同，可以分为多种类型。例如：

（1）黄桂稠酒：又称西安稠酒、贵妃稠酒，是陕西关中地区的特产，尤以西安的最为著名。状如牛奶，色白如玉，汁稠醇香，绵甜适口。由于配有中药黄桂，酒味中带有黄桂的芳香。黄桂稠酒因其独特的制作工艺和口感，被誉为陕西八大名贵特产之一，已被列入陕西省非物质文化遗产名录。

（2）陕北稠酒：呈米糊状，浑浊黄稠，味道酸甜适中。陕北人常在过年时制作稠酒，将其视为年节的重要饮品。

传说唐玄宗携杨贵妃到长乐坊饮酒，杨贵妃对味美醇香的稠酒喜爱有加，店主将桂花用蜜腌制后兑入酒中，从而有了黄桂稠酒的名称。此外，在历史上著名的"贵妃醉酒"故事中，杨贵妃所饮用的可能就是这种稠酒，因此它又有了贵妃稠酒的美称。当年郭沫若在西安饭庄喝了热腾腾的黄桂稠酒后，异常高兴，连声说此物"似酒非酒胜似酒"。

2．醪糟

醪糟又称酒酿、甜酒、酸酒，旧时又被称为醴，是一种在蒸熟的糯米中加入酒曲发酵而成的米酒。醪糟在陕西等地有着悠久的酿造和食用历史，源于汉代，盛行于唐代，清代得到进一步发展和普及，具有很高的营养价值和食疗功效。醪糟的制作工艺和食用方式在关中地区广泛流传，它是人们日常生活中不可或缺的美食。醪糟可以直接食用，也可以用来制作各种美食，如糟肉、酒酿圆子、米酒鸡蛋等。无论是在城市还是在乡村，醪糟都是人们喜爱的传统小吃，具有深厚的民俗文化价值。

3．黄米酒

黄米酒是一种以黄米为主要原料酿制的米酒，因呈糊状、浑浊黄稠而得名，具有丰富的营养价值和独特的口感。黄米酒被称为甜酒，在陕北等地尤为流行，是过年时必备的饮品。黄米酒历史悠久，先秦时期就有酿造，宋代由戍边将士及其家属传入陕北地区。独特的制作工艺和丰富的文化内涵使其在民间广为流传，成为中华民族酒类文化的重要组成部分。

4. 黑米酒

黑米酒也属于米酒，以汉中洋县特产的黑米酿造。这种黑米相传为西汉张骞所培育，不仅口感独特，还具有一定的滋补作用。明代《本草纲目》记载其有滋阴补肾、健脾暖肝、明目活血的功效。

五、果酒

陕西果酒以其丰富的种类和独特的酿造工艺而闻名，主要包括葡萄酒、车厘子起泡酒、五味子果酒、拐枣酒、木瓜酒、猕猴桃酒、苹果酒和柿子酒等。

1. 葡萄酒

陕西葡萄酒的历史可以追溯到汉代，当时汉武帝派遣张骞出使西域，带回了葡萄种子并在长安附近种植，还引入了葡萄酒酿造技术，这标志着中国葡萄酒酿造历史的开始。汉代，葡萄酒已经成为上层社会的奢侈品，并出现在汉武帝的宴会上。

唐代，葡萄酒在陕西的种植和酿造达到了一个高峰。唐太宗十分喜爱葡萄酒，时常饮用，同时宫中也广泛饮用。唐代诗人如李白也在其作品中多次提到葡萄酒，如其《对酒》中写道："蒲萄酒，金叵罗，吴姬十五细马驮。"王翰在其《凉州词》（其一）中写道："葡萄美酒夜光杯，欲饮琵琶马上催。"当时陕西的葡萄酒酿造技术也有了显著进步，出现了葡萄酒专卖店。

葡萄酒是以鲜葡萄或葡萄汁为原料，经全部或部分发酵酿制而成，酒精度通常不低于 7.0%，是我国果酒中最主要的类型。

丹凤葡萄酒的历史可以追溯到 1911 年，当时丹凤葡萄酒厂在商洛市丹凤县龙驹寨建立，是继张裕葡萄酒厂之后中国第二家葡萄酒生产企业。丹凤葡萄酒厂由意大利传教士安西曼引入欧洲酿酒工艺，经过百余年的发展，已成为中国葡萄酒行业的重要象征，曾有过共和牌、蜜蜂牌、四皓牌、渊明牌、工农牌、丹江牌、天韵牌、龙驹牌等品牌。

丹凤干红葡萄酒在 1987 年法国奥朗日博览会上获得产品质量合格证书，并于当年出口法国和日本，1988 年获中国营养保健食品协会授予的金鹤奖，1991 年在第二届北京国际博览会上获金奖，被陕西省人民政府评为陕西省优质产品，获轻工业部颁发的 A 级产品称号。

丹凤葡萄酒以其甜美回甘的特点深受消费者喜爱。传统甜红葡萄酒采用特选的玫瑰香、赤霞珠和龙眼葡萄混合酿造，具有浓郁的水果香气和细腻的单宁，适合单独品鉴或搭配清淡的食物；而干红葡萄酒则适合搭配川菜、湘菜等，入口甜美丝滑，余味悠长。

2. 车厘子起泡酒

车厘子起泡酒采用自然发酵法酿造，每瓶酒需用 300 颗车厘子，保留了天然的起泡和果泥，口感清爽，酸度适中，适合大口畅饮。酒精度为 8%，冰镇后饮用口感更佳。

3. 五味子果酒

五味子果酒是一种药食同源的产品，其主要原料包括鲜红枣、鲜山楂、鲜枸杞、黄芪、黄精、茯苓和五味子。该酒具有益气润肺、滋补涩精、健脾祛湿、安神补精和疏肝和胃等多种功效，适合各种体质的人饮用。

4. 拐枣酒

拐枣酒产自旬阳，采用传统古法酿造工艺，以拐枣为主要原料，经过一年时间酿造而成。拐枣酒具有色泽微黄、果香突出、入口绵软的特点，适合作为口粮酒饮用。

5. 木瓜酒

白河木瓜酒是中国国家地理标志产品，以其独特的风味和品质受到消费者的青睐。该酒采用独特的果发酵工艺酿造，适合各种场合饮用。

6. 猕猴桃酒和苹果酒

杨凌生产的猕猴桃酒和苹果酒采用低温发酵工艺，保留了水果中的矿物质和营养成分。猕猴桃酒以猕猴桃为原料，苹果酒以渭北黄土高原的优质苹果为原料，两者都具有良好的口感和较高的营养价值。

7. 柿子酒

富平柿子酒以柿子为酿造原料，将柿子捣碎，拌以酒曲，发酵或蒸馏而成。历史悠久，最早可追溯到明代，至今已有600多年的历史。酒体清澈透明，香气独特，味道醇厚。酒中的多酚类生物活性物质对人体有一定的保健作用，因此富平柿子酒受到消费者的青睐。

8. 桑葚酒

桑葚酒在果酒行业一般被称为紫酒，是以优质桑葚为原料酿造的一种新品类酒，是果酒中的极品，具有滋补、养生、补血的功效。

9. 石榴酒

石榴酒融合了石榴的酸甜与酒的醇厚，10％的酒精度恰到好处，适合家庭聚餐或朋友聚会时享用。

六、滋补药酒

滋补药酒是指在酿酒过程中添加中药，以滋补为主，具有保健强身作用的酒。滋补药酒根据用材可以分为植物类滋补酒、动物类滋补酒、动植物滋补酒以及其他配制酒。添加中药时讲究配伍，根据功能可分为补气、补血、滋阴、补阳和气血双补等类型。

常见的滋补药酒有枸杞酒、人参酒、鹿茸酒、黄精酒、五味子酒、虫草双参酒、鹿血人参酒、鹿茸枸杞酒等。

第三节　陕西酒文化

陕西酒文化源远流长，具有鲜明的地域特色和深厚的文化底蕴。它不仅体现在酒的种类和酿造工艺上，还通过饮酒习俗和酒桌礼仪展现了陕西人民的热情和豪爽。

一、饮酒习俗

古人的饮酒习俗丰富多彩，主要体现在祭祀、宴饮、日常生活中的饮酒活动上。

祭祀通常由天子主持，以祈求风调雨顺、丰衣足食、国泰民安。酒在祭祀活动中扮演了重要角色，是祭祀活动的重要物质媒介。例如，《诗经·小雅·楚茨》中详细描述了周王祭祖祀神的礼节仪式，周王在丰收后用美酒供奉祖先和神灵，表达对祖先和神灵的感激和祈求福祉的愿望。

在宴饮活动中，酒也是不可或缺的助兴工具。周秦时期的宴饮场景在《诗经》中有详细描绘，如《小雅》中描述了周王宴请同族兄弟的欢快场景，以美酒招待宾客，传达出主人的热情以及和谐融洽的宴饮氛围。此外，唐代诗人李白在长安时，常去酒肆饮酒作诗，这也成为后人纪念他的一个文化符号。明清时期陕西的酒文化也非常丰富。明代诗坛"后七子"之一、山东临清籍诗人谢榛在佳节宴饮中品尝西凤酒后，写下了一首《西凤酒》："西凤酒香飘万里，秦川山水育良方。酿成美酒酬佳节，痛饮千杯笑夕阳。"称赞西凤酒香味浓郁。这些宴饮活动不仅丰富了陕西的酒文化，也提升了陕酒的知名度和市场价值。

陕西古人在日常生活中饮酒的习俗也十分普遍。例如，夫妻共饮美酒在《诗经·郑风·女曰鸡鸣》中有描述："宜言饮酒，与子偕老。"反映了夫妻二人和睦的生活和诚笃的感情。陕南人更喜以酒待客，凡朋友相聚、佳节庆典、婚丧嫁娶等重要场合都会置酒款待，饮酒成为表达好客之情和庆祝喜事的重要方式。

二、不同地区的饮酒习俗

陕北：陕北人性格豪爽，喜欢饮酒御寒，酒场上讲究酒规，重视人品和酒品，有现编的劝酒曲，内容生动活泼。

关中：关中人喜欢喝烈酒，酒席上讲究座次和划拳，喝酒时一定要有鱼，因为鱼意味着年年有余。

陕南：陕南人热情好客，喝酒时划拳是一大特色，有多种划拳方式，如果客人酒量不行，可以事先将酒杯倒扣在桌上表示不喝酒。

三、酒文化的发展

陕西作为农业的发源地之一，粮食丰收为酿酒业提供了充足的物质基础。最初酒主要用于祭祀祖先，祈祷来年五谷丰登。到了秦汉之后，酒才用于日常招待宾客。到了隋唐时期，经济空前繁荣，文人墨客聚集长安，酒文化得到弘扬，李白等众多诗人在作品中都提到了酒。

中国酒文化源远流长，内容丰富，是物质文明与精神文明的结合，也是中国饮食文化所特有的现象，对政治、经济、哲学、文学、艺术等都有广泛的影响。在中国的传统文化中，文人与酒有着不解之缘。中国古诗词中关于友情、送别与感怀的作品最动人。对文人来说，失意的时候饮酒，是为了麻醉自己；高兴的时候饮酒，是为了表达兴奋；邀朋会友的时候饮酒，是为了畅叙友情；酝酿创作的时候饮酒，是为了神采飞扬。酒与文人的喜怒哀乐、酸甜苦辣紧紧联系在一起，文人的饮酒佳话是中国文学史上别具特色的一页。文以酒增色，酒以文生辉，酒与文相得益彰，共同为人们创造了丰富的精神食粮，为传统文化增添了光辉的一页。

西周时期已有酿酒技术，出土的大量西周青铜器中有各种酒器，充分说明当时盛行酿酒、贮酒、饮酒活动。《礼记·乐记》中有"酒食者，所以合欢也"，《诗经》中有"钟鼓既设，举酬逸逸"，曹操《短歌行》中有"对酒当歌，人生几何"，李白《将进酒》中有"人生得意须尽欢，莫使金樽空对月"。宋嘉祐七年（1062 年），苏轼任签书凤翔府判官时作有赞颂柳林酒的诗文，其中有"花开酒美盍不归，来看南山冷翠微"两句，道出了柳林酒的独特之处。

四、酒令习俗

陕西酒令习俗是陕西酒文化的重要组成部分，主要通过划拳和行酒令来助兴和活跃饮酒时的气氛。陕西酒令习俗因地域不同而呈现出差异性，陕北、关中和陕南的酒令习俗各有特色。

陕西酒令习俗有着悠久的历史背景。酒令习俗最早产生于西周时期，完备于隋唐，是中国人在饮酒时用来助兴的一种特有方式。酒令不仅是为了罚酒，更是为了活跃饮酒时的气氛，促进社交和情感交流。陕西各地的酒令习俗不仅体现了当地的文化特色，也展示了陕西人民热情好客、重视礼仪的传统。

第四节　陕西饮料

用一种或几种食用原料，添加或不添加辅料、食品添加剂、食品营养强化剂，经加工制成定量包装的，供直接饮用或冲调饮用，乙醇含量不超过质量分数 0.5％的制品，称为饮料，也可称为饮品，如碳酸饮料、果蔬汁及其饮料、蛋白饮料、固体饮料等。

陕西的饮料品牌中，盛名在外的是冰峰汽水，此外还有汉斯小木屋果啤、聚小美猕猴桃汁、荣氏苹果汁等。这些饮料具有地方特色，受到当地人的喜爱。回坊的酸梅汤等传统饮料也是陕西地区的特色饮品。

一、碳酸饮料

1. 冰峰汽水

冰峰汽水的历史可以追溯到 1948 年，当时一名商人从天津引进了汽水生产设备，在西安市东大街马厂子建立了西北汽水厂，生产洋汽水，冰峰品牌由此诞生，并逐渐成为西安的标志性饮品。冰峰不仅是一种饮料，更是一种文化符号，承载了几代西安人的回忆。其广告语"从小就喝它"深入人心。即使在今天饮料品种繁多的市场上，西安人依然坚定地选择它，因为这不仅是口味的喜好，更代表着一种家乡情怀。

冰峰汽水以其经典的橙子味和朴素的玻璃瓶包装深受西安市民的喜爱，多年来味道和包装几乎没有变化。近年来，冰峰汽水不断创新，推出了新的包装形式，如易拉罐装和无糖橙味玻璃瓶汽水，此外还有多种口味，如酸梅汤、青苹果味、菠萝味、荔枝味等，进一步满足了消费者的多样化需求。

2. 汉斯小木屋

汉斯小木屋在陕西是备受欢迎的碳酸饮料，该品牌创建于 2012 年。其原料中有啤酒花，口感类似啤酒，却不含酒精。瓶身设计为童话风格。常见于陕西的餐厅、夜市，吃羊肉泡馍、烤肉时搭配饮用，清爽解腻，备受当地人喜爱。

3. 大窑汽水

落户宝鸡的陕西大窑饮品有限公司，推出了碳酸饮料、果蔬汁饮料等产品。其生产的大窑汽水，凭借当地的产业链优势、交通与资源优势，以及数字化、智能化生产模式，保障了产品品质。大窑汽水有多种口味，满足了消费者的多元需求，在陕西市场上占据了一席之地。

二、果汁饮料

苹果汁是一种用新鲜苹果榨取的果汁，具有丰富的营养成分，包括果糖、葡萄糖、蛋白质、维生素 C 等，还含有可溶和不可溶纤维素、多酚、单宁等。

陕西是中国最大的苹果产区之一，苹果产量约占全球总产量的七分之一。而浓缩苹果汁的产量和出口量更是全国领先，全球每三杯苹果汁中就有一杯来自陕西，并以其优质的原料和独特的口感著称。

此外，还有以猕猴桃、石榴、蓝莓、桑葚、葡萄、橙子、红枣等为原料制作的果汁，天然甘甜，口感丝滑，细腻绵柔。陕西的果汁饮料不仅在本地市场上广受欢迎，还积极拓展国内外市场。

三、配制饮品

1. 酸梅汤

酸梅汤是一种经典的中药饮品，主要用乌梅、山楂、甘草、陈皮等中药材配制而成，具有生津止渴、清热解暑、健胃消食等多种功效，自古以来即为上好的夏日饮品。宋末元初《武林旧事》中所说的"卤梅水"，就是一种类似酸梅汤的清凉饮料。清代经御膳房改进成为宫廷御用饮品，即所谓的"土贡梅煎"。因其除热送凉、祛痰止咳、生津止渴、辟疫的功效，被誉为"清宫异宝御制乌梅汤"。后来传入民间，于是大街小巷、干鲜果铺门口，随处可见卖酸梅汤的摊贩。

酸梅汤也是西安的一张饮食文化名片，代表着西安的地域特色和历史文化。无论是在回坊等传统街区，还是在现代化的商场、餐厅，都能看到酸梅汤的身影。它不仅是一种饮品，更是西安人生活的一部分，承载着人们对这座城市的情感和记忆。

2. 醋饮

醋饮的历史可以追溯到古代，明代医药学家李时珍在《本草纲目》中记载了醋的多种功效，如消痈肿、散水气等。清代王士雄在《随息居饮食谱》中也描述了醋的开胃、增食、养肝等作用。这些历史记载表明，醋饮不仅具有营养价值，还具有深厚的文化背景和历史意义。醋饮有红枣醋饮、柿子醋饮等。西安作为历史文化名城，其醋饮也融入了当地的文化元素。

3. 酸奶

酸奶是用高品质的生牛乳发酵而成，富含优质乳蛋白和多种益生菌，不含蔗糖，热量低。也可搭配水果、谷物、坚果食用，增添口感的丰富性。西安的银桥酸奶是许多西安人的童年回忆。它有多种口味，如白桃味、草莓味、香橙味、葡萄味、蜜瓜味等，代表了陕西的牛奶饮品文化。

第六章　陕西饮食礼俗

民以食为天，饮食在人们的生活中占有十分重要的地位。它不仅能满足人们的生理需要，而且具有十分丰富的文化内涵。饮食礼俗是指在饮食活动中形成的一系列习俗和规范，它们反映了不同文化、地域和历史背景下的饮食习惯和社会规范。饮食礼俗不仅包括日常饮食习惯，还包括节日饮食、祭祀饮食、待客饮食等多方面的规范。

陕西这片承载着华夏千年历史的土地，不仅有巍峨壮丽的山川、深厚悠久的文化，其饮食礼俗更是独具魅力，如同一幅绚丽多彩的民俗画卷，展现着三秦儿女的生活智慧与热情豪爽。从日常三餐到地方特色，从节庆盛宴到特殊场合的饮食讲究，陕西饮食礼俗涵盖了丰富的内容，深深植根于人们的生活，成为地域文化的重要标志。

第一节　陕西饮食礼俗概述

陕西作为中华文明的重要发祥地之一，其饮食礼俗源远流长，承载着丰富的历史文化内涵。陕西饮食礼俗不仅与文化基因有关，也和多民族融合有关。据《礼记·礼运》记载："夫礼之初，始诸饮食。"而最早出现的食礼，又与远古的祭神仪式直接相关。受到周礼、汉礼等古代礼仪制度的影响，经过数千年的发展和演变，陕西饮食礼俗逐渐形成了自己独特的风格。陕西饮食礼俗不仅是陕西人民日常生活的重要组成部分，也是呈现陕西地方文化魅力的重要窗口，展现了陕西地区独特的饮食文化和礼仪规范。

一、陕西饮食礼俗概述

陕西饮食礼俗深受陕西独特的地理位置和历史文化的影响。陕西地处中国内陆腹地、黄河中游，是连接西北与中原的交通要道，融合了北方的粗犷豪迈与南方的细腻婉约。同时，陕西作为十三朝古都所在地，周秦汉唐等王朝都在此建都，使其饮食文化源远流长，历经数千年的沉淀与发展，形成了如今博大精深的饮食体系。

陕西人普遍喜食酸辣，口味偏咸。这种口味的形成与当地的自然环境和物产密切相关。陕西气候多样，不同地区的食材各具特色，醋、辣椒等调料不仅能增添食物的风味，还具有开胃、祛湿等功效，十分适合当地的饮食习惯。而偏咸的口味则可能与过去食物保存条件有限，盐是重要的防腐剂和调味品有关。

陕西饮食礼俗是指在陕西地区形成的具有鲜明的陕西特色的饮食文化和礼仪规范。这些饮食礼俗不仅反映了陕西人民的生活习惯、文化传统和审美情趣，还展现了他们对饮食的尊重和对礼仪的重视。

陕西饮食礼俗具有丰富的历史背景和独特的文化特色，主要体现在饮食习惯、餐桌礼仪和节日习俗等方面。

二、陕西饮食礼俗的特点

（1）地域差异明显：陕北饮食以杂粮和羊肉为主，质朴简单，如大烩菜、荞面饸饹等；关中平原是小麦产区，面食丰富，如臊子面、凉皮、肉夹馍等；陕南接近川、鄂，人们喜食大米和大块肉，有腊肉、粉蒸肉等特色饮食。

（2）口味偏好突出：整体上喜食酸辣，口味偏咸，如油泼辣子是关中人餐桌上必备之物，陕南的菜肴也多带有酸辣味。

（3）形式丰富多样：从日常饮食的老碗会，到不同规模和形式的各种宴席，如十三花碟子、八大碗等，以及丰富多样的小吃，展现出陕西饮食礼俗形式的丰富性。

（4）文化底蕴深厚：许多饮食礼俗和菜品名称都有历史渊源，如岐山臊子面起源于周代祭祀礼仪中的馂余之礼，石子馍保留了先民的石烹遗风。

（5）注重细节和传统：讲究四荤四素、四凉四热，中间再来一个主菜。摆盘讲究摆成正方形，寓意着四平八稳。此外，传统的宴席讲究茶席、酒席、饭席，荤素各半、干鲜搭配、蒸炒交替、咸甜兼顾。

（6）反映了独特的生活习俗：如"面条像裤带"反映了关中人对面食的偏爱和独特的制作技艺，"锅盔像锅盖"展示了陕西人民在面食制作上的创新和巧思，"油泼辣子一道菜"则体现了陕西人对辣椒的热爱和独特的食用方式。

此外，还有饭前先剥蒜、圪蹴下吃饭、饭菜要用老碗装、油泼辣子端上来、泡馍必须自己掰等饮食礼俗。这些饮食礼俗和相关美食不仅展示了陕西人的生活态度和饮食习惯，也体现了陕西丰富的饮食文化。

三、陕西饮食礼俗的意义

陕西饮食礼俗不仅是陕西地区独特的文化现象，也是中华传统文化的重要组成部分。它承载着陕西人民的历史记忆和文化传承，通过这些饮食礼俗，人们可以了解周秦汉唐等古代王朝的文化遗风，使古老的文化得以延续和发展。独特的饮食礼俗是陕西人身份认同的重要标志，让陕西人在地域文化上有强烈的归属感和自豪感，也使陕西文化在全国乃至世界文化之林中具有较高的辨识度。

陕西饮食礼俗体现了陕西人对生活的热爱和对美好的追求。同时，陕西饮食礼俗也为人们提供了了解中国传统文化和民俗风情的窗口，对于促进文化交流和传承具有重要意义。

第二节　陕西日常饮食礼俗

陕西日常饮食礼俗丰富多彩，体现了人们的饮食习惯和地方特色。

一、一日三餐的食制与习惯

陕西各地一般实行一日三餐制，日常饮食以面食为主。一日三餐的饮食礼俗存在一些地域性的差异。早餐称为早饭；午餐称为晌午饭；晚餐在陕南称为夜饭，在关中则称为喝汤——这里的喝汤并非单纯指喝稀粥米汤，实际上仍以吃馍为主，喝汤只是一种传统的叫法。在农村，在农闲季节或昼短夜长的冬季，部分地区会改为日食两餐，俗称两顿饭。而在关中夏收季节，由于劳动强度大、劳作时间长，有时也会日食四餐。陕南人在夏季雇用工匠做活时，也会为其多加一餐，名为打点或垫补。

早餐：花样较多，以碳水化合物为主，肉丸胡辣汤、油茶麻花、香酥牛肉饼、甑糕、各种夹馍、锅贴、包子、韭菜合子等也是常见的选择。

午餐：以面食为主，种类繁多，有牛羊肉泡馍、葫芦头泡馍、肉夹馍、粉蒸肉、酸汤水饺、凉皮，以及油泼面、岐山臊子面、扯面、蒜蘸面、饸饹面、软面等各种面。

晚餐：与午餐相似，还有一些菜品。有水盆羊肉、热米皮、羊血粉丝汤等。吃烧烤时，可能会再上两个烤油馍。

二、就餐方式

陕北人吃饭，春、夏、秋三季或坐在炕头，或蹲在地上，或坐在门槛上，或蹲在窑畔，喜单食独饮，各随其便；冬季则习惯坐在炕上进餐。关中农村吃饭时，女人一般在家中，男人喜欢端着粗瓷老碗，带一碟葱花油泼辣子，或蹲在街道边、树荫下，或蹲在较高的土堆上，与邻居三五成群围在一起，边吃边聊，俗称老碗会。正如民谚"关中十大怪"中所说："吃饭蹲在大门外，葱花辣子一碟菜，碗和面盆分不开，凳子不坐蹲起来。"陕南人吃饭时则喜好高桌低凳，一家人围桌而食。不过，安康镇坪人吃饭时颇类关中风尚，也有老碗会和蹲起来的习俗。

在农村走亲访友，通常当日去当日回，主人家待客以午餐为主。客人进屋后，陕北人会先以用软糜子和玉米自酿的酒招待，并佐以干炒的硬糜子和黄豆；关中农村则用自产的大枣、柿饼、花生等招待；汉中、安康各地农家常备有自制的醪糟，在客人进门后，先以蛋花醪糟招待，没有醪糟的则以挂面煮荷包蛋招待，商洛人常以豆腐皮泡麻花或烩锅巴待客。但这些不算正餐，而是被称为"烧渴的"，是先给客人垫底压饥的，然后再炒菜做饭。

随着时代的变迁和生活方式的改变，一些传统的饮食礼俗可能在不同地区、不同人群中会有所变化或简化。如今人们更加注重饮食的多样性和均衡性，饮食选择也更加丰富多元。

三、日常主食与副食的特点

陕西的主食因地域而异。陕北高原沟壑纵横，土地瘠薄，干旱少雨，适宜种植耐旱的谷子、高粱、豆类等杂粮作物，因此陕北的主食以杂粮为主，如用糜子面做成的油糕和黄馍，还有洋芋擦擦等。关中地势平坦，土地肥沃，号称八百里秦川，自古以来就是小麦产区，所以关中的主食多为面食，种类繁多，如油泼面、扯面、臊子面、麻食、锅盔等。陕南雨量充沛，河渠交错，有丰富的水利资源，适宜种植水稻，主食是大米，同时也有一些特色面食，如热面皮等。

在副食方面，肉类是重要组成部分。在陕北和关中地区，牛羊肉较为常见，如羊肉臊子面、水盆羊肉等都是当地的特色美食。陕南人则喜欢吃猪肉，有客人到来，定会烹制几盘几碗，尤其习惯吃大块肉，常把大如巴掌的肉片埋在碗中米饭下面。食用蔬菜和水果则随季节变化。各地都有当地应季的新鲜蔬菜和水果。

四、日常饮食中的礼仪

陕西人在日常饮食中也强调礼仪和规矩，无论是社交宴会还是家宴，都有严格的礼仪规矩。比如，在长辈未动筷子之前，晚辈一般不能先吃，体现了对长辈的尊重。吃饭时要端起碗，不能趴在桌上吃。夹菜时不能在菜盘中随意翻搅，应夹靠近自己一侧的菜。在关中农村，若家里来了客人，主人会先请客人上炕就座，然后摆上炕桌，放上烟、茶等招待客人，体现了陕西人热情好客的传统美德。

这些日常饮食规矩体现了陕西人对礼仪和传统的尊重，也展现了良好的家教和素养。

第三节　陕西地方特色饮食礼俗

一、关中地区的饮食礼俗

关中地区是陕西饮食文化的核心区域之一，饮食特色鲜明。除了有种类丰富的面食，还有许多独特的美食。

如牛羊肉泡馍，这是一种极具代表性的美食，以其浓郁的汤汁、鲜嫩的牛羊肉和筋道的馍而闻名。吃泡馍时也有讲究，食客需自己将馍掰成小块，越小越能入味，然后交给厨师加入高汤、牛羊肉等食材煮制。这种独特的用餐方式，不仅增加了食客的参与感，也体现了关中人对饮食细节的追求。

又如腊汁肉夹馍，外酥里嫩的白吉馍夹上剁碎的腊汁肉，咬一口，肉香、馍香四溢。

岐山臊子面也是关中地区的经典美食，面条细长，薄厚均匀，臊子鲜香，红油浮面，汤味酸辣。吃臊子面讲究"薄、筋、光、煎、稀、汪、酸、辣、香"九个字，面条要薄而筋道，臊子汤要热乎、油汪，味道要酸辣鲜香。在岐山等地，臊子面还常作为招待贵客和喜庆节日的必备美食。吃面时，客人会先吃汤面，然后主人不断添面，以表示热情好客。

东府（大荔一带）面的特点在于宽，例如油泼辣子畚畚面；西府（宝鸡一带）面则以细著称，最细的像头发丝。锅饼类有乾县锅盔、煎饼、油旋饼等。蒸馍（馒头）类有蒲城蒸馍（橛头馍）、合阳面花（花馍）、兴平云云馍等。

饮食随季节变化。冬天喜食烩面片、烩菜等热乎乎的饭菜；夏天爱吃煎饼、面皮子、凉拌三丝等。夏收后以白面为主食，下半年则以玉米为主食，如苞谷糁、玉米馍、搅团等。过去蔬菜短缺，一般人家很少吃蔬菜；肉食方面以猪肉为主。如今生活改善，主副食有较大变化，常年以大米细面为主。

这些饮食习俗反映了关中地区的历史文化、生活方式和地域特色，也是当地人民日常生活和社交活动的重要组成部分。不过，随着时代的变迁和生活水平的提高，一些习俗也在逐渐发生变化。

二、陕北地区的饮食礼俗

陕北的饮食礼俗具有浓郁的边塞风情和黄土高原特色。由于自然环境相对恶劣，陕北人民的饮食较为朴实，但也不乏独特的风味。除了前面提到的油糕、黄馍、洋芋擦擦等，陕北的羊肉美食也颇具特色，如横山炖羊肉，选用当地优质的羊肉，加入土豆、粉条等食材炖煮，肉质鲜嫩，汤汁浓郁，味道醇厚。

在待客方面，陕北人崇尚俭朴，但也十分热情。客人进门后，陕北人会先用自家酿的酒待客，并佐以炒糜子和炒黄豆。日常待客，虽然只有一个大烩菜，将土豆、粉条、白菜、豆腐和肉一锅煮，但人多人少都吃一锅菜，体现出陕北人民的豪爽与实在。如果是招待贵客，则以羊肉臊子面、荞面饸饹、软米油糕或水饺为主食。

三、陕南地区的饮食礼俗

陕南地区包括汉中、安康、商洛，汉江自西向东流过，是鱼米之乡，既产麦子，又有大米，饮食极具包容性，口味丰富多样。饮食与四川、湖北相似，兼具南北饮食文化的特点。这里的美食以鲜、香、麻、辣为主要特点，口味较为丰富。热面皮是陕南的代表性美食之一，口感软糯，香辣可口，通常搭配豆芽、黄瓜等蔬菜，再浇上特制的辣椒油和调料，味道十分诱人。菜豆腐也是陕南人喜爱的美食，用豆浆和酸浆水点制而成，口感细腻，营养丰富，常搭配小菜和热米饭食用。

安康的八大件是陕南饮食礼俗最正宗的代表之一。八大件是安康酒席上菜肴组合的名称，分为凉菜和热菜两大类，各八道菜，所以称为八大件。在安康，八大件被用来招待非常尊贵的客人，或者家中有大喜事时才会摆出。吃八大件时很讲究，要求"四荤四素，中间放醋；上青下白，角荤边素"。此外，还有紫阳蒸盆子、白血海参、汉江八宝鳖、秦巴四珍鸡、烧鱼梅、商芝肉、苜蓿肉锅贴、薇菜里脊丝等特色菜肴。

陕南地区早点多样，如小笼包、豆腐包子、豆沙包子、花卷、扯面、拉面、煎饼、肉夹馍、大米稀饭、绿豆稀饭、八宝稀饭、豆腐脑、汉中凉皮等。夜市红火，有各种小吃，如麻辣烫、砂锅、水饺、扯面、拉面、炒面等。其中，麻辣烫别具特色，其食材多为陕南本地的特产，如豆腐、土豆、青菜、黑木耳、鸡爪、魔芋豆腐、肥肠等。其他美食如鼓气馍，是陕南石泉独有的美食，做法独特，用上下双层的火烤馍，馍中有特殊调制的面心，烤熟后一面平，一面鼓成圆包，吃起来又香又脆。还有马岭香瓜，又香又脆又甜，个头不大，皮多为淡黄色，间或有带花纹的瓜。

四、陕西八大怪之饮食习俗

陕西八大怪中的饮食习俗生动地展现了当地独特的文化风貌与生活方式，体现了陕西人对传统饮食习俗的坚守，对历史文化的传承与延续。

"面条像裤带"：关中地区以面食为主，面条宽厚，吃起来十分筋道。陕西人擅长制作各种面食，如邋遢面、油泼面、蘸水面、驴蹄子面等，这些面都比较宽、比较长，像裤带一样。

"锅盔像锅盖"：锅盔是关中地区的传统美食，又大又厚，形状像锅盖，是将面团发酵后烤制而成，口感酥脆，便于携带和保存，过去常作为长途出行或劳作时携带的干粮。

"油泼辣子一道菜"：油泼辣子是关中地区的特色调味料，将辣椒粉和多种调料混合后用热油浇淋而成。油泼辣子味道浓郁，既可以作为一道菜肴，也可以搭配其他食物烹饪，体现了陕西人对辣椒的喜爱。

"碗盆分不开"：陕西人喜欢用一种大瓷碗吃饭，这种碗甚至比小盆还大，因此碗、盆难以区分。这种大碗体现了陕西人性格的豪爽和饮食文化的独特性。

这些饮食习俗不仅展示了关中地区丰富的面食文化，还反映了当地人的生活习惯和饮食偏好。大碗吃面、大口吃馍，体现了陕西人豪爽直率的性格。将油泼辣子作为一道重要的调料，甚至当作一道菜，突出了陕西人对口味的追求和对生活的热爱，展现出他们质朴而又热烈的生活态度。

五、与饮食相关的特色语言

陕西饮食文化源远流长，与之相关的特色语言更是生动有趣，充满生活气息，反映了当地人的饮食习惯和文化特色。

平日里，陕西人总爱说"咥"，不管是油泼面还是肉夹馍，都要痛痛快快地"咥"上一顿才过瘾。"咥"，在陕西方言中是"吃"的意思，但不是普通的吃，而是一种很尽兴的吃。这个字淋漓尽致地展现出陕西人吃饭时那种豪爽畅快的劲儿，例如："咥饭"或"咥面"，让人听起来就觉得饭或面特别有味道；"咥美"，形容吃得满足、开心；"咥香"，形容吃得香、味道好。

还有一些俗语形象地描述了陕西饮食的特点，例如："羊肉泡馍大碗卖"，反映了羊肉泡馍在陕西的受欢迎程度；"三天不吃酸，走路打蹿蹿"，说明了陕南菜偏酸的特点，尤其是浆水面和泡菜等酸味食品开胃解腻，受到陕西人喜爱；"三天不吃搅团，浑身不舒坦"，搅团作为陕西的家常美食，是用面粉在锅里不停搅拌熬制而成的，看似简单，却承载着浓浓的乡情。

要是看到有人做些没意义又自找麻烦的事情，大家就会说"吃饱了撑的"，略带调侃，又充满生活智慧。当品尝到美味的羊肉泡馍或是酸香可口的凉皮等美食时，"嬈扎咧"这句称赞就会脱口而出，表达了对美食发自内心的喜爱。

这些与饮食相关的特色语言，就像一个个鲜活的符号，体现了陕西人的日常生活，承载着独特的地域文化，诉说着人们对传统美食的眷恋与依赖，也为陕西的饮食文化增添了一份别样的魅力。

第四节　陕西节庆饮食礼俗

陕西的饮食礼俗犹如一部生动的民俗史诗，在节庆、寿宴、婚宴、丧葬宴等场景中展现出独特的魅力，是文化传承与情感交流的重要载体。

一、传统节日饮食礼俗

1. 春节饮食礼俗

春节是陕西人最为重视的传统节日，饮食礼俗丰富多彩。春节饮食涵盖了多种传统美食和特色菜肴，它们不仅承载着丰富的历史文化内涵，还体现了陕西人对新年的美好祝愿。

大年三十晚上，全家人团聚在一起吃年夜饭。这是一顿丰盛的晚餐，通常会有几道必备的传统菜品，如鱼（寓意着年年有余）、饺子（寓意着新旧交替）和丸子（象征着家庭团圆）等。此外还有年糕、肉菜。饺子在陕西春节饮食中占有重要地位，有"更岁交子"之意。饺子的馅料丰富多样，常见的有猪肉大葱馅、羊肉胡萝卜馅等。包饺子时，有些家庭还会在其中包上硬币、红枣等，吃到硬币寓意着新的一年财运亨通，吃到红枣则寓意着新的一年生活甜蜜。此外，腊八蒜也从这一天开始食用。

除了吃年夜饭，春节期间还有一些特殊的饮食习俗。例如，大年初一要吃臊子面，寓意着长寿和吉祥。臊子面的面条细长，代表着长长久久；臊子面的面汤鲜香，则象征着生活的美好。此外，春节期间走亲访友时，主人会用各种美食招待客人，如自家制作的糕点、糖果等，体现了陕西人热情好客的传统。

春节期间的特色食品有葫芦鸡、带把肘子、红烧鲤鱼、小酥肉、老陕烧三鲜、黄焖鸡、锅盔辣子、蒸碗、花馍、八宝饭、饺子等。常见的走亲访友用的礼品和招待食物有糕点、水果、烟酒等。此外，还会准备花生、瓜子、水果、茶水等，另有当地特色的小吃，如油糕、油馍等。

杀年猪、蒸花馍、扫尘除秽、贴春联和门神、守岁团圆、祭祖敬先等，都表达了辞旧迎新、吉祥富贵、年年有余的美好寓意。

2. 元宵节饮食礼俗

元宵节吃元宵或汤圆，寓意着团圆、甜蜜。有些地方还会用面制作各种动物形状的面灯，蒸好后在里面插上捻子、倒上油，然后点燃，祈求风调雨顺、五谷丰登。

3. 端午节饮食礼俗

陕西端午节的习俗丰富多彩，其中流行最广泛的包括赛龙舟、吃粽子、挂艾叶、戴香囊和饮雄黄酒等，以驱邪、解毒、避灾。

端午节时，陕西人一般要吃鸡蛋、粽子、油糕、麻花、臊子面等。在陕西的不同地区，粽子的做法和口味有所不同。陕西的粽子一般是三角形的，用槲叶做外皮，里面的配料不是糯米、绿豆、猪肉、五香粉，而是糯米里加红枣、花生，吃起来清甜可口，或者只用上好的糯米，吃的时候蘸上蜂蜜，香甜爽口。端午节的早晨，人们还会吃鸡蛋，据说这样可以一年不头疼。中午则要吃臊子面，为节日增添几分传统的味道。

蜂蜜凉粽子是西安特色，陕北地区的粽子通常用糜子和红枣制作。此外还有红枣、豆沙、猪肉、黄米、八宝等馅料的粽子。西安还有一道特色小吃叫甑糕，也是端午节时深受喜爱的美食。

4. 中秋节饮食礼俗

陕西有着悠久的中秋节传统习俗。家家户户会在院子里设立香案，摆上各种时鲜果品和月饼，拜月以求赐福。拜月后，一家人会一起赏月、吃月饼，共享团圆之乐。此外，晚辈会给长辈送月饼和水果等礼品，特别是女婿会给丈人家送礼，以表达对长辈的尊敬和祝福。这些习俗不仅体现了陕西人对传统文化的尊重，也加深了家庭成员之间的情感联系。

陕西中秋节习俗主要有吃团圆馍、吃西瓜、拜月、赏月、跑旱船、吃扁食等。团圆馍是西安一带过中秋节时的传统美食，象征着家庭团圆与和睦。每到中秋节，当地家家户户都会做团圆馍，全家共吃一馍。馍有顶、底两层，中间加芝麻，上层还会用大碗压一个圆圈，象征中秋之夜。

节日当天，人们按传统的风俗习惯，在庭前、院落设立香案，摆上应时的瓜果和月饼等，面对明月，焚香礼拜，寄托对远在他乡的亲人的祝福和思念。这就是相传已久的拜月活动。拜月后，会欣赏明月，共享团圆时光。

陕西月饼种类繁多，各具特色，有秦式月饼、水晶饼、陕味月饼、红星软香酥、陕北土月饼、洛南蒸月饼、绥德雪花月饼等。近年来，陕西还推出了一些创新口味的月饼，如油泼辣子月饼和葫芦鸡月饼。此外，桂花糕也是中秋节期间颇受欢迎的美食。

中秋节的宴席不仅是一场味觉的盛宴，更是一次文化的交流。宴席上通常会准备各种精美的节日食品，如月饼、桃酥、烤肉和水果拼盘等。月饼是中秋节的必备食品，象征着团圆和美满。桃酥是一种形状像桃子的甜点，外皮由精制面粉制成，内里填以各种果仁和糖制馅料，代表着丰收和团圆。烤肉和水果拼盘也是中秋宴席上常见的饮食。尤其是陕西石榴，因甜美多汁而成为中秋佳果。

5. 腊八节饮食礼俗

腊八节时陕西也有独特的饮食习俗。腊八节这天要喝腊八粥，不仅家中要喝粥，寺院也会施粥。古时寺院施粥大多是为了救苦救难，赈济饥民；如今寺院施粥，更多是为了送福添喜。西安的各大寺院在腊八节当日施粥已是多年的传统。现在很多餐饮店在腊八节早晨也免费送粥，还有的专为老人、环卫工人发放。

在陕北，腊八节人们不仅要喝腊八粥，还要吃腊八焖饭。腊八焖饭是用软谷米、软黄米、红枣、豇豆、红糖等以文火慢慢焖煮而成。而在广阔的渭北高原上，尤其是澄城地区，腊八节不喝粥，而是吃腊八面，浇上用萝卜、豆腐、肉丁等做成的臊子，全家食用，预示着来年五谷丰登、家人平安。

二、寿宴礼俗

在陕西，老人一般从 60 岁开始过寿，每 10 年过一次大寿，仪式较为隆重，其他年龄则过小寿。祝寿活动通常由子女等晚辈出面举办。举办寿宴前，家中会设立寿堂，中央设寿星之位，贴上大红"寿"字，两边张贴寿联，堂前点红寿烛、摆寿桃、挂寿幢、设拜垫。寿礼丰富多样，常见的有寿桃（用面粉发酵后蒸成的桃子状的面食）、寿糕（米糕或蛋糕）、寿面、寿酒、寿联、寿幢等。如今，人们也会根据自身情况给寿星送红包以表达祝福。

祝寿仪式开始后，寿星衣冠整洁，由晚辈搀扶着坐在寿堂中央，宾客依次向寿星叩拜祝福，先是家中晚辈，后是亲戚，最后是朋友、学生。晚辈行三鞠躬礼，其他人可根据情况灵活行礼。接着，子孙代表和来宾代表先后向寿星致祝寿词，有寿词、寿信、寿联、寿诗等也会当场宣读。之后大家一同入席。寿宴上宾客向寿星道贺语、敬寿酒，寿星的子孙代表寿星向来宾敬酒，感谢大家的到来。整个寿宴氛围欢乐祥和，充满了对寿星的美好祝愿。

寿星通常坐在主位，面向正门，以示尊重。晚辈按长幼顺序依次入座，体现出长幼有序的传统美德。寿宴一般有 8 道菜用于下酒，8 道菜用于配饭，取意"八仙庆寿"。寿宴的菜品讲究吉祥的寓意，必有寿桃，一般用面或豆沙等做成，象征着长寿。还有长寿面，面条细长不断，意为福寿绵长。此外，常以松鹤延年、蟠桃献寿等图案的菜肴来营造氛围。

寿宴的菜品通常包括六肉四菜，即红烧肉、条子肉、过油肉、肘子、鸡肉、肉丸子、菠菜、白菜、黄花菜、豆芽等。上菜的顺序也有讲究，通常是"一鸡二肘三白菜四红肉五菠菜六酥肉七黄花八小红九豆芽十丸子"。

在寿宴上，儿女要为宾客执壶斟酒，从寿星起，以顺时针方向互相酬酢，祝词多为含有"福""寿"等字的吉祥语。宾客们称寿星的生日为"华诞""好日子"，寿星则谦称自己的生日为"贱降"或"母难日"。

在寿宴上，最后都会吃长寿面，以兆福寿绵长。此外，过去的富豪之家还会请戏班子助兴，多唱《八仙敬酒》和《瑶池会》等剧目。伶人扮演八仙道人，唱祝寿歌，歌词里段段不离"福如东海""寿比南山"这类吉祥话语。现在多不举行仪式，子孙只向寿星行鞠躬礼致敬，亲友赠送祝寿蛋糕、保健用品或其他有意义的纪念品，并说几句祝福的话。

不同地区的寿宴礼俗会有一些细微的差别。随着时代的发展，一些习俗也在逐渐演变和简化。总之，寿宴体现了对寿星的祝福和尊重，以及家族的团圆与和睦。

三、婚宴礼俗

陕西婚宴礼俗丰富多彩，具有浓厚的地方特色和文化内涵。婚宴菜品丰富，讲究成双成对、吉祥如意，比如，四喜丸子代表着人生福禄寿喜，红枣莲子汤则寓意着早生贵子。有些地方还有十全十美、全家福等菜肴，象征着新人生活美满、幸福团圆。上菜顺序：一般先上冷盘，再上热菜，热菜中先上大件菜，如整鸡、整鱼，寓意有头有尾、圆满幸福，然后上炒菜、汤菜，最后上甜品、水果。敬酒环节：新郎、新娘会依次向每桌宾客敬酒，表达感谢，宾客则会向新人送上祝福，气氛热烈而喜庆。

陕西八大碗是传统婚宴的重要组成部分，包括黄焖鸡、小酥肉、粉蒸肉、条子肉、肘子、梅菜扣肉、四喜丸子和八宝甜饭等。这些菜品不仅美味，还承载着丰富的历史文化内涵。婚宴中的许多菜品都具有地方特色，如腊肉带有甜味，与红薯搭配，酸汤面叶和面皮等也是常见的婚宴菜肴。

陕西的传统婚宴通常分为两顿：第一顿称为首席，包括凉菜、热菜和陕西馍；第二顿则是边喝酒边上菜，热闹非凡。宴席上会用茶点招待客人，座位有尊卑长幼之分，新郎、新娘需逐席向宾客敬酒。

陕西不同地区的婚宴有不同的特色。如关中地区，婚礼当天中午举行婚宴，菜品丰富，有十三花碟子的传统格局，即 5 个肉碟子（排骨、冻肉、肉丝、肉丁、凉拌肉）、4 个菜碟子（发菜、虾仁、红菜、鹿角菜）和 4 个干果碟子（酥片、杏仁、瓜子、花生米）。中间摆一个大的空瓷盘，客人将各肉碟中的肉菜夹一些放在里面，调少许酱油、香油、香醋、辣子油，搅拌后下酒。上正菜前，撤去中间的大瓷盘，在每个客人面前摆一个小羹碟和一个小羹勺。菜有 12 道、18 道，甚至 24 道、36 道等。最后会上下饭菜，主食是白面蒸馍。

在陕西部分地区，还有一些独特的婚宴礼俗。

在关中地区，男方家会蒸一对插花馄饨，或虎或猫，或鸭或狮；女方家要蒸一双大喜馄饨，周围嵌一至两层鸡蛋、红枣和核桃仁，一边突出"麒麟呈祥"字样，另一边突出"莲开生子"字样。亲戚送礼一般是 6 个糕子（用面粉制作的花馍），舅父、姑妈、姨妈除送 6 个糕子外，还要送礼帽、皮鞋、插红（红绸子）、戴花（大红花）等。婚宴结束时，会送给每位宾客红包糕点（如糖角、酥糖等）一份。

在商洛地区，新媳妇过门第三天，婆家要举行"闯五关、切三刀"的切面仪式。新娘须在来客的注视下进厨房，揪掉门上吊着的扎满枣刺的馒头，并翻过由人控制高度的长凳，闯过第一道关；进入厨房后要跪拜"案神爷"，请求其递刀，这是第二道关；拿到菜刀后，须在事先由婆婆擀好并叠放好的面上切三刀——即为三刀面，这是第三道关。三刀面的制作习俗在商洛一带非常普遍，是衡量新娘厨艺的重要标准。如果面条擀得软硬适中，切得细薄均匀，下锅后如同莲花般旋转，家人便会认为新娘是一个有教养、会做厨的巧媳妇。

因时代的发展和地域的差异，各地的婚宴礼俗会有所不同，一些传统习俗也在不断演变和简化。现代的新人在遵循传统的同时，也会根据自己的喜好和实际情况进行调整，让婚礼既保留传统文化的韵味，又能适应现代社会的需求。

四、生日宴礼俗

孩子和青壮年人的生日宴在陕西也有各自的特色。孩子的生日尤其是周岁生日，较为隆重。一般会准备红鸡蛋，寓意吉祥。让孩子抓周后，大家一起吃鸡蛋、蛋糕等，当然，一桌丰盛的宴席也必不可少。亲朋好友会送给孩子长命锁、衣服、玩具和红包等礼物，表达对孩子的祝福和关爱。

青壮年人的生日宴与寿宴类似，但相对简单。会有长寿面等食物，家人和朋友会为其庆生，围坐在一起吃生日宴，送上礼物，表达关爱和祝福。

如今，随着生活水平的提高和文化的交流，很多人会选择在饭店举办生日宴，点上一桌喜欢的菜肴，和亲朋好友一起分享生日的喜悦。生日蛋糕也是必不可少的。大家一起唱生日歌，吹蜡烛，许愿，共同度过这个特别的日子。

五、丧葬宴礼俗

丧葬宴在陕西又称白事宴，表达的是对逝者的缅怀与追思，也是生者情感的寄托。虽然各地的丧葬宴在细节上存在差异，但总体上都遵循着庄重、肃穆的原则。

丧葬宴的菜品相对简单，却满含寓意，以素食为主，避免过于荤腥和奢华。常见的食材有豆腐、青菜、粉条等。其中，豆腐寓意着清清白白，表达了对逝者一生清白的肯定。在一些地区，还会准备"倒头饭"，即在逝者灵前摆放一碗半生不熟的米饭，上面插着一双筷子，这是对逝者最后的供奉。

丧葬宴上常见的还有八大碗，以红肉、白肉、酥肉、豆腐等食材为主，每一碗都分量十足。红肉色泽红亮，寓意着逝者的一生充实满足；白肉则象征着纯洁与安宁。这些菜品用大碗盛装，体现出陕西人豪爽大气的性格。吃饭时，宾客们安静有序，没有人高声谈笑，大家都沉浸在对逝者的追思之中。

在丧葬宴上，还有一项重要的仪式——奠酒。孝子们跪在灵前，向宾客们磕头致谢。宾客们依次走到灵前，双手端起酒杯，将酒缓缓洒在地上，以示对逝者的祭奠。这一动作简单却庄重，每一滴酒都寄托着生者对逝者的思念。

参加丧葬宴的人们，穿着素色衣服，言行举止庄重，不会大声喧哗和嬉笑打闹。在宴会上，人们会共同缅怀逝者的生平事迹和品德，表达对逝者的思念与敬意。丧葬宴不仅是对逝者的送别，更是生者之间情感的慰藉和凝聚力的体现，让人们在悲痛中感受到亲情和友情的温暖。

陕西地域广阔，不同地区红白喜事宴的具体习俗和菜品可能会存在差异，但都承载着当地的文化传统和人们对生活的美好期盼。

陕西的饮食礼俗是一部生动的民俗史，承载着深厚的文化内涵和情感记忆。从日常饮食到节庆盛宴，每一道美食、每一个习俗都体现着陕西人民对生活的热爱、对传统的坚守以及对客人的热情。在时代的发展变迁中，这些饮食礼俗不断传承创新，持续散发着独特的魅力，成为陕西地域文化中不可或缺的一部分，吸引着人们去品味、去探索、去传承。

第七章　陕西清真饮食文化

在陕西饮食文化的大舞台上，清真饮食文化以其独特的魅力占据着重要的一席之地。它不仅是一种饮食方式，更是一种文化传承，反映了穆斯林的信仰、习俗和生活态度。

第一节　陕西清真饮食文化背景

一、陕西清真饮食的历史

我国清真饮食文化有着 1300 多年的历史，陕西省境内回族人口多聚居于西安，其次是安康、汉中、宝鸡、咸阳等地的城区，陕北延安、榆林两市总体上回族很少（此据第六次全国人口普查数据而得）。

清真饮食源于伊斯兰教对食物纯洁性的追求，主要包括清真菜和清真小吃。我国的清真饮食文化是伊斯兰饮食文化与中国饮食文化交融的产物，具有悠久的历史和丰富的内涵。西安作为丝绸之路的起点，自古以来就是东西方文化交汇的重要枢纽，这种地理位置使得西安的清真饮食文化在传承中不断创新和发展。

二、陕西清真饮食文化的形成

陕西清真饮食文化源远流长，可以追溯到唐代。唐高宗永徽二年（651 年），阿拉伯帝国的使节抵达长安，伊斯兰教自此传入中国。随着丝绸之路的繁盛，当时阿拉伯、波斯等地的穆斯林商人沿着这条商贸通道来到长安，带来了许多清真小吃，以及独特的饮食文化。这些小吃逐渐在民间流传开来，与当地的饮食相互交融。经过元明清至近代的发展和创新，融合陕西本土饮食特色，最终形成了如今独具风味的陕西清真饮食文化。

西安的清真饮食以回坊上经营的小吃最为丰富，保留了传统清真饮食的风味，且用料考究，制作精良，甜咸辣及荤素搭配，品种众多，被誉为"全国清真小吃之冠"。如回族的烧饼、油香、哈鲁瓦等都是在唐代传入中国的清真食品，在元代得到了丰富和发展，这些小吃不仅保留了阿拉伯、波斯地区的特色，还吸收了陕西菜点的制作方法，形成了独特的陕西清真饮食。

三、陕西清真饮食文化街区

清真饮食文化吸收了中国饮食文化的精髓，清真饮食不仅体现了对食材的尊重和对烹饪艺术的追求，还融合了中亚、西亚的烹饪技艺与食材，形成了独特的风味体系。陕西的清真饮食文化街区主要集中在西安，西安的清真餐馆和清真美食街区如回坊、洒金桥等，都是清真饮食文化的重要载体。由北广济街、北院门、西羊市、大皮院、庙后街、桥梓口、化觉巷、大学习巷、小学习巷、洒金桥等若干条街巷组成的回坊，是西安数万回族同胞的主要居住地和最负盛名的清真饮食文化街区。

第二节　陕西回族的来源和形成

一、通过丝绸之路到来的番客

唐代，西亚、中亚（阿拉伯、波斯等国家和地区）的客商、旅行者、传教士和艺术家，以及因外交、军事、朝贡等原因到中国来的番客，通过陆上丝绸之路来到长安。尤其是来自西亚、中亚、西域的商人，在长安的西市聚集，使西市成为国际性的商贸集市。外来的部分穆斯林落居长安，使长安成为陕西回族形成的源头地，为陕西回族的形成奠定了基础。

二、元代中亚和西亚的穆斯林东迁

元代是陕西回族形成的重要时期，信仰伊斯兰教的中亚与西亚的穆斯林因不同原因在陕西不断汇集，进一步丰富了陕西回族的来源。

陕西关中地区是元朝重点经营的地区，大量回族人被迁徙到这里垦荒屯田，政府还征调蒙古探马赤军（内中有回族军士）入陕屯戍。落居陕西的回族军士多集中在渭河两岸以及西安周边地区，成为务农的陕西关中人。关中地区回族人口与分布形成相当的规模，成为陕西回族形成与发展的主要地区。"八百里秦川八百里回回"这一流传于陕西回族人口中的古老说法，从一个侧面反映了回族人与陕西这片古老土地的历史渊源。

三、陕南地区的回族人

蒙古军灭金以后，进军南宋的富庶之地四川，在秦蜀交界的陕南与南宋军队交战。两军之中均有回族士兵。宋元战事结束之后，两军中参战的回族士兵散居在陕南西部汉中、略阳、宁强等地。而在陕南东部的安康等地，唐宋时期便有长江流域的回族先民溯汉江而上，活动在这一带。从元代至清代，有来自西安、南京、甘肃等地的回族人陆续到安康或经商（主要是贩茶）或为官，长期居住，最终落户当地，成为安康回族的主要来源。

安康市的宁陕县江口镇，商洛市的镇安县茅坪镇、西口镇，是陕西省的三个回族镇，其回族人的来源具有多样性，主要是在明清和民国时期来自西安等关中地区，以及甘肃、湖北、河南、山西、四川等地。众所周知，围（依）寺而居是回族人的居住传统，凡是回族人集中居住的地方必然有清真寺。这些不同时期落居在陕西不同地方的回族同胞，自然带来了阿拉伯、波斯等地的清真菜点，又吸收、融合了陕西以至中国饮食的烹调方法和菜点品种。

四、不同地区的回族人会聚在陕西

陕西回族的形成是一个漫长而复杂的历史过程，经历了多个历史时期，融合了不同来源的穆斯林群体。从唐宋时期的番客，到元代中亚、西亚穆斯林的大规模东迁，不同时期、不同地区的穆斯林在陕西这片土地上定居、繁衍、融合，逐渐形成了具有独特文化和地域特色的陕西回族群体。他们在与当地汉族及其他民族的交流互动中，共同创造了丰富多彩的地域文化，成为中华民族多元一体格局中不可或缺的一部分，为中国的历史发展和文化传承做出了重要贡献。

回族厨师和群众非常重视学习、吸收汉族的饮食文化和烹调经验，引进和改进了一大批清真菜点。西安回族饮食已成为一个品种繁多、技法精湛、口味多样、风味独特的庞大的饮食流派。目前，西安的清真菜点已达千余种。这些食品在西安长期流传并发展，形成了独特的清真饮食文化，为陕西的多元文化格局添上了浓墨重彩的一笔。

第三节　陕西清真饮食文化的特点

陕西清真饮食文化具有悠久的历史和丰富的特点，主要体现在食材选择、烹饪技法、风味、文化内涵等方面。

一、食材以牛羊肉为主

在陕西清真饮食中，牛羊肉占据着核心地位。这一传统源于伊斯兰教的教义，对可食用肉类有着严格界定，使得牛羊肉成为主要食材。除了肉类，面食在陕西清真饮食中同样不可或缺。其中，饦饦馍极具代表性，此外还有馕饼。

二、烹饪技法多样

烹饪技法多样，包括烤、炖、煮、炒、爆等，尤其擅长牛羊肉的烹调，如烤羊肉串、烤全羊。腊牛羊肉、粉蒸肉等也很有特色。炸的技法多用于制作面点和小吃，煮和炖常用于烹制肉类和汤品。

三、口味醇厚浓郁

陕西清真饮食风味醇厚浓郁，口味上以咸鲜为主，注重突出食材本身的味道。同时，为了迎合陕西本地人的口味偏好，会适量添加辣椒和花椒等调料，增添独特的风味，使菜品更具层次感。煮肉时，花椒用量比八角、桂皮等香料稍多，形成"花椒出头"的特色；有的是"小香出头"。

四、与其他饮食的差异

清真饮食与其他饮食的最大差异，在于其严格的宗教禁忌和选料标准。清真饮食主要选择反刍、偶蹄、食草性动物，如牛、羊、驼、兔、鹿等，以及一些禽类、鱼类等。禁止食用猪、骡、驴、狗等动物的肉，不食自死的牛、羊等动物的肉和血，以及未经诵真主之名宰杀的牛、羊等动物的肉和血。禁饮所有含酒精的饮品，禁食受到污染的食品。

陕西清真饮食在传承传统的同时，也在不断地进行创新探索。随着时代的发展和人们口味的变化，一些新的菜品和烹饪方式不断涌现出来，为陕西清真饮食注入了新的活力。例如，一些餐厅开始尝试将西餐元素融入清真菜品，创造出独具特色的融合菜品；还有一些餐厅注重食材的多样性和健康性，推出了更多符合现代人饮食需求的菜品。

第四节 陕西特色的清真饮食

陕西特色的清真饮食，是历史与文化的结晶，是民族融合的见证。每一道美食都承载着陕西回族人民的热情与智慧，蕴含着深厚的文化底蕴。无论是牛羊肉泡馍的醇厚，还是水盆羊肉的鲜香，抑或是麻酱凉皮的爽滑、甑糕的香甜，都让人回味无穷。这些美食不仅满足了人们的味蕾，更成为连接人与人之间情感的纽带。

一、羊肉泡馍

羊肉泡馍是著名的清真小吃，有一种观点认为它源于唐代阿拉伯商人引进的"美勒美"，即羊肉汤。北宋诗人苏轼有"秦烹惟羊羹，陇馔有熊腊"的诗句。羊肉泡馍烹制精细，料重味醇，肉烂汤浓，肥而不腻，营养丰富，香气四溢，诱人食欲，让人食后回味无穷，因而深受海内外人士的喜爱，是陕西名吃的总代表。

二、腊牛肉夹馍

腊牛肉夹馍是西安最具特色的清真小吃之一。趁热切开刚出炉的饦饦馍，夹上肥瘦相间、香气四溢的腊牛肉，就是美味的腊牛肉夹馍。腊牛肉夹馍常与肉丸胡辣汤搭配食用，一辣一香，口感丰富，是西安人喜爱的早餐组合。

三、麻酱酿皮

麻酱酿皮是西安的特色小吃，也是清真饮食的代表之一，被誉为"西秦一绝""中国快餐"，尤以西安回坊制作的最具特色。用小麦面粉制作，不需要洗面筋（不洗面筋的为酿皮，洗了面筋的为凉皮），直接将面粉和水成浆，上笼蒸透。酿皮柔中带筋，清香亮黄，滑爽绵软。其特点是以大量芝麻酱作为调味主料，加上以多种调料熬煮的醋汁及油泼辣子、食盐、蒜汁等调味，再加上黄瓜丝、豆芽等菜蔬，形成了"酸甜香辣麻酱醇，入口缠绵筋而酿（柔韧）"的独特风格，享誉八方。

四、清真灌汤包子

以其皮薄如纸、馅嫩含汤、调料香浓而闻名。牛肉和羊肉的灌汤包是主打品种。

五、肉丸胡辣汤

西安著名小吃，最受欢迎的早餐之一。肉丸胡辣汤也可以说是蔬菜牛肉丸子汤或者牛肉丸子烩菜，最大的特点是汤里要勾芡。汤里有牛肉丸子、土豆、莲花白、胡萝卜、菜花、木耳、黄花菜、冬瓜等。先用牛羊骨熬汤，下牛肉丸子、蔬菜，最后勾芡而成。可配馍食用。

六、牛肉饼

牛肉饼又叫香酥牛肉饼。在唐代，此饼曾为宫廷御点。安史之乱时，宫中御厨流落到民间，在长安城内出售此饼，使得此饼大有名气。此饼酥脆掉渣，味道鲜美，也是西安的著名早餐之一，颇受欢迎。

七、水盆羊肉

西安回坊的水盆羊肉久负盛名，以剔骨鲜羊肉、羊骨加桂皮、花椒、小茴香、草果等制作而成，食用时配上烧饼或饦饦馍，佐以糖蒜、辣子酱、鲜蒜瓣等，肉烂汤清，肥而不腻，别具风味。

八、卤汁凉粉

卤汁凉粉是西安回坊的特色风味小吃，用卤汁、凉粉、馍、皮蛋、卤鸡蛋、芥末、油泼辣子、芝麻酱、蒜汁、香醋、香油等制作而成。这种混搭组合让人回味无穷。

九、甑糕

甑糕是西安清真饮食中的特色美食，以糯米、紫芸豆、蜜枣等为主要原料蒸制而成，糯软香甜，口感丰富。

十、蜂蜜凉粽子

西安回坊的特色清真食品，将凉粽子切块，淋上蜂蜜或糖浆，清凉甜美，最适合夏季食用。

十一、镜糕

西安地区的传统小吃，以其小巧玲珑、色泽白嫩的外形以及独特的制作工艺和风味而闻名。

十二、柿子糊塌

陕西地区的传统名小吃。临潼盛产火晶柿子，红如火，亮如晶，肉质细密，且无硬核。柿子糊塌即以火晶柿子和面粉制作而成，颜色金红，外表焦脆，内里软糯，咬一口，柿子的自然香甜溢于唇齿。如同糕点一样，便于携带。

十三、黄桂柿子饼

黄桂柿子饼也叫水晶柿子饼，以临潼特产火晶柿子和面作皮，再配以黄桂、玫瑰、核桃仁、白糖、冰糖、青红丝等，以食用油搅拌作馅，用木炭火架起整锅烘烤而成。表面呈金黄色，口感绵软香甜，是每年秋冬季节的时令佳品。既可单独食用，也可作为宴席上的佳点。

十四、牛骨髓油茶

牛骨髓油茶又叫方便油茶、油面茶、油炒面、熟面，以面粉、牛骨髓油、牛肉干为主料制成。浓香四溢，满街飘香，有"油茶香九州，茶艺传万里"的赞誉。

十五、清真糕点

西安是陕西省内回族同胞人口最多的城市，清真糕点种类繁多，随处可见，白皮点心、蜜三刀、哈鲁瓦、迎春糕、杏仁酥、一窝酥、寸金糖、麻片等，每一种都有其独特的制作工艺和口感。这些糕点不仅是日常的零食，也是节日和庆典中不可或缺的美食，承载着人们对美好生活的祝福和期待。此外，还有江米糕、疙瘩油茶、锅贴、铁板豆腐、桂花糕等，也十分有特色。

另有一些地方清真饮食，如安康蒸面，最早源于安康回民，是安康版的凉皮，既是早餐，也是午饭，安康人每天都吃。此外，还有安康羊肉饼、安康回民吊鏊烧饼、留坝粉蒸牛羊肉、留坝铁烙馍、西乡牛肉干、镇安回民十大碗、蜀河回民八大件等。

陕西清真饮食中还有许多著名的大菜、硬菜，如红烧牛尾、芝麻里脊等，在此不再一一列举。以上这些具有一定代表性的陕西清真美食，主要是著名的小吃，基本满足了人们对陕西清真美食的追求，同时也传承了陕西清真饮食文化的精髓。

第五节　陕西清真饮食礼仪与文化内涵

一、饮食礼仪

陕西清真饮食礼仪也体现着独特的文化内涵。在穆斯林家庭中，饭前饭后要洗手，遵循净礼的传统。用餐时，讲究坐姿端正、态度恭敬。在重要的节日和庆典中，饮食更是与宗教仪式紧密相连。开斋节是穆斯林庆贺斋月结束的日子，节前一个月的斋戒，让人们体验饥渴的痛苦，磨炼意志。开斋节当天，家家户户准备丰盛的传统食品，全家欢聚一堂，互送食品，互致问候，充满欢乐祥和的氛围。古尔邦节，也称宰牲节，每个穆斯林家庭都会准备丰盛的饮食，经济条件好的家庭还会在"会礼"之后宰一只羊，既履行教义，又增添节日气氛。圣纪节是回族的另一个重要节日，以纪念伊斯兰教先知穆罕默德的诞辰和逝世。当天在清真寺会举行隆重的庆典和公众聚餐，人们诵经、赞圣，聆听阿訇讲述穆罕默德的生平事迹和高尚品德，最后共享美食，增进彼此之间的情谊。

二、文化内涵

1. 宗教信仰的体现

陕西清真饮食文化与伊斯兰教信仰紧密相连，饮食禁忌和礼仪规范都是伊斯兰教教义的具体体现。通过遵循这些规定，穆斯林表达着对信仰的坚守和对真主的虔诚，饮食也是他们宗教生活的一部分。

2. 民族认同与凝聚力

清真饮食是回族重要的文化标识，承载着民族的历史记忆和情感认同。共同的饮食文化使他们在异乡也能找到归属感，增强了民族内部的凝聚力和认同感。无论是在传统节日还是日常生活中，清真饮食都起到重要作用，是维系民族情感的纽带。

3. 文化融合与交流

在长期的发展过程中，陕西清真饮食文化不断吸收和融合当地其他民族的饮食文化元素，形成了独特的风格，既保留了西域饮食的特色，又融入了陕西本地饮食的风味，如糖蒜、辣子酱等。这种文化融合不仅丰富了清真饮食的内涵，也促进了不同民族之间的文化交流与和谐共处。

陕西清真饮食文化既是历史的馈赠，也是地域文化与民族文化交融的结晶。它以丰富的内涵和深厚的历史底蕴，展现着独特的魅力。

第八章 陕西烹饪典籍著作

三秦大地，物华天宝，饮食文化源远流长。从半坡先民烤制谷粒的原始尝试，到如今琳琅满目的陕西美食，陕西烹饪历经数千年，承载着厚重历史与民俗风情，而这一切在陕西烹饪典籍专著中得以留存。

北魏时期的《齐民要术》虽为综合性农书，却有不少涉及陕西地区的食材与烹饪技法的内容，反映了当时关中农业的发达和烹饪原料的多样，开启了陕西烹饪理论化的先河。唐时《烧尾宴食单》，记录了奢华的宴席菜品，展现了彼时长安饮食的精致考究与多元融合，是陕西烹饪文化鼎盛的见证。

近代以来，陕西烹饪著作聚焦本地特色，如《陕西食谱》系统地整理了经典菜品制作，将世代口传心授的技艺化为文字，为传承奠定了基础。当代，"中国陕菜文化系列丛书"深挖陕菜背后的文化内涵，涵盖历史、民俗、宗教等方面，让陕西烹饪不仅是一种味觉享受，更是一种文化传承。

翻开陕西烹饪典籍著作，字里行间是食材的四季流转，是烹饪技法的代代传承。从食材选取到烹饪技巧，从宴席规制到文化内涵，共同勾勒出陕西烹饪的发展轨迹。本章带领大家穿梭于这些典籍著作之间，探寻陕西烹饪背后的故事，感受陕西烹饪的魅力，揭开三秦饮食文化神秘而诱人的面纱。

第一节 陕西古代烹饪典籍

中国古代的烹饪典籍数量可观，涵盖了食单、食品学（包括食疗）等方面的著作。它们既是历史的见证者，记录着朝代更迭下饮食文化的演变；也是传统的传承者，使秦人的独特口味与烹饪精髓延续至今。

一、《周礼·天官冢宰》

《周礼》是儒家经典，十三经之一，原名《周官》。内容极为丰富，涉及祭祀、朝觐、封国、巡狩、丧葬等国家大典，以及用鼎、乐悬、车骑、服饰、礼玉等制度的具体规范。它保存了许多西周和春秋战国时期的重要史料，记述了一套颇为详备的职官系统。全书分为《天官冢宰》《地官司徒》《春官宗伯》《夏官司马》《秋官司寇》《冬官司空》等六篇，其中《冬官司空》一篇早已散佚，西汉时补以《考工记》。《天官冢宰》中记有膳夫、庖人、内饔、外饔、亨人、甸师、兽人、渔人、鳖人、腊人、食医、酒正、酒人、浆人、凌人、笾人、醢人、醯人等及其下属的职责、分工和所掌之事，如：兽人、渔人、鳖人等掌管捕获兽类或鱼鳖等；醢人和醯人掌管肉酱和醋的制作和供应；酒正、酒人、浆人掌管酒和其他饮品的酿造和供奉；食医为宫廷调配饮食；凌人掌管供冰以冷藏食物；等等。

《周礼·天官冢宰》中的记载不仅反映了西周时期王室饮食的奢华和复杂，还体现了当时的社会等级制度和礼仪文化。膳夫作为食官之长，不仅负责宫廷的饮食，还涉及王室的各种饮食仪式和礼仪，显示了当时对饮食文化的重视。

二、《吕氏春秋·本味篇》

《吕氏春秋》是战国时期吕不韦组织门客编写的一部重要历史文献，也是中国历史上最早的私人编撰的史书之一。其内容涵盖天文、地理、历史、哲学、文化等多个领域，是中国古代文化的重要组成部分。

《吕氏春秋·本味篇》出自《吕氏春秋》第14卷，记载了伊尹以"至味"说汤的故事。它的本义是说任用贤才、推行仁义之道可得天下、成天子，享用人间的美味佳肴，同时也保存了我国也是世界上最古老的烹饪理论，提出了一份内容很广的食单，记述了商汤时期天下的美食。它是研究我国古代烹饪史的重要资料。

《吕氏春秋·本味篇》在中国烹饪理论史上占有重要地位，其对陕西乃至中国烹饪方法和烹饪文化内涵的论述，对陕西饮食及饮食文化影响极大。

三、《礼记·内则》

《礼记》是中国最古老的儒家经典之一，由孔子弟子及后来的学者所记，记载了先秦时期的礼制和儒家学说。书中详细描述了周代人的饮食文化，包括主食、副食、饮料的名称与搭配，以及各种饭食和菜肴的制作方法，堪称中国古代第一部"食经"。

《礼记·内则》是《礼记》的第 12 篇，内容主要涉及家庭内部的礼仪和行为规范。其中还记载了周八珍及其制作方法。周八珍是中国古代最早的宫廷宴席，也是我国现存最早的完整的宴会菜单。这些食品不仅在制作方法上极为讲究，而且在原料选择和调味上也十分精细，反映了周代宫廷饮食的高标准和丰富性。

四、《西京杂记》

《西京杂记》是一部记载西汉杂史和遗闻逸事的笔记小说集，由汉代学者刘歆撰写，东晋学者葛洪辑抄。书名中的"西京"指的是西汉的都城长安。该书主要记录了西汉时期的杂史，涉及帝王将相、士农工商等各个阶层的生活和故事，内容丰富多样，包括典制礼仪、天文地理、草木虫鱼、奇珍异宝、风俗民情、诗赋辞曲、文论书函等。书中有许多关于西汉宫廷饮食的描述。例如，书中提到了宫廷的宴席和美食，描绘了皇帝和贵族们在宴会上享用的各种珍馐美味，如雕胡饭、蓬饵、酎酒、菊花酒、五侯鲭等。这些描述不仅展示了当时宫廷饮食的奢华和丰富，还反映了西汉时期的饮食文化和社会风貌。

五、《食经》

《食经》是隋代谢讽撰写的食谱，详细记载了南北朝时期和隋代的食品，包括约 50 种菜肴。这些菜肴涵盖了脍、羹、汤、炙、卷、糕、面、寒具等多种类型。书中提到的飞鸾脍、剔缕鸡、剪云斫鱼羹等，都是用动物原料制作的精美菜肴，反映了当时饮食的高贵和精美。

六、《烧尾宴食单》

《烧尾宴食单》又称《韦巨源食谱》，是唐代韦巨源所编，是其在举办烧尾宴时留下的食单。韦巨源是唐代京兆万年（今陕西西安）人。这份食单不仅记录了唐代宫廷宴会上的精美菜肴，还反映了当时高级宴会的规格和烹调技艺，具有极高的历史和文化价值。它反映了当时宫廷宴会的奢华和讲究，是研究唐代宫廷饮食文化的重要资料。

烧尾宴主要在士子登科、荣进及迁除时举行，好友同僚一起慰贺，盛宴置酒馔、音乐，谓之"烧尾"。这是唐代的一种习俗，得名于民间传说，象征着新官上任或士子登科时的仪式。

《烧尾宴食单》记录了当时宴会上的一些菜点名称，包括饭、粥、点心、脯、酱、菜肴、羹汤等。这些菜品采用米、面粉、牛奶、酥油、蜂蜜、蔬菜、鱼、虾、蟹、鸡、鸭、鹅、牛、羊、鹿等原料制作，取名华丽，制法不同，风味多样。例如，面点有单笼金乳酥（用独笼蒸出的酥油饼）、曼陀样夹饼、巨胜奴（酥蜜寒具）、贵妃红（色泽鲜红的加味酥饼）、婆罗门轻高面（古印度的一种笼蒸面食）、生进二十四气馄饨（花形、馅料各异）、见风消（油浴饼）、水晶龙凤糕、汉宫棋、天花饆饠、素蒸音声部、生进鸭花汤饼等等，菜肴则有白龙臛（治鳜肉）、乳酿鱼、葱醋鸡（入笼）、吴兴连带鲊、八仙盘（剔鹅作八副）、仙人脔（乳瀹鸡）、箸头春（炙活鹑子）、五生盘、遍地锦装鳖（羊脂、鸭卵脂副）、汤浴绣丸（肉糜治，隐卵花）等等。这些从侧面反映了唐代饮食文化的发达。

尽管《烧尾宴食单》已不全，仅留下58种菜点的名称及少量后人的注文，但它仍然极具参考价值，能够帮助人们了解唐代高级宴会的格局、精美菜点的品种以及烹调技艺的状况。

七、《杜阳杂编》

《杜阳杂编》是一部唐代笔记小说集，由苏鹗撰写。办鹗居住在武功杜阳川，所以将该书命名为《杜阳杂编》。该书共3卷，记录了唐代宗至唐懿宗十朝（代宗广德元年至懿宗咸通十四年，即763—873年）的逸闻趣事，尤其是记载了许多海外珍奇宝物，内容颇为荒诞。书中还涉及当时的政治、社会情况，对于了解唐代的历史和文化有一定价值。

《杜阳杂编》也是一部记载了唐代饮食文化的珍贵文献，详细描述了唐代宫廷饮食的奢华和丰富。书中记载了唐懿宗时期同昌公主下嫁时的盛况，讲到了懿宗赏赐的金麦、银米等异域贡品，这些贡品来自条支国，显示了唐朝与外国的交流和往来。书中还提到公主们在饮食生活上竞相展示奢华，水陆珍馐数千，一盘之费相当于普通人十家的财产。这种奢华的生活场景在当时是非常少见的。这些描述不仅展示了唐代饮食文化的繁荣，也反映了当时社会的奢华风气和宫廷生活的奢华程度。唐代饮食文化在中外交流中得到了极大的丰富和发展，通过丝绸之路等贸易路线，引入了许多异域食材和烹饪方法，进一步推动了饮食文化的创新和发展。

八、《酉阳杂俎》

《酉阳杂俎》是由唐代段成式创作的一部笔记小说集，成书于唐宣宗大中八年（854年）左右。该书共 30 卷，内容广泛驳杂，涉及仙佛鬼怪、人事、动植物、酒食、寺庙等多个方面，分类编录。书中既有辑录旧闻的篇章，也有作者自己创作的志怪传奇，还有记载各地与异域珍异之物的篇章，与西晋张华的《博物志》相类。

鲁迅曾评价其"所涉既广，遂多珍异"，与唐代传奇小说"并驱争先"。书中不仅记录了许多奇闻逸事，还涉及文学、历史、民俗、生物学、医药学等多个领域，具有百科全书性质。"俎"本是古代祭祀或宴飨时盛放肉的礼器，这里代指不同于正味的奇味。"杂俎"者，天地之间凡百奇味，杂然前陈，以此比喻该书所记包罗万象、无所不有。

《酉阳杂俎·酒食》主要记录了与饮食相关的内容，详细描述了美食和酒文化，包括各种美食的制作方法和品尝体验。其中有大量与酒相关的内容，既有关于酿酒工艺的描述，也有关于饮酒礼仪和习俗的介绍，还提到了许多与酒有关的典故、传说和谚语。这些内容都为我们研究唐代酒文化提供了宝贵的资料。此外，《酉阳杂俎·酒食》还涉及许多关于饮食文化的内容。书中不仅记载了各种地方特色美食，还有关于食材挑选、烹饪技巧以及美食背后的文化内涵的介绍，还提到了一些关于食品安全的注意事项。书中对饮食文化的记载不仅为后世提供了研究唐代饮食的珍贵资料，还对现代餐饮业产生了影响。书中所描述的美食制作方法和食材搭配给现代厨师提供了启示，许多传统的名菜便源于此书，如昆仑觞、荷叶酒等。

九、《清异录》

《清异录》为北宋陶谷所著，书中包括天文、地理、草木等 37 个门类，共 648 条，其中尤以饮食、烹饪方面的材料最为丰富，有 8 个门类，共 238 条，约占全书条目的三分之一。书中的茗荈门的内容在明代就被单独抽出，收入专科丛书《茶书前集》。

1985 年，李益民等人将书中的果、蔬、禽、兽、鱼、酒浆、茗荈、馔馐等八门点校注释，作为《中国烹饪古籍丛刊》之一出版。

《清异录》还介绍了食材的营养价值和烹饪技巧，还包含了隋代谢讽的《食经》和唐代韦巨源的《烧尾宴食单》。陶谷应该是看过完整的菜单的，可惜是"择奇异者略记"，只记下了他认为奇特的 58 种菜式。这 58 种包括主食、羹汤、点心、菜肴，可谓"水陆八珍，尽皆入馔；荤素兼备，咸甜并陈"。

《清异录》的历史意义在于它不仅记录了隋唐至五代时期的饮食文化，还反映了当时的社会风貌和人们的饮食习惯。书中提到许多食物和烹饪技术，包括主食、羹汤、点心、菜肴等，如御黄王母饭、长生粥、冷蟾儿羹、单笼金乳酥、曼陀样夹饼等，对于研究隋唐时期的饮食文化、烹饪技术以及社会生活都具有重要价值。

十、《素食说略》

《素食说略》为清末薛宝辰（1850—1926）所著，除自序、例言外，按类别分为 4 卷，除记述了清朝末年比较流行的 170 余款素食的制作方法之外，还充分论述了素食的益处：蔬菜富有风味，清爽适口，又营养健康，无肉食腥膻之气，也不会残杀生灵，使人们欣赏到生机的乐趣，从而遵循了"生机贵养，杀戒宜除"的佛家观点。

《素食说略》不仅记录了陕西、京师等地的素食制作方法，还特别提到了西安的金边白菜，称其为西安传统的风味素菜，慈禧太后逃难到西安时也对此菜赞不绝口。金边白菜用北方大白菜烹制，讲究火功和调味，通过"花打四门"的方法制作，成品酸辣脆嫩，四边金黄，颇受好评。

第二节　陕西当代烹饪著作

陕西当代烹饪著作不仅记录了传统烹饪技术，还结合现代营养学和卫生保健知识，形成了更加科学和系统的烹饪理论。这些专著不仅是菜谱的集合，更承载着陕西的历史记忆、民俗风情与文化底蕴，见证着时代浪潮中陕西烹饪的坚守与创新。本节内容只是举隅，仅列举少量经典烹饪著作，探寻陕西烹饪是如何在传承中创新，在岁月里沉淀出历久弥香的独特魅力的。

一、《陕西食谱》

吴国栋编，主要介绍了陕西地区较有影响的风味菜点 90 多种，如西安饭庄的温拌腰丝、葫芦鸡、奶汤锅子鱼、油酥饼、锅贴，春发生葫芦头泡馍，王记粉汤羊血，老孙家牛羊肉泡馍，樊记腊汁肉，三原煨鱿鱼丝、泡泡油糕、金线油塔，渭南时辰包子，大荔带把肘子，蒲城椽头蒸馍等。对其用料、制法、风味特点均做了介绍。

二、《陕西菜谱》

这是一套记录陕西地方特色菜肴的菜谱，主要收录了陕西地区的传统名菜和家常菜，1972 年由陕西省副食服务公司和西安市饮食公司联合编写发行，用于内部学习，详细记载了陕菜的烹饪方法和文化背景。

全套四本的《陕西菜谱》，可以说是截至 1972 年第一部以《陕西菜谱》冠名的全面介绍陕菜的书，其中：

《地方传统菜》分为猪牛羊肉类、水产类、禽蛋类、山珍海味类、素菜类、甜菜类、野味类等 7 个类别，共收录 191 个菜品；

《引进外地名菜》分为猪牛羊肉类、水产类、禽蛋类、山珍海味类、素菜类、甜菜类、其他类等 7 个类别，共收录 190 个菜品；

《面点小吃》分为煮泡馍类、油炸类、烙烤类、蒸煮类、凉食（冷饮）类、稀食类等 6 大类，共收录陕西面点小吃 117 个品种；

《酱菜（卤味）类》分为猪牛羊肉类、水产类、禽蛋类、素菜类，共收录酱菜（卤味）93 款。

三、《中国菜谱·陕西》

《中国菜谱》是商业部饮食服务局与中国财政经济出版社联合组织编写的烹饪丛书。陕西卷为该丛书的一个分册，由吴国栋、姜培之编写，收录陕西地方风味菜品 201 种，并配有彩色插图，分为"肉菜类""水产菜类""禽蛋菜类""甜菜类""素菜类""其他菜类"等六部分。书中除对陕西菜的历史渊源、形成、发展、烹调技法、风味特色等做了综合概述外，还对每道菜的用料、操作过程、特点等做了介绍。该书于1982 年荣获陕西省商业局科技奖。

四、《中国小吃·陕西风味》

《中国小吃》是商业部饮食服务局与中国财政经济出版社联合组织编写的烹饪丛书。《陕西风味》为该丛书的一个分册，由吴国栋、姜培之编写，旨在继承和发扬陕西传统风味小吃的制作技艺，适应饮食行业职工学习和提高操作技术的需要。该书收录陕西传统风味小吃 101 种。书中除对陕西小吃的历史渊源、形成、发展、风味特色等做了综合概述外，还对每种小吃的典故传说、用料、制作工艺、特点等做了介绍，并配有彩色插图。

五、《陕西特产风味指南》

孙继川、王子辉、吴国栋参与编写，书中着重对陕西各地的著名特产以及风味食品、风味菜肴、风味小吃的源流、演变、用料、制作、特点做了简明生动的介绍，并配有相当数量的彩色图片。

六、《曲江宴与曲江春》

王子辉、王明德合著，介绍了唐代长安与当代西安的饮食文化。该书是在西安市烹饪研究所挖掘、研制的仿唐菜和曲江菜经西安市科委邀请全国烹饪界和史学界专家学者验收合格并颁发证书后编写的。王子辉为仿唐菜这一科研项目的负责人，王明德为该项目的史料考证者及构思设计人。该书详细介绍了唐代曲江园林的历史沿革及唐代对曲江园林的建设，以及盛唐时期丰富多彩的游宴活动的盛况，还介绍了西安餐饮名店曲江春酒家的名菜、名点、名师。

七、《实习菜谱》

这是根据劳动部培训司烹饪专业教学大纲编写，供烹饪专业的学生使用的统编教材，由刘峻岭、唐协增主编。书中列举了 99 种教学菜肴，并从选料、切配、烹调、风味特点、操作关键等方面对每种菜肴做了系统的说明。菜例选料广泛，烹调技法多样，味型丰富，实用性强。书中还结合具体菜例对饮食业的成本核算做了较系统的介绍。该书可与《烹饪技术》《面点制作》《饮食营养与卫生》配套使用。

八、《西安名菜100例》

由特级厨师庞学德编著，《文化与生活》丛书之一，收录了仿唐宫廷菜、长安八景宴、水产菜类、禽蛋菜类、甜菜类及其他菜类共100种。选录的部分名菜分高、中、低三个档次，高档菜有仿唐烧尾宴、长安八景宴等，中档菜有陕西传统名菜明四喜、清汤花鲜等，低档菜有芙蓉豆腐、鸡油菜心等。对各种菜品的用料、做法、特点均做了介绍。

九、《陕北风味小吃》

由中国人民政治协商会议榆林县委员会、榆林地区饮食服务公司、榆林县商业局、榆林县饮食服务公司、榆林县科委联合编写，书中收录了陕北榆林、延安地区所属各县的传统风味小吃82种，并对其用料、制作工艺做了简要介绍。书中收录的小吃不仅反映了当地人的饮食习惯，还体现了陕北人民的智慧和创造力。这些小吃在节日、庆典和日常生活中都扮演着重要的角色，是当地文化的重要组成部分。

十、《西安饮食三名》

王子辉、王明德、王龙学合编。"三名"是指名店、名厨、名馔。该书详细记述了改革开放10年后西安市16家市级饮食企业的历史沿革、规模、烹饪流派、服务水平，选介了一批名厨的技术专长和西安饮食市场上100多种名菜、名点的制作工艺与风味特色，基本上反映了当时西安饮食市场的风貌，是有史以来第一本集中记述西安饮食业的著作。

十一、《饺子与饺子宴》

王文福、唐协增主编。该书对西安名店德发长饺子馆的店史，饺子的渊源，饺子宴的研制及生命力，传统饺子的基本制作工艺，艺术饺的用料、制作工艺及风味特点，饺子宴的构成，饺子宴的菜单，饺子宴的营养价值，饺子宴的服务等做了介绍。

十二、《秦菜之花　三原食萃》

张应选、张魁元主编。全书分为四章：第一章"浅论三原饮食文化"，介绍了三原饮食文化的起源、发展和成就；第二章至第四章，分别为"菜肴""糕点""小吃"，其中"菜肴"一章又分为海味、荤菜、素菜、甜菜、汤菜、冷盘、药膳、腌制品类。书中对每道菜肴和小吃的用料、做法、风味特点均做了介绍。

十三、《迎宾菜谱》

郑生和、王文才编，由书法家舒同题写书名，习仲勋同志为该书题词"博采众家之长，保持地方特色"。记载了西安人民大厦 30 年的传统菜 357 种，其中大部分是人民群众所熟知的名菜，也收入了一些地方风味食品。

十四、《陕西传统风味小吃》

吴国栋编著，收入陕西传统风味小吃 102 种，它们是从陕西省各地区 600 多个小吃品种中精选出来的，其中不少是历代特别是汉唐以来相沿至今，并保持了传统风味特色的小吃。书中对每一种小吃的由来、历史沿革、饮食风尚均有生动的描绘，并附有制作原料、用量、工艺规程等。

十五、《隋唐五代烹饪史纲》

王子辉著，分为"社会基础""食物原料""燃料炊具与食器""饭粥糕饼与小吃""脍炙脯鲊羹等肴馔""茶酒与饮料""烹饪技艺""饮食烹调名著与名厨""食疗养生学说与本草书籍""市肆饮食""筵席宴会""饮食风尚""国内外饮食文化交流"等 13 章，全面介绍了隋唐时期饮食文化的特点，是中国烹饪史断代史中的重要著作。

十六、《西安饺子宴谱》

毕海生、陈汉明编著，书中除序论外，分为上、下两篇。上篇为综述，对西安饺子馆、西安饺子宴、饺子制作基本工艺、西安饺子宴会分别做了介绍；下篇为饺子谱，分为海珍类、鱼虾类、禽肉类、畜肉类、素菜类、甜果类、其他类，对各色各味饺子的用料、制作工艺、质量标准做了介绍，并配有插图。

十七、《清真饮食指南》

白剑波编，清真菜肴部分分为牛羊肉类、禽蛋类、海味类、其他类，另有风味小吃、各地清真饮食名店、西安清真饮食名店介绍。书中除讲解了我国信仰伊斯兰教的民族的饮食习俗外，还对菜肴和小吃的用料、制法、特点做了介绍。

十八、《长安食话》

何金铭著，杨春霖作序，著名画家刘文西为该书创作封面画，著名书画艺术家尹瘦石为该书题名。该书对常年经营陕菜的西安饭庄、同盛祥、德发长等西安著名饭店的历史沿革、成功之道、显著成就做了生动的介绍。此外，对近百种陕西风味菜肴、名特小吃的风味特色、历史典故、饮食风尚做了详细的阐述，把陕北、关中、陕南的风土人情融于饮食文化中，对振兴和弘扬陕西饮食文化提出了独特的见解。

十九、《汉英对照中餐菜名词典》

刘强主编，对中国传统名菜及当代新菜采用汉英对照并标有汉语拼音，所有菜名按字母顺序排列，使用极为方便。同时还介绍了一些菜名的翻译方法，对烹饪英语学科无疑是一种补充和完善。该书还收录了许多家常菜、部分西餐以及常见的瓜果蔬菜、山珍海味、餐饮、烹饪专业术语的英汉对照，涉及面广，实用性强，是旅游、餐饮、烹饪、外语等行业人士的必备工具书。

二十、《陕西烹饪大典》

这是一部综合性饮食百科工具书，由陕西省烹饪协会和陕西人民出版社组织烹饪界专家、学者、名厨编写，囊括了陕西烹饪历史和现状。编委会主任由李有堂担任，吴国栋任主编，王明德、冯保荣任副主编，时任中国烹饪协会会长张世尧撰写序言。

该书旨在弘扬陕西饮食文化，记载了周秦汉唐以来的陕西饮食历史、风味菜肴、名特面点小吃、饮食风尚、名店、名宴、名厨等内容。该书的出版填补了陕西烹饪饮食文化学术研究的一项空白，是陕西饮食文化的基础建设工程，具有重要的现实意义和历史意义。

该书包括 11 篇：综述、烹饪原料、烹饪工艺、风味菜肴、面点小吃、酒茶饮料、饮食风尚、名店名宴名厨、科研教育、典籍艺文、大事录。涵盖了陕西古今烹饪历史、文化、风俗等各门类知识，包括陕西风味菜肴、名特面点小吃、饮食风尚、名店、名宴、名厨以及教育、科研等系列知识、史料等方面的信息，体现了陕西饮食文化的深厚底蕴和丰富多样性，旨在促进陕西烹饪餐饮业的发展。该书不仅记录了陕西饮食文化的丰富内容，还为后来的研究和教学提供了宝贵的资料。

二十一、《陕西小吃》

该书由陕西省商务厅主持，李雪梅主编，一改过去注重技术工艺流程和技术理论阐述的编辑老路，突出了对陕西小吃文化品质的深层次挖掘，并且提出了关于中国饮食文化观及其基本理论体系架构的新的解说。

该书共收录陕西境内西安、东府、西府、陕南、陕北小吃200余种，可谓集陕西小吃之大成。第一次对中国饮食文化基本理论体系的建立及基本内容进行了原创性的科学探索，力图对什么是中国饮食文化观和中国饮食文化基本理论体系的主要内容给出一个科学的界定。

该书具有餐饮理论学术研究的原创性，其鲜明的特点是弘扬了中国饮食文化特色，依托陕西丰厚的文化底蕴，审视、挖掘陕西小吃的文化内涵。该书创新性地把200多种陕西小吃形象地编辑为八大碗文化餐：祈福、荣禄、长寿、明礼、儒仁、天然、佛慈、勤俭。给陕西小吃绘制了一幅精准的文化定位全景图。

书中还涉及大量传闻、逸事、掌故，众多参与编写的专家、学者严谨的治学态度令人折服。该书具有深厚的文化积淀和专业知识，同时首次大篇幅地翻译成英文，由刘强翻译，这是陕西餐饮走向世界的一个标志。

二十二、《中国陕菜·官府菜》

这是"中国陕菜文化系列丛书"的第一部，收录了100多道陕西官府菜，由郑新民等编著，内容包括"陕西官府菜的历史文化渊源""陕西官府菜的风味特色及人文价值""陕西官府菜之经典菜品""陕西官府菜之官府宴""陕西官府菜之创新菜"等五大部分。

陕菜是中国饮食文化的一朵奇葩。陕菜经历几千年的历史积淀，形成了一套独有的风味特色和烹饪制作工艺，在中国饮食文化史上有着不可替代的地位。该书深入挖掘陕西官府菜的祖源，系统总结了陕西官府菜的烹饪技法，提出了陕西官府菜创新的基本理论，为陕菜的宣传推广做了有益的尝试。

二十三、《陕西饮食文化谈薮》

该书作者李曦以历史学博士的独特视角，深入浅出地介绍了陕西饮食文化。书中参考了大量古今资料，作者还虚心请教了知名厨师和资深文化人，深入探讨了陕西饮食背后的文化意义和历史背景，内容翔实、严谨，同时兼具趣味性和知识性，为读者提供了一个深入了解陕西美食及其文化背景的机会。通过阅读该书，读者可以更全面地了解陕西饮食文化的独特魅力和丰富多样性。

二十四、《尚食明德》

王明德著，该书既保留了老一辈学者对陕菜文化的研究成果，为后人提供了宝贵的研究资料，又让世人记住前辈对陕菜做出的贡献，激励着更多的有识之士加入弘扬陕菜文化这个队伍中来，为陕菜走向全国、走向世界做出了贡献。

该书详细记录了陕西饮食文化的历史和现状，用大量资料深入浅出地介绍了陕菜的特色及其背后的文化意义。

二十五、《三秦饮食文化刍议》

王子辉著，该书串联起从陕菜诞生直到今天参与其中的每一个人，也是作者倾其一生思考与探索的结晶。书中分为"食史回眸""食品分论""食苑琐记""食道探索"四个部分，勾勒出陕西饮食的全貌，详细探讨了三秦地区的饮食文化，涵盖了其形成、发展及独特性。陕西作为中华民族的发祥地之一，拥有丰富的物产和悠久的烹饪历史，形成了具有鲜明地域特色的饮食文化。通过对周朝宫廷饮食、秦汉时期的烹饪成就等进行深入分析，展示了三秦饮食文化的深厚底蕴和对后世的影响。这是一本影响整个中国烹饪界的著作，体现了从秦地、秦人、秦菜中生长出来的中国饮食文化的真谛。

二十六、《陕菜纵横谭——哑在陕西》

王子辉著，该书详细介绍了陕菜的历史、文化、制作工艺等方面的内容，旨在为读者提供一个全面了解陕菜的窗口。通过生动的描述和丰富的实例，向读者展示了陕菜的多样性和独特魅力。书中对陕菜的详细介绍和对陕菜历史背景的阐述，不仅能让读者了解陕菜的制作工艺和文化背景，还能激发人们对陕西饮食文化的兴趣。该书在陕菜的研究和推广中起到了积极的作用，是了解陕西饮食文化的重要参考书。书中还涉及陕菜的传说典故、名厨名家等内容，具有深厚的文化内涵和较强的可读性。

二十七、《中国陕菜·养生陕菜》

朱立挺、刘强编著，用通俗的语言介绍了养生陕菜有哪些益处、饮食与营养的关系、烹调的基本知识，使读者能够获得相应的知识，并容易操作。该书在饮食养生理论的基础上，结合现代科学原理进行综合分析，按照四季分门别类地阐述了各种寻常食物的功效。

该书资料翔实，图文并茂，编辑精良，印刷精美，是不少陕菜餐厅的案头宝典，也将成为完善陕菜理论体系、提升陕菜品牌的一大有力的理论基础。

二十八、《中国陕菜·渭南菜》

朱立挺、刘强编著，该书从渭南各县选取部分餐馆做的部分热菜菜品，展示渭南地区市肆菜的现状，汇集了渭南各地区的民间美味，提供了正宗制法与店家地址，无论到渭南寻觅美食，还是自己动手制作美食，都可按图索骥。

这是"中国陕菜文化系列丛书"的第七部，是第一部以陕西地方菜为主要内容的饮食文化专著，由饮食文化学者牵头，渭南各县市区的厨师、餐饮企业共同参与，将陕菜的制作技艺与饮食文化相结合，将渭南菜品全方位地展示给全国乃至世界餐饮界的同行及客商。

"中国陕菜文化系列丛书"对陕菜历史资料、饮食文化、菜品予以挖掘性、保护性的整理，对陕菜的传承和创新进行了有益的探索，对陕菜的发展起到了积极的推动作用。

二十九、《中国陕菜》

王喜庆主编，刘强翻译。该书的编写团队走遍了全省各地市，收集、整理、挖掘、创新了74款凉菜、151例热菜、67道小吃的制作方法及营养、食疗效果，并配有中英文对照的菜品名称及成品照片。

该书是丝路饮食文化研究的重要成果，是一部对中外学者研究陕菜具有很高价值的学术性著作，对餐饮业经营者具有很强实用性和指导性的工具性著作，对普通读者具有较高可读性、观赏性、收藏性的餐饮文化著作，对陕西餐饮业发展具有重要理论意义的教育性著作，同时也是一部对其他菜系理论建设具有很强的示范价值的饮食文化著作，荣获 2016 年度中餐科技进步奖一等奖。

三十、《中国陕菜·烹饪技艺大全》

庄永全、朱立挺编著，是中国陕菜网推出的一本全面展现陕菜厨师高超技艺的烹饪理论教学图书。该书首次详细记录了陕菜厨师对烹饪原理、食材选择、刀工技法、烹饪五味的研究和体会。

该书分为"陕菜烹饪原料知识""陕菜常用原料的初步加工""陕菜烹调技术"三个部分，带领读者走近陕菜，对陕菜烹饪"大道"进行了深入浅出的解读，让读者知其然且知其所以然。荟萃陕菜烹饪技艺，解析陕菜烹饪的内涵，从文化的视角看待和感悟陕菜烹饪技法，让读者在领悟陕菜烹饪技法的博大精深的同时，也能体味陕菜文化传承的魅力。这是一部雅俗共赏的烹饪技艺经典著作，也是从秦地、秦人、秦菜中生长出的烹饪文化真谛。

三十一、《味·道——西安美食图鉴》

西安市商务局组织编著，田建国担任主编，"中国陕菜文化系列丛书"总编、中国陕菜网文化总监杨潇担任执行主编。撰稿者有：资深媒体人高岩，陕西工商职业学院中瑞旅游与酒店管理学院副教授、世界中餐业联合会饮食文化专家委员会副秘书长、中国陕菜网《陕菜·旅游》专栏主编刘强，中国陕菜网《陕菜·非遗》专栏主编朱立挺，中国陕菜网《陕菜·情缘》专栏主编黄涛，世界中餐业联合会清真委员会主席、清真味道网主编白剑波。

该书包括 10 章，前 5 章从不同的角度阐述了西安美食的历史渊源、文化元素、饮食风貌等，后 5 章梳理了 124 道西安的经典大菜、名菜、面食、小吃、清真菜点及 6 套宴席，带领大家领略三千年美食之都西安的饮食文化精粹。该书邀请多位文化专家和陕菜大师对内容进行了把关，由文化专家执笔撰写，著名设计师和摄影师参与到该书的创作中，让西安美食通过美的文字、美的画面呈现出来。陕西著名作家贾平凹为该书作序，国家一级摄影师、西安美术学院教授石卓立对全书进行设计，刘强担任英文翻译。

三十二、《大秦故都——咸阳美食地图》

刘强主编，该书由"咸阳美食初体验""一城一味吃遍咸阳""咸阳美食地图"三部分组成，全面深入地介绍了咸阳的风土人情、地理地貌、每个区县的特色美食和值得打卡的名吃，将特色名店、美食集散地、名宴等介绍给大家。

咸阳既是陕西的美食重镇，也是面食爱好者的天堂，各个区县都有自己独特的风味小吃和特色面食。2014 年，陕西美食探秘之旅曾用半年的时间发掘咸阳美食，整理出 200 多道咸阳大菜和小吃。作者通过精挑细选，将其中的大部分收录在该书中。

三十三、《中国陕菜·翟耀民典藏陕菜》

由陕西资深烹饪大师、陕菜传人翟耀民将一生的厨艺心血整理而成，共收录 901道菜品，取"九九归一"之意。内容涵盖山珍海味、猪牛羊肉、鸡鸭禽蛋、水产鱼虾、植物类、甜菜类等多种原材料的制作方法，高档的有官府菜，大众的有市肆菜，平民化的有陕西面食小吃。

该书第一部精选了翟耀民大师 901 道菜品中的 125 道，其中选用翟耀民典藏陕菜5 道，后期又制作拍摄菜品 120 道，包括凉菜 30 道、热菜 60 道和小吃面点 30 道，道道精彩，样样美味。书中对每道菜品的原料和烹饪方法都做了详尽的介绍，食材重量精确到克，给出操作时间，是一部难得的典藏陕菜食用菜谱。

三十四、《中国陕菜·大荔美食》

朱立挺主编，庄永全副主编，该书收集了来自大荔特色餐厅秦源早晚羊肉、大荔朝邑镇金城农家乐垂钓园、东府饭庄、同州宾馆、一家春酒楼、大荔宾馆、黄河宾馆、香再来饭庄、英考鸵鸟观光园、神泉故事罗非鱼、大荔老白家饭庄等的招牌菜，合计120 余道，详细介绍了各菜品的来历背景、烹饪技巧、传说故事等等。该书是大荔县历史上第一本图文并茂的美食文化荟萃指南，是弘扬和促进大荔黄河生态美食文化发展的重要资料，是宣传发展大荔饮食文化浓墨重彩的一笔。

三十五、《中国陕菜·汉阴美食》

朱立挺、庄永全编著，该书以精美的图片、富有感染力的文字、专业的美食文化表述，介绍了汉阴美食的发展历程。汉阴美食在安康乃至陕西一直享有盛誉，素有"吃在汉阴"之说。近年来又打造了一批康养宴席，如秦巴石叁珍蘑菇宴、冬季养生宴、沈氏家宴、富硒宴、莲藕宴等8个系列，拥有470种菜肴小吃，其中有14道陕西名菜、10种陕西名小吃，形成了独特的地方美食文化。

全书分为"汉阴饮食文化""汉阴宴席文化""汉阴特色美食""汉阴经典菜肴""汉阴富硒特产""汉阴饮食产业未来发展"六大部分，记述了汉阴的餐饮文化历史，收录了汉阴境内地方特产、名菜、名小吃、名店名人200多条，并深入探讨了陕南菜的产业融合、发展品牌、文化之旅、传承方向，是系统完整地介绍陕南特产美食的专业图书，也是汉阴县官方认定的权威美食读本。

三十六、《中国陕菜·宝鸡菜》

该书由宝鸡市商务局、宝鸡市餐饮饭店行业协会和中国陕菜网共同策划，由中国陕菜网组织饮食文化专家、烹饪大师以及宝鸡当地的饮食学者共同组建编委会，朱立挺、庄永全主编。全书分为四章，即"宝鸡饮食文化在中国饮食史上的地位""宝鸡饮食业发展成果""宝鸡地区经典菜品""宝鸡地区宴席"，使读者对宝鸡饮食有一个立体的印象。该书从理论上解读了宝鸡的饮食习俗、烹饪技艺和饮食文化在中国饮食发展史上的重要地位，为宝鸡菜的传承与发展奠定了基础。

三十七、《陕西蔬菜》

李建明编著，全书以蔬菜产业链的构成为主线，涉及蔬菜的产业布局、蔬菜的品种、蔬菜种植的设施与设备、高效栽培模式与技术、蔬菜生产机械、蔬菜病虫害防治、蔬菜包装与销售等内容。第一章主要介绍国内外及陕西蔬菜产业的发展现状，蔬菜新品种、新技术、新设施的总体现状，以及陕西蔬菜产业的概况与前景，特别是对陕西省蔬菜产业发展的前景进行了详细分析。第二章介绍了陕西省种植的蔬菜的主要类型与品种。第三章主要总结了陕西蔬菜生产的主要设施与设备。第四章主要介绍了设施蔬菜的生产技术体系，以及陕北、关中、陕南设施蔬菜、特色蔬菜的栽培模式和生产技术。第五章介绍了露地蔬菜的栽培模式和生产技术。第六章主要介绍了蔬菜种植、收获、分级包装、防病打药、嫁接等的生产机械。第七章介绍了蔬菜病虫害的类型与危害，以及发生规律。第八章介绍的是蔬菜的包装、贮藏与销售，尤其是提出了关于陕西蔬菜市场建设与发展的建议。

三十八、《三秦文化概论》

龙治刚主编，全面介绍了三秦文化，包括三秦概述、三秦遗存、三秦皇家陵寝、南风北俗、思想文化、三秦文学、三秦教育、味兼南北、艺文概览、济世救人、红色文化等内容。

该书由陕西开放大学（陕西工商职业学院）组织专家编写，其中第八章"味兼南北"由陕西工商职业学院旅游与酒店管理学院副教授刘强编写。该章包括关中饮食、陕南饮食、陕北饮食三节，重点介绍了各地饮食的历史渊源、发展演变、饮食习俗、名菜名点等，展现了三秦饮食的独特风味和文化内涵，及其兼收并蓄、南北交融的特点，使读者可以深入地了解三秦地区的饮食文化，感受其独特的魅力和韵味。

该书是对三秦大地的地域特质、思想传统、人文精神、历史文化、自然遗存、革命传统、文艺教育、医药饮食、民俗风情等的集中展示，堪称地域文化研究的基础性创新成果。该书结合时代要求，对三秦大地上的思想观念、人文精神、道德规范进行了总结提炼，并将其创造性地转化为系统的教育资源。

当代陕西烹饪著作展现了陕菜的深厚底蕴与多元魅力。以上仅列举了部分代表性图书，尚有更多佳作未能尽录，期待未来能有更多成果来全面呈现陕菜的丰富内涵与传承脉络。

除当代陕西烹饪著作外，这里特别介绍一种刊物——《饮食天地》。该刊是陕西省烹饪餐饮行业协会的会刊，由吴国栋主编，设有烹饪理论研究、烹调技术、烹饪史话、名菜美点、食疗保健、面点艺术、名店名师、饮食风尚、厨师谈艺、创新菜点、美馔佳肴、原料与调料、烹饪动态、地方风味、服务技术、筵席设计等 20 多个栏目。该刊对宣传陕菜、扩大陕菜的影响、振兴陕菜起到了一定的作用。

第九章　陕西名宴

华夏数千年，饮食文化源远流长，宴席作为其中的华彩篇章，承载着深厚的历史底蕴与人文内涵。宴席不仅能带来味蕾的享受，更是礼仪的彰显和情感的纽带。从宫廷盛宴到民间家宴，从欢庆佳节到恭迎贵宾，每一种宴席皆蕴含着传统礼序、社交智慧，以及人们对美好生活的祈愿。让我们一同揭开陕西古今名宴的神秘面纱，品味其中的古韵遗风。

第一节　陕西古代名宴

陕西古代名宴，从古朴庄重的周八珍，到大气磅礴的秦汉御宴，再到奢华精致的唐长安盛宴，以及雅致盛大的宋明官宴，它们不仅是各种美味佳肴的集合，更是陕西历史文化的生动体现。每一道菜肴都承载着一段历史，每一次宴饮都见证了时代的变迁。这些古代名宴，如同璀璨的明珠，镶嵌在陕西饮食文化的皇冠上，具有永恒的魅力，激励着后人不断探索和传承这博大精深的饮食文化遗产。

一、宴的起源、意义与形式

1. 起源

（1）祭祀活动：宴最初与祭祀有关。原始社会时期，人们为了感谢神灵、祖先庇佑，祭祀后会将祭品分食，形成集体聚餐的形式，这是宴的雏形。如《礼记·礼运》记载"夫礼之初，始诸饮食"，反映了早期饮食与礼仪、祭祀的关联。

（2）社交与政治需求：随着社会的发展，宴成为人们进行社交和政治活动的一种方式。部落间会为结盟、庆祝胜利等举行宴会，通过共享食物来加强联系、巩固关系。传说黄帝战胜蚩尤后，曾大宴群臣与部落首领，庆祝胜利并彰显权威。

2. 意义

（1）礼仪的象征：宴是礼仪的重要体现，不同场合的宴有不同的礼仪规范，如座位排序、餐具使用、进食顺序等，以区分身份地位，维护社会秩序。《周礼》中就有对各种宴飨礼仪的详细规定，它们是礼的重要组成部分。

（2）情感交流的载体：宴为人们提供了相聚、交流的机会，可增进亲友之间的感情，也能促进陌生人之间的了解与信任。家庭团圆宴、朋友聚会宴等，都是通过共享美食传递情感、加强人际关系。

（3）文化传承的媒介：宴蕴含着丰富的文化元素，从菜品制作、饮食器具到宴会礼俗，都体现了特定的文化内涵与传统。如中国饮食文化中的八大菜系，各有独特的风味与制作工艺，承载着地方文化；还有端午宴上的粽子、中秋宴上的月饼，也都是文化传承的象征。

（4）政治外交的手段：宴经常被作为政治和外交的重要手段。通过举办宴会，可展示国力、表达友好，或进行政治谈判、协商事务。如历史上的鸿门宴，就是项羽试图通过宴会威慑刘邦，达到政治目的；在渑池之会中，秦、赵两国在宴会上的博弈，也体现了外交意图。

3. 形式

宴，区别于日常用于果腹的餐，是集饭、菜、汤、羹、酒、乐、礼于一体的高级、综合的饮食活动。在早期的祭祀仪式中，会献上各种祭品，如六畜、太羹、和羹、黍饭等，并举行奠酒等仪式，以表达对神灵或祖先的敬意。祭祀结束后，诸多祭品被众人分享，于是产生了祭仪宴集，即最原始的宴的形式，称为祭祀宴。

随着历史的发展，在祭祀宴的基础上，逐步发展出不同场合、不同功能、不同属性的宴，如乡宴、宫廷宴、感恩宴、谢师宴、文会宴、军帐宴、婚宴等。而这些门类的宴，又各自派生出林林总总、五花八门的宴。这众多的宴，大都起源于周秦汉唐时期的陕西。

二、祭祀宴

1. 历史渊源

祭祀宴的出现是因为先民对自然现象和社会现象的理解不够。由于生产力低下和缺乏科学常识，先民认为一切现象均是由神灵、祖宗支配的，因此产生了顶礼神明、拜祭祖先的原始祭祀活动，通过祭祀活动祈求神灵、祖先护佑。祭祀完毕后，君王将祭品分赐给大臣，或家祭后至亲好友分享祭品，祭品由此成为宴席上的菜品，从而逐渐形成了祭祀宴。如夏代贵族用青铜鼎、太牢（牛、羊、猪三牲）搭配酒醴与五谷祭祀，平民用陶罐搭配五谷祭祀，以表示对神灵的虔敬和对农业丰收的祈愿。

祭祀宴是一种与祭祀活动紧密相关的宴会形式，后来的宴饮都脱胎于祭祀宴，并向不同的方向发展，逐渐演变成具有不同社交功能、相对独立的宴，比如乡宴、寿宴、庆功宴、宫廷宴、年节宴、现代商务宴等等。

2. 代表性祭祀宴

（1）黄帝陵祭典宴：黄帝是中华文明的奠基者和开拓者，黄帝陵位于陕西黄陵县桥山之巅，祭黄帝陵的活动起源甚早，明清后祭典仪式基本固定，每年举行清明公祭、重阳民祭。祭品包括三牲（牛、羊、猪）、五谷、水果、鲜花等，此外还有特制的面食、糕点等。酒也是重要的祭品之一，祭祀时会将酒洒在地上，以敬奉黄帝。

（2）后稷祭祀宴：主要在古周原之地，即现在咸阳市杨陵区揉谷镇的姜嫄村和法禧村一带及杨陵区后稷教稼园举办，是纪念农业始祖、周族先人后稷的祭祀活动。祭品除了三牲外，还有各种新收获的粮食作物，如小麦、玉米、高粱等，以及用这些粮食制作的面食、糕点等。祭祀过程中还有献花、献食、献乐、献文、献香等环节。

（3）上巳节祭祀宴：古俗以三月上旬的巳日为节日，魏晋以后固定为三月初三。人们在这天会到水边祭祀、采兰、嬉戏、洗濯。上巳节后来演变成为春日到水边宴饮游玩的节日。人们会准备一些特色食品，如荠菜煮鸡蛋等。宴会上还有各种美酒佳肴，人们一边欣赏水边的美景，一边饮酒作乐，进行诗歌创作、投壶等娱乐活动。

（4）民间丧祭宴：在陕西渭南等地，但凡有人去世，人们都会准备一桌饭菜来祭奠，这是民间对逝者的一种缅怀方式。菜品一般较为丰盛，有鸡肉、鱼肉、猪肉等传统菜肴，也会有当地的特色美食，如面食、凉皮等。

三、乡宴

1. 起源与发展

古代乡宴，以乡饮酒礼为代表，是中国古代具有重要文化内涵和社会功能的宴饮活动，起源于周代，最初是乡人的聚会活动，是周公姬旦主持设计的统治制度与配套礼仪的一部分，后来成为统治者治理天下的基础之一。后融入儒家尊重人才、尊老敬老等思想。有乡饮酒礼宴、民间喜庆宴等。

2. 功能与作用

乡宴不仅仅是一种宴会，更是古代社会教化、尊老敬贤的重要形式，有助于推行礼仪教化、宣传法律精神、协调邻里关系以及化解矛盾纠纷。西周丰、镐二京及其周边（今关中），更是乡宴的模范和样板地区。它通过一系列的礼仪流程，展示了古人长幼有序、尊卑有别的观念，体现了古人对尊老敬贤的高度重视。乡宴从汉代至清代延续了约 2000 年，在各朝代虽有变化，但基本精神和主要仪式一直保留着。清朝后期，经费短缺和政治原因致使乡宴终止。

3. 仪式流程

古代乡宴有较为严格的仪式流程。通常要先迎宾，按身份地位安排座次，然后是献酒、酬酒等环节，其间还会伴有乐舞、赋诗等活动，以彰显礼仪和文化氛围。宴饮结束后，主人会送宾客出门，体现以礼待人的传统。

4. 宴饮内容

乡宴的菜品多是用当地特色的食材所制，如南方可能有鱼、糯米制品等，北方则多有面食、肉类等。一般会有一些寓意吉祥的菜肴，如红烧肉寓意着生活富足，整鸡象征着吉利等。酒水是乡宴上必备的，多为自酿的米酒、果酒等。

5. 文化意义

乡宴是古代乡村社会人际关系的润滑剂，有助于构建和谐有序的乡村社会秩序，传承尊老爱幼、邻里和睦等良好风尚。同时，它也是地域文化传承的载体，从菜品、礼仪到宴饮中的习俗，都蕴含着当地独特的文化内涵，对于研究古代社会结构、民俗文化等具有重要价值。

6. 代表性乡宴

（1）仓颉家宴：又称三转席，即茶席、酒席、饭席，是流传于白水县的民间宴席，也是白水人家招待贵客的经典传统宴席，以中华汉字之祖仓颉的名字冠名。包括 4 道迎宾茶点、8 道凉菜、8 道热菜、6 道面点、2 道汤，共 28 道菜品，通常还有备用之菜，随季节变更。

（2）张载家宴：也称横渠家宴，主要由 8 道冷菜、8 道热菜、1 道汤菜、1 道主食、2 道小吃组成，菜品的命名大都与张载的生平事迹和思想主张有关。如冷菜清清白白，是将嫩豆腐改刀、焯水后，与小葱或香椿苗一起拌制，寓意着清清白白，所以以此词命名；热菜万世太平，将发菜码放在抹有鸡茸的鸡蛋皮上卷成如意卷，蒸熟后切成薄片，用碗定形后倒扣在盘子中，并用食雕如意来装饰点缀，寓意为万世太平。

（3）西府十三花：宝鸡地区的传统宴席，源自民间逢年过节坊间邻里的送菜习俗，后发展成为民间红白喜事宴宾待客的主要形式。它具有乡宴的典型特征，在农村地区，人们举办婚丧嫁娶、节日庆典等活动时，经常会摆西府十三花来招待亲朋好友，体现了当地的风土人情和饮食文化，具有浓厚的乡土气息和地方特色。同时讲究喜庆团圆、仁和礼序，带有中国礼食文化中乡饮酒礼的痕迹，这也是乡宴所具有的文化内涵。

（4）蜀河八大件：旬阳人逢年过节、婚丧嫁娶等必不可少的特色宴席。它具有原生态、地方特色浓郁的特点，体现了当地的风土人情、饮食文化和生活礼仪，符合乡宴的特征。不仅在菜品搭配、上菜顺序、摆放位置上有讲究，还蕴含着丰富的文化内涵和美好寓意，如和菜取和和美美之意，墨鱼肉丝汤寓意为有一个良好的开端，等等。

四、宫廷宴

宫廷宴是指古代宫廷中为了各种目的而举办的盛大宴会，起源于周代，兴盛于汉唐，不仅是美食的盛宴，更是当时政治、经济、文化的集中体现，对中国饮食文化的发展产生了深远影响。陕西作为十三朝古都所在地，拥有丰富的宫廷饮食文化遗产。

1. 特点

陕西古代宫廷宴主要以周秦汉唐等朝代的为代表，具有以下特点。

（1）食材丰富多样。陕西地处关中平原，物产丰富。宫廷宴的食材不仅有当地的粮食、蔬菜、肉类，还有来自各地的珍稀食物。如唐代宫廷宴中有北方的羊肉、奶制品，南方的水产、水果等，通过各地进贡而来。

（2）烹饪技艺精湛。融合了多种烹饪方法，如烤、煮、煎、炒、蒸等。以周八珍为例，制作工艺复杂，如：炮豚，要将乳猪宰杀后，在其腹中填充枣子等，用芦苇包裹，涂上泥巴，放在火上烤，然后再经油炸、炖煮等多道工序制成；驼蹄羹，是将驼蹄精心处理后，用多种调料慢炖而成，汤汁浓稠，味道鲜美。

（3）注重礼仪规制。古代陕西宫廷宴礼仪严格。例如，在座位排序上，皇帝位于主位，皇后、皇子、皇妃及文武百官按照等级依次入座。宴会上的餐具摆放、上菜顺序、进食方式等都有严格规定。如唐代宫廷宴，先上开胃的脯醢类食品，接着是羹汤、主食，最后是水果。进食时不能大声喧哗，餐具使用要符合礼仪规范。

（4）文化底蕴深厚。宫廷宴往往与文化活动紧密结合。周秦时期，宴会上会有乐舞表演，如《大武》等，以彰显国家的文治武功。汉唐时期，诗歌盛行，宴会上常常有文人墨客赋诗助兴，使宫廷宴充满文化气息。此外，菜品的命名也蕴含着文化寓意，如"长生粥"一名，寄托了人们对健康长寿的美好祝愿。

（5）场面宏大奢华。宫廷宴通常在宏伟的宫殿中举行，如汉代的未央宫、唐代的大明宫等。宴会现场布置奢华，张灯结彩，使用的餐具多为金银玉器、精美瓷器。例如，唐代宫廷宴上会使用錾花金碗、秘色瓷等珍贵餐具，以展现皇家的尊贵与富有。

2. 陕西古代著名的宫廷宴

（1）周八珍。周八珍堪称陕西古代名宴的源头，诞生于西周时期，是周礼文化的重要体现。据《周礼·天官冢宰第一》记载，周八珍包括淳熬、淳母、炮豚、炮牂、捣珍、渍、熬、肝膋。这些珍馐美馔不仅能满足口腹之欲，更被赋予了深刻的礼仪和等级意义。周八珍是王室和贵族阶层享用的高级菜肴，只在祭祀、朝会、宴请贵宾等重要场合才会出现，普通百姓难以企及。这些菜肴制作工艺复杂，选料精良，反映了当时高超的烹饪技艺和对饮食的极致追求。

（2）秦汉御宴。随着秦统一六国，大一统的政治格局为饮食文化的交流与融汇提供了广阔的空间。秦代御宴成为展示帝国威严和实力的重要舞台。御宴上的菜肴品种繁多，食材来源广泛，不仅有来自全国各地的珍禽异兽、新鲜果蔬，还有从西域等地传入的调料和食材，极大地丰富了御宴的口味和风格。秦代御宴注重食材的新鲜和原汁原味，烹饪方法以蒸煮为主，保留了食材的营养和口感。

汉代御宴的规模和奢华程度有所升级。汉武帝时期，国力强盛，对外交流频繁，丝绸之路的开通使得西域的葡萄、石榴、核桃等食材传入中原，这些新食材为御宴增添了新的风味。汉代御宴中的菜肴不仅注重色、香、味、形，还讲究寓意和文化内涵，如五侯鲭。此外，汉代御宴中还会有各种歌舞表演和杂技表演，为宴会增添了浓厚的娱乐氛围，展示了大汉王朝的繁荣昌盛和开放包容。

（3）柏梁宴。柏梁宴是西汉时京城长安的一种宫廷宴，是汉武帝与郡守以上的大臣饮酒赋诗的宴会，因设宴地点在汉长安城北门内的柏梁台而得名。中国旧体诗中的柏梁体诗由此产生，柏梁宴也得以留名千古。《三辅黄图》载，柏梁台是汉武帝元鼎二年（前115年）修建的一座皇家楼台，因以香柏为梁，故命名为柏梁台。据《三辅旧事》称，汉武帝在柏梁台上置酒设宴，诏群臣二千石（郡守）以上能吟七言诗者宴饮联句，自汉武帝起，人各一句，每句七言，句句用韵。柏梁宴上的酒肴，想必为御厨所备置，具体品名史无详载。后人把每句用韵且全篇不换韵的七言诗称为"柏梁体"。《全唐诗话》曰："景龙四年（710年）正月五日，御大明殿，会吐蕃骑马之戏，因重为柏梁体联句。"

（4）唐长安盛宴。唐代长安作为世界的中心，是一个政治、经济、文化高度繁荣的国际化大都市。唐长安盛宴则是这座城市繁华景象的生动写照，汇聚了全国各地乃至世界各国的美食精华，成为中国古代饮食的巅峰之作。菜品丰富多样，融合了南北各地的烹饪特色和风味：既有北方的牛羊佳肴，又有南方的鱼虾水产；既有精致的宫廷菜肴，如浑羊殁忽（将塞满馅料的鹅填入羊腹中烤制而成），又有民间的特色小吃，如胡饼。此外，唐朝与周边国家和地区交流频繁，使得许多外来美食也融入长安盛宴，如波斯的胡饼、西域的葡萄酒。这些外来饮食的加入，不仅丰富了长安盛宴的菜品，也促进了中外饮食文化的交流与融合。

唐代宴会的礼仪和规格也达到了前所未有的高度。通常在皇宫或贵族府邸举行，场地布置豪华，装饰精美。参加宴会的宾客按照身份和地位依次就座，礼仪规范严格。除了品尝美食，还有音乐演奏、舞蹈表演、诗歌朗诵等文化活动。唐玄宗时期的千秋节宴会，是唐长安盛宴的典型代表。每年八月初五唐玄宗生日时，朝廷都会在兴庆宫举办盛大的宴会，宴请文武百官、外国使节和各界名流。宴会上摆满了各种珍馐美馔，乐师演奏欢快的音乐，舞者翩翩起舞，文人墨客则吟诗作画，气氛热烈而祥和，充分展示了大唐盛世的辉煌与繁荣。

（5）临光宴。这是唐代皇宫在每年正月十五举办的宴会。唐玄宗曾于常春殿设临光宴，宴会布置得极为华丽，各种花灯流光溢彩，如白鹭转花、黄龙吐水、金凫银雁、浮光洞、攒星阁等，不仅造型精美，而且寓意深远。宴会上还会演奏《月分光曲》等优美的乐曲，增添高雅的艺术氛围。唐玄宗还会命人撒下闽江锦荔枝千万颗，让宫人争拾，增加宴会的趣味性。对在争拾游戏中表现突出的宫人，皇帝会赐予红圈帔和绿晕衫等珍贵服饰作为奖励。

（6）曲江游宴。唐代上自帝王将相，下至平民百姓，常在曲江池举行各种游宴，比较固定且规模较大的游宴有上巳曲江宴、新科进士曲江游宴、中和节曲江宴、重九曲江宴等。在长安，科举放榜，新科进士们一朝成名，意气风发，会迎来专属于他们的荣耀庆典——曲江游宴。宴会结束后，进士们前往大雁塔，在塔壁上郑重地刻下自己的名字，这便是著名的"雁塔题名"。

（7）樱桃宴。唐僖宗乾符年间，宰相、淮南节度使刘邺为新科进士举办的一场宴会，将樱桃配以糖和乳酪，入席者每人一小盎。后成为唐代新科进士的惯例性宴会。

（8）上巳节皇帝曲江赐群臣宴。盛唐时期大型皇家宴会是一种重要的宫廷活动与社会风俗。唐玄宗开元七年（719 年）有上巳节放假一天的规定，唐德宗贞元四年（788 年）将上巳节定为"三令节"之一，此后皇帝赐群臣宴的习俗越发盛行。此种宴会规模宏大，上至宰相、皇亲国戚，下至长安、万年两县县令，京城文武百官均可参加，还能携带妻妾子女。皇帝、贵妃及少数近臣的宴席设在紫云楼，宰相和翰林学士的宴席在彩船之上，其他官员的宴席则分布在曲江池周围的楼台亭阁或临时帐幕中。

紫云楼上皇帝的酒宴由御厨置办，菜品奢华，如驼峰炙、素鳞等珍馐佳肴皆有。其他官员的酒馔，小部分由诸司衙府置办，大部分由京兆府代替朝廷置办，力求海陆杂陈，集京城名馔之精华，费用从诸司和京兆府府库中支出。

宴会期间有丰富的娱乐活动，长安城中的民间乐舞班社齐集曲江，公卿大臣带上府中歌妓，宫中内教坊和左右教坊的乐舞人员也会前来演出助兴。这种宴会既体现了皇帝对群臣的恩宠，有助于增进君臣情谊，又展示了大唐的太平盛世与繁荣景象，是官民同乐的一种体现。同时，文人雅士还会在宴饮之际进行曲水流觞、赋诗唱和等活动，丰富了文化内涵。

杜甫《丽人行》中的诗句"三月三日天气新，长安水边多丽人"，是对唐玄宗天宝年间上巳节曲江宴的生动描写。王维《三月三日曲江侍宴应制》中的诗句"万乘亲斋祭，千官喜豫游。奉迎从上苑，被褉向中流"，也描绘了上巳节皇帝曲江赐宴时的庄重与欢乐场景。

五、感恩宴与谢师宴

随着古代官员选拔与任用制度的不断发展，尤其是隋唐科举制度的诞生，官员不再是贵族或世族的世袭领地，平民通过科举考试也有了上升的通道，当然，也得有人赏识和提拔才行。1000 多年来，通过科举考试和被上级乃至皇帝赏识提拔，因而设宴答谢，就成为宴饮文化中一朵最具文化与人情的奇葩。

在中国宴饮文化史上，最具影响力和文化张力的两种盛宴——烧尾宴和鹿鸣宴，都诞生在大唐长安，是长安文化的骄傲。

1. 烧尾宴

从魏晋时期开始，官吏升迁要举办喜庆家宴。唐代继承了此传统，不仅要设宴款待同僚，还要向天子献食，以表达对天子恩泽的感激之情。这种宴会体现了官员对皇权的忠诚和尊重。后来形成了烧尾宴。《封氏闻见记》记载："士子初登荣进及迁除，朋僚慰贺，必盛置酒馔音乐以展欢宴，谓之烧尾。"

烧尾宴始于唐中宗景龙时期，韦巨源官拜尚书左仆射，设烧尾宴宴请唐中宗，使其流行开来。烧尾宴至唐玄宗开元年间停止，仅流行约 20 年。

烧尾宴集中展现了唐代丰富的饮食资源和高超的烹调技术，汇集了前代烹饪艺术精华，对后世烹饪文化的发展影响深远，为清代的满汉全席奠定了一定的基础。同时反映了在唐代科举制度盛行之下，士大夫阶层对功名的追求和对身份地位变化的重视。

因为举办者多为高级官员或士人，所以烧尾宴是极高身份和地位的象征。通过举办烧尾宴，既可以彰显自己的权势和地位，也可以增强与同僚和亲友之间的联系和交往。可以说，烧尾宴是唐代社会文化繁荣的一个缩影，体现了当时的礼仪文化与饮食文化的紧密结合。

烧尾宴上有许多著名的菜品和点心。据史料记载，留存于世的烧尾宴上的菜品有58种之多，这仅是当时"取其异者记之"，没被记载的应该还有二三百道菜。烧尾宴遂成为唐代负有盛名的食单之一。这些菜品不仅味道鲜美，而且制作精细，体现了唐代高超的烹饪技艺和饮食文化。

宴会上不仅有丰盛的酒馔，还有音乐、舞蹈等文艺表演，为宾客们带来了愉悦和享受。同时，宴会的布置和装饰也体现了唐代文化的独特魅力。

在现代社会中，我们可以将烧尾宴的文化内涵和美食特色与现代元素相结合，创造出新的宴会形式和文化产品，为传统文化的传承和发展做出贡献。

2. 鹿鸣宴

鹿鸣宴是科举制度规定的一种宴会形式，起源并盛行于唐代长安，具有深厚的文化内涵和历史意义，也算是谢师宴、感恩宴的鼻祖。

鹿鸣宴是科举制度中的一项重要仪式。据《新唐书·选举志》记载，唐代地方官员在乡试放榜次日，会宴请新科举人和内外帘官等，宴会上演奏《诗经》中的《鹿鸣》篇，因此得名鹿鸣宴。到了宋代，改为为文、武两科进士举小，因在汴梁琼林苑举办，改称琼林宴。

《鹿鸣》篇出自《诗经·小雅》，原意是鹿王发现美食后不忘伙伴，在观察地形确定无危险之后，发出"呦呦"的叫声，招呼同类一块进食，而自己还会时不时警惕野兽的袭击，确保安全。古人认为鹿王这种不吃独食、保护下属的品行是一种大善，因而尊鹿王为贤兽，于是设鹿鸣宴以警示新科举人、进士，要像鹿王那样，不吃独食，体恤下属，做一个好官。

鹿鸣宴由州县长官（如长安县令）设置，宴请考官、学官和本地中式诸生同叙。宴会上，首先会演奏《诗经》中的《鹿鸣》篇，随后朗读《鹿鸣》篇，以活跃气氛并展示主人的才华。宴会中的食物通常包括少牢（羊、猪两牲），后来逐渐丰富。

鹿鸣宴不仅是一种宴席，也是一次文化交流，更是寄托殷切期望的盛会，同时也是新科举人们答谢或感激恩师的一个重要场所。宴会上，新科举人们会相互结识，交流学习心得，答谢恩师，同时也会受到地方官员和考官的勉励与期望。这种宴会形式在唐代至清代教育文化体系中延续了 1000 多年。

六、文会宴

文会宴是中国古代文人进行文学创作和相互交流的重要形式之一，是文人墨客的精神盛宴。文会宴起源于唐宋，兴盛于明清，具有以下特点。

（1）文化底蕴深厚。文会宴是一种文人荟萃、把酒言欢的宴会，参加宴会的文人墨客通常会在宴会上吟诗作赋、挥毫泼墨，留下许多文学艺术作品。

（2）形式自由活泼。文会宴的形式不拘一格，没有固定的模式和规矩，文人墨客可以自由地交流和表达自己的想法。

（3）追求雅致情趣。文会宴通常在气候宜人、风景优美的地方举行，如园林、庭院等，以营造出雅致的氛围。

（4）美食佳肴相伴。虽然文会宴重在以文会友，但也会准备精美的食物和美酒，让文人墨客在品尝美食的同时，更好地享受宴会的氛围。

（5）抚琴奏乐，且有美女歌舞相伴，增加情趣。如白居易的《三月三日祓禊洛滨》中有诗句云："妓接谢公宴，诗陪荀令题。""舞急红腰软，歌迟翠黛低。"

历史上有许多著名的文会宴，如王羲之提到的兰亭宴、李白提到的舟中宴、白居易提到的洛滨宴等。曲水流觞，佳作频出，成就千古佳话。这些文会宴不仅是文人之间的聚会，更是中国古代文化的重要组成部分，对中国文化的发展和传承产生了深远的影响。

在当时的长安，众多既是诗人又是官员的人经常外放又入京，往来接风酬唱就成为常态，文会宴因此成为当时长安的一道风景。在长安能与名人一同参加文会宴，是莫大的荣幸。杜甫描写李白的诗句"李白一斗诗百篇，长安市上酒家眠"，侧面表明李白经常参加这类文会宴。李白善饮，有美酒、文人、美女、美食、音乐的场合，更能激发他的创作激情，他虽每饮辄醉，然能斗酒诗百篇。可以说，文会宴是古代特有的以同道为主、以酒为媒、以乐为表、以诗为魂的具有诗乐门槛、名望资格及交友联谊作用的文人宴。像唐代曲江宴、樱桃宴等都可以算作文会宴。

七、军帐宴

古代部队行军打仗，其间的衣食住行有独特的要求。部队在日常或战斗间隙的饮食活动，如筹备粮草、埋锅造饭等，都常见于史书或笔记小说中。

1. 壮行宴

壮行宴也叫出征宴、击鼓宴。古代军队出师前进行宴饮是一种历史悠久的传统，旨在鼓舞士气，祈求战争胜利。壮行宴上会准备丰盛的菜肴和美酒，将士们共饮共食，以壮行色。开始的几道酒不能随便喝，每一道酒都有相应的话术与说辞，由将领激情导说，用以激励将士"血战沙场、视死如归、勇于杀敌、马革裹尸"的豪情与血气。这种习俗在现代军队中虽已不常见，但仍被一些部队或军事爱好者传承。

古人击鼓催征，所以，壮行宴上也配以击鼓，每饮一道酒，每上一道菜，都配以不同的鼓点，以营造壮行的氛围，激发将士的斗志，充满了激情与悲壮。

2. 庆功宴

庆功宴也叫收兵宴、鸣锣宴。军队在取得重大胜利或完成重要任务后，会举办庆功宴以表彰将士们的英勇和贡献。在庆功宴上，统帅会颁布嘉奖令，并开坛敬酒，前三杯酒祭天、祭地、祭牺牲的将士，然后依次向军功由大至小的将领和战士敬酒，最后宣布将士同乐、一醉方休，充满胜利后的悲痛（战友牺牲）、豪情与喜庆（最终胜利）。

古代军队鸣锣代表收兵，所以庆功宴上也配以鸣锣，故也叫鸣锣宴。在开场的仪式中，敬天一声锣，敬地一声锣，敬牺牲烈士一声锣；嘉奖有军功者一声锣，饮酒一声锣……铜锣声声，豪情万丈。

击鼓壮行宴与鸣锣庆功宴，是冷兵器时代军旅活动的产物。在现代热兵器时代，军帐宴逐渐消失，现在只能在古装影视剧中偶尔得见其貌。

3. 陕西古代著名的军旅宴

（1）潼关八大碗。源于老潼关的战争文化，相传由古代军中厨师所制，自唐代开始从军队走向民间，明清时期较为盛行。菜品选料考究，制作工艺复杂，主要是用猪肉制作而成。有七道荤菜、一道素菜，共八道菜。七道荤菜为三鲜、肘子、黄焖鸡、小酥肉、扣肉、排骨、红薯加丁，素菜是八宝甜饭，具有肥而不腻、香糯可口的特点。采用传统烹饪技术，使用老灶台、蒸笼、瓷碗等工具，运用炖、煮、蒸等方法，最大限度地保留了食材的原汁原味。

（2）鸿门宴。公元前 207 年，秦帝国覆灭，新政权尚未建立，刘邦先进入关中，驻军霸上，项羽后进入关中，驻军鸿门。项羽从谋士范增之计，在鸿门设宴，企图借机杀掉刘邦，于是有了鸿门宴。据史料记载和后人推测，鸿门宴上可能有烤肉、炖菜、美酒等。其中，烤肉可能是当时较为常见的食物；炖菜则是用大锅炖煮各种肉类和蔬菜，以满足大量人员的饮食需求。鸿门宴是中国历史上具有重要意义的事件，不仅展现了项羽和刘邦之间的政治博弈和军事较量，也为后世留下了"项庄舞剑，意在沛公"等经典典故。

八、婚宴

在古代，婚礼与婚宴是紧密结合的。婚礼作为人生大事，古时于黄昏举行，取其阴阳交替有渐之意，故称昏礼（婚礼）。其后的婚宴则是为了答谢宾客、庆祝新婚。

古代婚宴承载着丰富的文化意义，不仅是一场饮食盛宴，更是延续家族与维系社会关系的重要体现，通过婚宴宣告新人结合，展示家族的实力与威望，同时传递人们对婚姻美满、生活幸福的美好期许。

婚宴菜品丰富且注重寓意，如鱼寓意年年有余，鸡象征吉祥如意，肘子代表有滋有味，等等。不同地区也有差异，关中有九碗十三花，热菜九碗，茶点和冷菜十三种，经多种技法制作，口味丰富。旬阳地区有蜀河八大件，八凉八热、八荤八素，热菜分四汤四炒，每道菜都有独特的寓意。

陕西古代有不少著名的婚宴，以下所列是一些较为典型的。

1. 司马迁的婚宴

司马迁是西汉著名史学家，夏阳（今陕西韩城）人。其婚宴虽不像皇室贵族的那般奢华，但因其在文化界的影响力，吸引了众多文人学士前来道贺。其婚宴可能以当地传统饮食为主，遵循汉代的婚俗礼仪，宾客们在席间谈诗论史，为婚宴增添了浓厚的文化氛围，也体现了当时陕西文人阶层的婚娶特色。

2. 唐太宗李世民与长孙皇后的婚宴

唐太宗李世民出身关陇贵族，长孙皇后亦为名门之后，二人成婚于隋大业九年（613年），婚礼为贵族规格。史料中关于这场婚礼具体嘉宾的记载较为模糊，更多的是通过婚礼流程体现关陇贵族的礼仪传统和政治联姻属性。《旧唐书》《新唐书》中均有关于李氏家族与长孙氏家族早期交往的记载，《通典》中有关于唐代婚俗的记载。

3. 文成公主的婚宴

文成公主是唐朝与吐蕃和亲的公主，因为和亲是一项重大国策，她的婚宴被视为盛大的国际盛事，是政治化婚宴的代表。这场婚宴不仅规模宏大，李世民格外重视，还吸引了众多吐蕃贵族和唐朝文人参加，充分展示了唐朝的繁荣和开放。婚宴菜品涵盖众多当时著名的长安美食、美酒，吐蕃及西域的青稞酒、葡萄酒及各种美食（牛肉、羊肉、骆驼肉及众多奶制品）也琳琅满目。

九、寿宴

1. 寿宴概述

古代寿宴是为庆祝寿辰而举办的重要宴席，承载着丰富的文化内涵。寿宴源于人们对长寿的向往和追求，是寿诞礼仪的重要组成部分。

古代寿宴一般逢整数寿辰举办，如而立之年（30岁）、不惑之年（40岁）、知天命之年（50岁）、花甲之年（60岁）、古稀之年（70岁）等，其中60岁以上的寿宴尤为隆重。在古代，人们认为活到60岁便完成了天地宇宙人生的一个完整周期，开始进入新的生命周期，因此60岁被视为一个重要的寿诞节点。举办寿宴不仅是为了庆祝寿星的生日，更是为了祈求其身体健康、福寿双全。

寿宴举办前要提前向亲友发请柬，亲友会准备寿礼，常见的有寿桃、寿面、寿联、寿屏等，寓意长寿吉祥。寿宴通常在家里举办，需要布置专门的寿堂。寿堂一般设在正屋大堂或家庙中，中堂会挂上大寿福、百寿图或老寿星像，四壁挂有寿联或寿屏，中案上供奉神像，并陈列寿桃、寿面、水果等祝寿物品。寿堂布置得庄重祥和，充满喜庆和热烈的气氛。

寿宴当日，寿星通常要着盛装，接受晚辈拜寿。仪式庄重，体现出对长辈的尊敬与祝福。寿宴开始，先由寿星上座，晚辈依次向寿星敬酒、拜寿，说吉祥话语。之后宾客入席就餐。其间可能会有戏曲表演、杂技等娱乐活动，为寿宴增添喜庆氛围。一些大户人家还会请文人墨客题诗作画，以增雅趣。

寿宴结束后，主人家会适当回赠宾客一些礼物，以示感谢，这被称为敬福。

除了正规的祝寿礼仪外，有些家庭还会举行一些特殊的祝寿活动，如：请和尚、居士念寿经，给神佛送疏等；有些信佛的寿星要放生，即将子女买来的鸟类、鱼类等亲手放生，以示慈悲。

寿宴菜品以吉祥寓意为主。寿面是必备的，一般为长面条，象征长寿。还有寿桃，可用面粉蒸制或用桃子造型的点心代替，寓意长寿安康。此外，还会有寓意福禄的福禄双全（如核桃与鹿肉搭配）、寓意团圆的汤圆等。菜品丰富且寓意美好。

古代寿宴不仅仅是一种庆祝活动，更是一种文化传承和亲情纽带的体现。通过举办寿宴，人们不仅表达了对寿星的美好祝愿和敬意，也增进了家族成员之间的感情和联系。同时，寿宴还蕴含着丰富的文化内涵和民俗风情，反映了中华民族深厚的文化底蕴和独特的审美追求。

2. 陕西古代著名的寿宴

（1）王翦的寿宴。王翦是战国时期秦国名将，为秦统一六国做出了卓越贡献。他晚年居关中，其寿宴在当地十分有名。他作为功勋卓著的将领，寿宴上有不少军中旧部前来拜贺，同时也有秦国的达官显贵出席。宴会上有与军事相关的元素，如兵器展示、战舞表演等，既体现了其军事地位，也展现出秦国的尚武之风。

（2）长孙无忌的寿宴。长孙无忌是唐朝初期的重要政治家，为凌烟阁二十四功臣之首。他出身关陇贵族，在陕西地区根基深厚。其寿宴有众多朝廷官员、贵族子弟出席，规格极高，礼仪讲究。除了有精美的饮食，还有文人雅士赋诗祝贺，彰显其尊贵的身份与寿宴的文化氛围。他的寿宴是当时陕西贵族寿宴的典型代表。

（3）郭子仪的寿宴。郭子仪是唐代名将，封汾阳郡王，厥功至伟且长寿。其寿宴在当时颇具影响力。据载，郭子仪七十大寿时，七子八婿皆来祝寿，场面宏大。因他在朝廷地位极高，众多同僚、好友也纷纷前来庆贺。寿宴上满是珍馐美馔，且有乐舞表演，尽显富贵与尊荣，成为一段佳话。七子八婿拜寿也成为寿庆文化中的经典场景，常被后世以戏剧、绘画等形式演绎。

十、满月宴与百日宴

满月宴和百日宴都是中国传统的庆祝婴儿出生的仪式，它们各具特色，在不同的时间点举行，都承载着对婴儿健康成长的美好祝愿。

1. 满月宴

满月宴是指婴儿出生后一个月而设置的酒宴。在古代，汉族人认为婴儿出生后存活一个月就是渡过了一个难关，因此家长为了庆祝孩子渡过难关，祝愿孩子健康成长，通常会举行满月礼仪式。这个仪式需要邀请亲朋好友参与见证，为孩子祈祷祝福。孩子出生当天，爸爸会去岳父母家报喜，通知他们母子平安，并拜祭祖先、放鞭炮以示庆贺。

古时候，满月请酒也可以称为吃满月蛋。主家会提前准备染成红色的鸡蛋作为伴手礼送给出席宴会的来宾。常规上，每位宾客会得到 4 个红鸡蛋。

孩子的外婆会准备鸡蛋、米酒等食物，并在女儿产后第三天前往看望女儿，送去营养物品。同时，还会为孩子准备新衣裤、手推车、摇篮等婴儿用品，待孩子满月时送给他。女子在婆家坐月子，待孩子满月后，会抱着孩子回娘家，即"出窝"。外婆会给孩子搭花线、挂银制品等，以表祝福。

2. 百日宴

百日宴是指婴儿出生后满百天举行的庆祝仪式，是一种传统民俗。百日宴起源较早。古代医疗水平低，婴儿易夭折，能平安度过百日，就意味着度过了生命中最脆弱的阶段，家人便会设宴庆祝，祈愿孩子未来健康成长，有"百无禁忌、长命百岁"之意。

百日宴上常有给婴儿穿新衣、戴长命锁等习俗。长命锁一般是用银子或金子打制的，上面刻有表示吉祥的图案或文字，寓意锁住生命，保佑孩子长寿。还会剃百日头，即给婴儿剃掉胎发，有人还将胎发做成胎毛笔等，留作纪念。

现代的百日宴多以家庭聚会或小型宴会的形式举行，父母会邀请亲朋好友参加。宴会上一般会准备丰盛的菜肴，还会有蛋糕等。有些家庭会为孩子拍摄百日纪念照，或制作纪念视频，记录这特殊的日子。

综上所述，满月宴与百日宴都是孩子成长路上的重要仪式，一个代表了满月时初绽的欢喜，一个代表了百日里累积的幸福。满月宴开启新程，百日宴凝聚美好，都饱含着对孩子无尽的祝福。

3. 陕西古代著名的满月宴和百日宴

（1）扶苏满月宴。扶苏是秦王嬴政的长子，出生于咸阳（今陕西咸阳）。作为帝王之子，其满月宴规格极高。秦国以法家治国，宴会上虽无过多奢华的装饰，但礼仪庄重，遵循严格的宫廷规制。有众多皇室宗亲、朝廷重臣出席，献上贺礼，以彰显皇家血脉传承的重要性，也体现了秦国对王室子嗣的重视。

（2）唐高宗李治百日宴。李治出生于长安（今陕西西安），是唐太宗李世民第九子。他的百日宴是宫廷中的盛事。当时唐朝国力强盛，宴会上摆满了各地进贡的珍奇美食与宝物。李世民对这个儿子十分喜爱，不仅在宴会上安排了宫廷乐舞表演，还大赦天下，以祈愿皇子健康成长。吸引了众多官员、外国使节等前来朝贺，展现了大唐的繁荣与威严。

（3）寇准满月宴。寇准是北宋著名政治家，华州下邽（陕西渭南）人。他出身官宦世家，家里为他举办满月宴时，家族亲友及当地官员纷纷前来道贺。宴会上以关中地区的传统美食待客，遵循着北宋时期的礼仪规范，虽不似宫廷宴会那般奢华，但充满了人文气息，体现了当地士大夫家族对新生命的重视与对家族繁荣的期许。

十一、节庆宴

节庆宴通常指的是在重大节日或特殊庆典时举办的宴会，旨在庆祝、团聚与分享喜悦。

1. 类型

春节家宴，阖家围坐在一起吃年夜饭，饺子、年糕等传统食物必不可少，寓意吉祥；中秋团圆宴，月饼、螃蟹是餐桌上的主角，人们在月下共享美食，共赏明月；婚礼喜宴，新人宴请宾客，菜品丰富且有美好的寓意，如红枣、花生、桂圆、莲子寓意早生贵子；乔迁宴，主人庆祝入住新房，邀请亲友相聚暖房。

2. 特色

节庆宴往往有专属的装饰，比如春节挂红灯笼、贴春联，婚礼宴用鲜花、气球营造浪漫氛围。菜品会根据节庆安排，口味兼顾不同宾客的需求。现场氛围热闹非凡，充满欢声笑语。

3. 意义

从文化角度，传承和弘扬了传统习俗与文化内涵，如端午宴纪念的是爱国诗人屈原；从社交层面，增进了亲友之间的联系与情感交流，为人们提供了相聚的机会；对个人而言，留下珍贵的回忆，成为情感寄托，如百日宴是孩子成长的重要纪念。

4. 传承与发展

随着时代的变迁和社会的发展，节庆宴也在不断地传承与发展。一方面，人们保留了传统的节庆宴习俗和饮食文化；另一方面，节庆宴也不断地融入新的元素和创意，变得更加丰富多彩，符合现代人的审美和口味。同时，随着全球化的加速和文明的交流互鉴，节庆宴也逐渐走向世界舞台，成为展示中国饮食文化的重要窗口。

总之，节庆宴是中国传统文化中不可或缺的一部分，它们承载着人们的情感、记忆和梦想。无论是传统节日的团聚，还是人生大事的庆祝，每一场节庆宴都是我们记忆中珍贵的片段，汇聚成家与爱的深厚力量，陪伴着我们走过漫长的岁月。在未来的发展中，继续传承和弘扬这一宝贵的文化遗产，是我们的历史职责。

5. 陕西古代著名的节庆宴

（1）长安重阳宴。长安作为中国的都城时，重阳宴在长安颇为盛行。在唐代，重阳是宫廷与民间皆重视的节日。宫廷中，皇帝会大宴群臣，宴会上有各种精美的糕点，如重阳糕，还有菊花酒。群臣会赋诗唱和，赏菊观景。民间也会设宴庆祝，一家人团聚，共享美食，登高祈福，体现了人们对长寿与美好生活的向往。

（2）关中春节宴。关中地区的春节宴历史悠久且极具特色。春节时，家家户户会准备丰盛的宴席，食物以面食为主，如饺子、花馍等。花馍造型多样，有龙、凤、鱼、虎等，寓意吉祥。还有各种肉类菜肴，如红肉、条子肉等。家族成员齐聚一堂，遵循严格的长幼秩序饮酒拜年。此外还有守岁、祭祖等习俗，传承着浓厚的家族文化与传统。

（3）咸阳端午宴。咸阳作为秦朝的都城，其端午宴有独特的风格。端午时节，咸阳人会准备粽子、鸭蛋等传统美食，还备有菖蒲酒。宴会上，家人之间会为彼此佩戴香囊，以驱邪避瘟。同时，会有赛龙舟等活动，人们在宴会后前往观看，增添节日氛围，体现出对端午习俗的重视和对健康平安的期盼。

（4）汉中中秋宴。汉中地区的中秋宴以团圆为主题。中秋夜，人们摆上月饼、柚子、石榴等应季水果，还有腊肉等特色菜肴。一家人围坐在一起，祭月赏月，共享美食。当地还有一些独特的中秋习俗，如扎草龙等，宴会后人们参与其中，使中秋宴不仅是一场美食之宴，更是文化传承与情感交流的盛会。

十二、其他宴

1. 大秦小宴

传说在秦统一六国期间，秦王嬴政为奖励立下汗马功劳的王翦父子，特在宫中设宴款待他们。王翦父子感激秦王的款待，将这场盛宴取名为大秦小宴，使之流传后世。

2. 探春宴

探春宴流行于唐代，是每年春季新茶上市时达官贵人、文人雅士举办的宴会。人们会在郊外踏青赏花，品尝新茶，饮酒赋诗，享受春日美景和悠闲时光。

3. 乾州全席

初名武后宴，源自唐代的宫廷御宴，后以奉天县置乾州，此宴易名为乾州全席，在千年传承中流传到民间。

乾州全席有"四角硬"主菜，包括烧肉、肘子、酥肉、糖米；"四角碗"副菜，即炖豆腐、炖白菜、粉丝汤、金针酸汤；还有五凤楼、六碟六碗、九奎水菜、十全菜、十三花等，以及八宝虎戴铃、酱辣子、酸汤挂面等特色饮食。

4. 九品十三花

在渭南市大荔县，有一种传承了 600 余年的独特宴席——九品十三花。它不仅是美食盛宴，更是当地民俗文化的鲜活载体。

酒席上有 9 盘茶点、13 道凉菜、9 道热菜，还有 9 碗主食，用多种技法制作而成，口味丰富，有咸鲜、咸甜、酸辣等复合型搭配。

宴席一开场，9 盘茶点率先上桌，4 盘干果、4 盘水果围绕着中间的一盘甜点，那甜点上的红点象征着对生活红火的祈愿。随后登场的 13 道凉菜，荤素海味巧妙搭配，摆满一桌，宛如一幅色彩斑斓的画。然后 9 道热菜带着烟火的温度依次端来，每一道都凝聚着厨师的精湛技艺。

九品十三花，九品蕴含着长长久久的美好寓意，十三花象征着如花般美好的生活。它用丰富多样的菜品、咸鲜酸辣交织的复合口味，诉说着大荔的历史与情怀，2022 年入选陕西省第七批非物质文化遗产名录，让更多的人得以知道和品味这份舌尖上的非遗魅力。

第二节　陕西现代名宴

三秦大地，古韵今风交织。在这片承载着华夏千年记忆的土地上，美食不只满足了人们的果腹之需，更是文化的鲜活传承。时代浪潮与深厚底蕴碰撞交融，陕西现代名宴的开启，每一道菜肴都藏着往昔的故事与今朝的创新。它们以陕西传统美食为根基，大胆吸纳多元烹饪理念，演绎出别样的精彩。

陕西现代名宴，不仅是舌尖上的奢华盛典，更是古老陕西拥抱现代文明的生动注脚，让每一位食客在品尝美味时，读懂陕西的过去、现在与未来。陕西现代名宴在传统陕菜的基础上融入现代理念与创新技法，以满足当下食客对美食的多元需求。

一、陕西现代名宴的种类

1. 政务接待类主题宴席

政务接待类主题宴席，是地域文化与庄重礼仪融合的典范。菜品上，以经典陕菜为主，像肉酥味香的带把肘子、酸辣可口的岐山臊子面，兼顾本土食材与特色风味，彰显了陕西饮食文化的精髓。烹饪上，讲究色、香、味、形俱全，造型与摆盘凸显文化内涵，如形似古钱币的金钱酿发菜，契合政务接待的文化交流需求。食材选用上，多用本地的特色物产，如陕北羊肉、关中小麦、陕南木耳等，从源头烙印地域痕迹。菜品的设计巧妙融合历史典故，像贵妃鸡翅借杨贵妃的典故，赋予美食文化底蕴。烹饪手法传承秦地传统，温拌、炝等技法保留着陕菜本味，是对本土饮食文化的坚守与传承。

政务接待宴席讲究仪式感，宴席环境也颇具特色，多融入陕西的历史元素，如秦砖汉瓦装饰、唐代壁画等，营造出浓厚的文化氛围，让宾客在品味美食的同时，感受到陕西深厚的历史底蕴。因而这种宴席是一场舌尖与文化的双重盛宴。下面列举一些陕西政务接待类主题宴席。

（1）2015 年"习莫会"接待宴席。2015 年 5 月 14 日，印度总理莫迪抵达西安，开始了他就任以来的首次中国之行。习近平主席在南门瓮城设宴招待莫迪总理。晚宴注重细节、健康的内在品质，突出陕西地方美食特色，同时充分结合了印度的饮食习惯。

热菜的配置是标准的四菜一汤，并且第一个就是西安最具有特色的酸辣汤。印度是素食者的王国，其民众多半不喜欢荤腥，为了保证莫迪总理吃到正宗的陕西口味，酸辣汤的汤底选用羊肚菌、松茸和茶树菇为原料，精心制作而成。四道热菜分别为酱爆荸荠配红豆米饭、蘑菇豆腐汤、豆瓣荸荠、莲藕焖芦笋竹荪。另外，三原蓼花糖、富平柿饼、陕北大红枣、关中凉皮、岐山臊子面等陕西特色小吃也出现在晚宴的菜单中。

（2）中亚峰会接待宴席。2023 年 5 月 18—19 日，中国－中亚峰会在西安拉开帷幕。这是中国和中亚五国建交 31 年来，首次以实体形式举办峰会，在中国同中亚国家关系发展史上具有里程碑意义。央视新闻报道了在大唐芙蓉园举办的半开放式集体国宴，简要介绍了国宴的相关布置和菜单，并将此次国宴总结为"本地菜，家乡酒，招待好朋友"。

新闻画面显示国宴菜单如下：芙蓉四小碟、雁塔晨钟，唐宫七宝羹、紫云横山羊、长安葫芦鸡、芙蓉鳞锦、碧翠春晓，同盛泡馍、羊肉抓饭，水果、冰激凌、甜点、咖啡、茶、长城干红（2016 年）、李华干白（2008 年）、西安饭庄稠酒、富平柿子酒。

芙蓉四小碟和雁塔晨钟为冷盘。唐宫七宝羹这道菜来头最大，其渊源可追溯到唐代的烧尾宴。七宝羹是烧尾宴中的重要菜品，也称驼蹄羹，是以驼蹄为主料，配以干贝等食材合制而成，羹浓味醇，驼蹄筋柔。关于这道菜，杜甫曾有诗句曰："劝客驼蹄羹，霜橙压香橘。"

紫云横山羊以中国国家地理标志产品横山羊肉为主料制作而成，肉质细嫩，回味悠长。长安葫芦鸡是源自古都长安的传统美食，以独特的制作工艺和调味方式为人所称道。将鸡煮熟后，经过笼蒸和油炸的处理，呈现出皮酥肉烂、色泽金黄的特点。芙蓉鳞锦是用蛋清和鱼肉合烹而成的菜品，色彩鲜艳，造型美观。碧翠春晓为素菜，是用南瓜、菜心、莲菜、菌菇等原料清炒而成。

2. 文化旅游类主题宴席

此种宴席最显著的特征是将当地的特色文化全方位地融入美食体验。在食材选取上，多用地域标志性的食材，像陕北宴席多用羊肉、杂粮等，展现了黄土高原的物产风貌。菜品背后关联着历史典故、民俗传说，如贵妃鸡翅承载着杨贵妃的故事，食客品尝时能感受到文化底蕴。在就餐环境的营造上，以当地的建筑风格、艺术元素来装饰，配合民俗表演、传统音乐，让文化氛围从视觉、听觉延伸至味觉，使饮食不再是简单的进食，而是沉浸式的文化体验。陕西文化旅游类主题宴席列举如下：

（1）长安八景宴。长安八景宴的设计灵感源自著名的长安八景：华岳仙掌、骊山晚照、灞柳风雪、曲江流饮、雁塔晨钟、咸阳古渡、草堂烟雾和太白积雪。每一道菜品都以一景为蓝本，从食材的挑选、烹饪手法的运用，到菜品的造型呈现，都力求还原景致的神韵。一菜一格，一菜一景，融美味和艺术为一体。长安八景宴不但彰显了陕菜的大雅，而且将现代人的饮食风尚与悠久的长安历史文化完美融合，成为振兴陕菜道路上的又一里程碑。

该宴由冷盘古城十三花、八道大菜、四味细点和八种果品组成。

古城十三花由冷拼主盘和 12 个围碟组成，主盘造型为大雁塔（看盘），围碟由可食用的四荤（用猪、牛、鸡、鱼肉拼配成高装冷盘）、四素（用红、白、黄、绿四色鲜蔬拼配成半高装冷盘）、四花（用不同的食物拼配成牡丹、荷花、菊花、梅花 4 个平装冷盘）组成大型佐酒花拼，寓意 13 个朝代在此建都。

八道大菜：用西岳华山松的松子和秦岭出产的熊掌（用其他原料代替）蒸制的华松扒熊掌，用秦川牛的牛舌烹制的晚霞映牛舌，用鸡脯肉炒制而成的灞柳雪花鸡，用刚出壳的鹌鹑和撒醅酒组合的曲江雏鹌饮，用渭河流域的团鱼制作的渭水团鱼，用草堂寺附近所产的 8 种特产（板栗、核桃仁、冬笋、水发香菇、花生米、荸荠、嫩豆角、烤麸）烹制的草堂八素，用高丽糊和鸭掌制作的太白雪山金鱼，用红枣、糯米等制作的雁塔晨钟。

四味细点：黄桂柿子饼、金线油塔、泡泡油糕、千层油酥饼。

最后上桌的是骊山烽火鲜果（8 种鲜果随季节而定）。餐上堆满了临潼石榴、火晶柿子、相桥红枣、苹果、葡萄等鲜果，上面覆盖着用玻璃汁（以白糖熬成）和高丽糊（用鸡蛋清制作）堆起的"烽火台"。关掉餐灯，点燃台座下的酒精后，顿时跃出火苗，犹如烽火腾起，一下子把人们引入周幽王烽火戏诸侯的故事中。

（2）西安饺子宴。西安饺子宴是西安饺子宴饭店（原西安解放路饺子馆）1984 年独创的，它与著名的仿唐菜点和牛羊肉泡馍一并被誉为"西安饮食三绝"。饺子宴打破了一般只用猪牛羊肉和蔬菜作馅的传统，鸡肉、鸭肉、鱼肉、蛋、山珍、海味、鲜蔬、干菜、果品等等，凡好吃又富有营养的材料，都可以作馅；打破了一般以生皮生馅进行制作然后煮熟的传统，有生馅，更多地采用熟馅；制作馅不只是简单地调味，还采用了烹、炒、煸、爆、炸、熘等方法；有煮饺子，但更多地采用蒸、煎、烤、炸等方式烹制饺子；突破了单纯的咸鲜口味，增添了酸、甜、麻、辣、鱼香、怪味等多种味型；打破了造型上单一的月牙形、角形，集烹调技术与造型艺术于一体，制作出花草鱼虫等多种多样美好逼真的造型；打破了吃饺子就单纯吃饺子的传统，以饺子为主，也上冷菜、热菜和饮料，并且进行巧妙有机的组合搭配，给不同原料、形状、颜色、口味的饺子以不同的美好名字，大大提高了宴席的文化色彩和欢庆气氛。饺子宴把选料与口味、烹饪与营养、形态与艺术、饮食与文化等巧妙地融在一起。

饺子宴的品尝方式更是别具匠心。10 人一桌，每种饺子只上一笼，每笼刚好 10 个饺子，一人只能尝一个。每人品尝 20 多种饺子后，就会觉得差不多饱了。

按照营养学和人们的饮食习惯，先上炸饺子，次上煎饺子，最后才上煮饺子。味道的排列也适于大多数人的口味，一甜、二咸、三麻、四辣、五怪、六酸。不同馅料饺子的上法更是讲究，先是海鲜饺子，次是肉、鸡饺子，再是清素饺子。十道饺子上过之后，再上银耳汤漱口、清喉。之后，宴席就进入另一段落。宴席末尾还有一个高潮：一个古色古香、酷似皇冠的铜火锅被端上桌。乳汁一般的汤是用鸡鸭炖煮而成的，还有一碟像珍珠一样大小的饺子，这便是著名的太后火锅，相传因慈禧太后1900年在西安避难时享用过而得名。服务员当着客人的面点燃酒精，顿时，淡蓝色的火焰形成一朵怒放的菊花，因而也叫菊花火锅。锅里沸腾的鲜汤香气四溢。这时把盘中的珍珠饺子下入锅内，顷刻即熟。吃时用黄铜勺子把饺子和汤随意舀起。服务员会告诉客人：舀到饺子，从一到十，各有说法，如舀起一个饺子叫一帆风顺……舀起十个饺子叫十全十美，万一一个也没舀到，就叫无忧无虑。不管怎样，大家皆大欢喜。

宴席到了尾声，服务员会端上一盘梨或其他水果，巧妙而礼貌地暗示客人吃过梨就该离席了，也有饺子宴到此圆满结束之意。

饺子宴不光吃的时候趣味横生，食罢离席后仍觉得余味无穷。一位美食家吃罢饺子宴后，吟诗称："一席饺子宴，尝尽天下鲜。美味甲寰宇，疑似做神仙。"

3. 民风民俗类主题宴席

在陕西，有一种宴席承载着千年的历史文化与独特的民风民俗，不只满足人的口腹之欲，更是三秦大地民风民俗的生动展现，它就是陕西民风民俗类主题宴席。当你踏入摆有这类宴席的场地，首先映入眼帘的便是充满浓郁陕西特色的布置。大红色的剪纸贴在窗户上，内容涉及陕西历史故事、民间传说，喜庆又充满文化韵味；色彩鲜艳的凤翔泥塑错落摆放，形态各异的泥偶为宴席增添了古朴厚重之感。

菜品是宴席的核心，每一道佳肴背后都藏着深厚的民俗文化。宴席间，还有精彩的民俗表演。如诙谐幽默的华阴老腔，唱腔独特，表演风格豪迈，一人唱，众人和，喊出了陕西人的精气神，让宾客在品尝美食的同时，能全方位地感受陕西民风民俗的独特魅力。

以下是一些陕西的民风民俗类主题宴席。

（1）凤县十五观灯宴。源于正月十五的庆祝习俗，属春节团圆宴，寓意家人健康幸福，生活团圆和美。主要采用当地自种、自采、自养的特色食材，用蒸、煮、炖等传统技艺制作而成。菜品由地方时令茶果、特色小吃，以及十余道凉菜、热菜、主食组成，像凤椒鸡、椒麻鱼等菜品深受大众好评。

（2）澄城三八席。在澄城乡间流行的七碗席、八碗席、十碗席等流水席的基础上，融合历史与现代、陕菜与澄城味打造而成。以"三"代表沟南、沟北、县中三个地区和凉菜、热菜、饭菜三个环节，以八凉、八热、八饭菜得名。"八"寓意"发"，表示吉祥，彰显着澄城人的传统礼仪，蕴含着澄城人的乡土文化。

（3）合阳十碗席。又称十全席、十碗饭，是合阳县传统宴会的最高规格，一般为老人祝寿、送葬或过春节招待客人时才做。包含六肉四菜，六肉为红烧肉、条子肉、过油肉、肘子、鸡肉、肉丸子，四菜为菠菜、白菜、黄花菜、豆芽。十道菜搭配均衡合理，营养丰富，有荤有素，有热有凉，有肥有瘦，老少咸宜。

（4）白河三点水。白河县的传统民间宴席，讲究隆重丰盛，鱼肉荤腥必占主位，果蔬素菜为辅。其制作技艺已被列入陕西省非物质文化遗产名录，展示了白河丰富的饮食文化。

（5）紫阳三转弯。紫阳县传承数百年的传统宴席，被誉为"紫阳的满汉全席"，以丰富的菜品、考究的礼仪和深厚的文化内涵闻名。它是紫阳当地招待贵宾的最高规格的传统宴席，有着独特的格式、必上的菜点以及固定的铺席和上菜顺序，充分体现了紫阳人的热情大方、礼仪周到。在长期的传承过程中，形成了鲜明的地方特色，是紫阳民俗文化的重要组成部分，展示了当地的饮食文化传统和民俗风情。

（6）镇巴风情宴。镇巴当地老百姓选取本地优质、绿色、环保的农产品为原料，对传统餐饮技术进行了继承、挖掘、创新，形成了独特的镇巴风情宴。此宴具备选料科学、制作精细、口味纯正、菜品创新等特色，不但体现了传统饮食文化和现代美食的完美结合，而且充分展示了镇巴地区饮食文化之绮丽精美，以及独特的地域文化和民俗风情。

（7）苗家长桌宴。西北地区最大的苗族人聚居地——陕西镇巴县青水镇，也是中国最北的苗乡。镇巴苗家长桌宴是青水镇苗族人接亲嫁女、办满月酒以及进行村寨联谊时置办的特色宴席。从喝拦门酒到听苗寨歌，再到"细水长流"的饮酒方式，镇巴苗家菜跟镇巴苗族人一样简单纯朴、豪爽热情，乡土气息十足。

（8）略阳羌宴。源于古羌人的生活习俗，是羌族人婚丧嫁娶、修房造屋、举行祭祀时招待亲朋好友的宴席，展现了羌族人的豪爽性格。有四品四盘、九碗三行、略阳庖汤宴等典型饮食。四品四盘通常包括4种肉类菜品和4种凉拌小菜；九碗三行是指9道菜品摆成3行，多为肉类、面食和特色蔬菜的搭配。

此外，陕西的仓颉家宴（三转席）、同州九品十三花、庖汤宴、西府十三花等皆属于民风民俗类主题宴席。

4. 民族特色类主题宴席

陕西这片古老而厚重的土地，承载着多民族融合共生的灿烂文化，在饮食上更是别具一格。其民族特色类主题宴席，宛如一扇窗口，透过它，能深切领略民族文化的独特魅力。如清真宴席遵循伊斯兰教饮食规范，以牛羊肉为主角，手抓羊肉、羊肉泡馍等佳肴不仅能带来味觉的享受，更是对穆斯林民族饮食传统的尊重与传承。这些主题宴席，以美食为纽带，串联起民族的历史、习俗与情感，让食客在享受美食的同时，也沉醉在陕西独特的民族饮食文化之中。

（1）清真小吃宴。清真小吃宴是一种包含多种清真美食的宴席，以其丰富的菜品和独特的风味而闻名。这些美食不仅代表了西安的清真饮食文化，还融合了多民族的美食特色。

西安的民族风味小吃品种繁多，在陕西乃至全国都有很高的知名度。过去它们大多散落于回坊上，品种分散，人们很难一次品尝多种民族风味小吃。

西安老孙家饭庄白云章饺子小吃城于1995年推出清真小吃宴，把西安的近百种民族风味小吃编排成宴，一道道地上，食客在这里可以一次品尝十几种、几十种甚至近百种民族风味小吃。这些民族风味小吃经过老孙家厨师们的巧妙加工，小巧玲珑，姿态各异，诱人食欲。小吃中有汤有菜有面食，也有牛羊肉制品，甜咸搭配，有酸有辣，一品一味。主要品种有羊肉蒸饺、黄桂柿子饼、粉蒸肉、灌汤包子、凉饸饹、肉夹馍、炒凉粉、羊肉饼、玉米饼、水盆羊肉、蒸饼、醪糟、汤圆、江米糕、玉米粥、三鲜蒸饺、牛羊肉泡馍、锅贴、八宝粥、炸春卷、蒸肉卷、烩羊杂等。

清真小吃宴是西安人宴请外地宾客的一个重要内容。凉菜通常是精拼六凉盘或八凉盘，然后上陕西饮品。再陆续上老孙家风味清真菜肴，主要品种（轮换供应）有红油花肚、扒金冠、烧烤牛方、凤翅牛舌、香酥羊腿、温香羊排、细沙炒八宝、红烧牛尾、滑炒驼峰丝、兰花虾球、发菜牛肉丝、烤全羊、手抓羊肉等一百道风味菜。

风味小吃大部分穿插在热菜间隙上，留几道最后上。也可先品尝凉菜、热菜，最后集中上风味小吃。上风味小吃的同时，服务员会介绍关于小吃的一些传说和典故，使食客在品尝小吃的同时，也能领略博大精深的陕西饮食文化和风俗。

（2）清真全羊席。西安清雅斋饭庄特级烹调师安振邦（回族）及其艺徒丁宏斌（回族）等于 20 世纪 80 年代研制出清真全羊席。清真全羊席以羊的各个部位为主料，烹调方法多种多样。由冷盘、正菜、点心、羹汤、主食组成。上菜顺序是：冷盘（用八仙盒），中心为腊羊肉，周围四荤四素，置入 8 个围碟，每碟一种菜。四荤是卤羊腿、卤羊肝、卤羊血、盐水肚块。四素是卤蛋、拌绿豆芽、石花菜、炝豇豆。

正菜十道，第一阶段上六道：烤羊腿（烤）、芝麻里脊（炸）、葱炮羊肉（炮）、金龙盘玉柱（炒）、皇后上天梯（烩）、梅花云芝（酿）。中间上四道点心：炸春卷、酥盒子、鱼鳃饺、喇嘛糕。再上第二阶段的四道菜（含一道汤）：清蒸羊肉（蒸）、蜜炙鹿茸（软熘）、爆炒麻辣羊肉（用新疆孜然粉）、酸辣肚丝汤。最后上主食胡麻饼、千层卷。

此外，清真唐宫宴、丝路风情宴、泡馍宴、镇安回民十大碗（清真十大碗）等都属民族特色类主题宴席。

5. 养生保健类主题宴席

在陕西这片历史悠久的土地上，饮食文化与养生智慧源远流长。陕西人将独特的食材与传统中医理念融合，使其养生保健类主题宴席独树一帜。其中以药王孙思邈为文化核心的宴席，更是承载着深厚的历史底蕴与养生智慧，既让人们在品尝美食的过程中，领略到传统养生智慧的魅力，也为现代健康饮食提供了有益的借鉴，为食客们带来别具一格的味觉与健康之旅。

陕西的养生保健类主题宴席丰富多样，以下是一些常见的类型。

（1）铜川养生宴。陕西十大主题名宴之一，依托药王孙思邈养生文化的底蕴，将饮食与中医药文化结合，把药物疗效与食物美味配伍，以五色五味为基础搭配，药借食力，食助药威，形成美味的食疗养生膳食。代表菜品有：葱油鲍仔，鲍仔鲜嫩，葱香浓郁，具有滋补功效；如意鱼卷，造型美观，鱼卷鲜嫩，搭配蔬菜，营养丰富；凤尾西芹，西芹清脆，富含纤维，有助于消化；蜜汁金瓜，金瓜软糯，香甜可口，有润肺健脾之效；五谷八宝，多种谷物和豆类搭配，营养全面。

（2）安康富硒宴。安康处在我国最大的富含硒的地带，食材中硒元素含量高，菜品符合"吃出健康"的饮食理念。主要菜品有千层腊肉、盐烤汉江鱼、紫阳蒸盆子、清蒸鸭嘴鱼等。此外还有富硒茶宴、富硒鱼宴等精品宴。

（3）宁陕山珍养生宴。在传统的山珍宴、养生宴及豆腐宴的基础上进行创新，融合秦岭的优质食材，保留食材的天然风味，富含营养价值。有多种以野生菌类、中药材等为原料制作的菜肴，如香菇炖土鸡、木耳炒肉片、天麻炖乳鸽等。

（4）天地仁和秦岭养生菌菇宴。由天地仁和酒店的厨师团队打造，以健康养生为核心理念，甄选商洛当地优质菌菇作为主要食材。代表菜品有茶树菇煲乌鸡、鹿茸菌蒸鲟鱼、薏米羊肚菌、菌菇包等。

（5）商南秦岭养生药膳宴。商南素有秦岭天然药库之称，该药膳宴围绕茶叶、冷泉鱼、梅花鹿等特色资源研发，将中药材与食材巧妙结合。主要菜品有杜仲炖羊肉、丹参蒸排骨、天麻鱼头汤等。此外，还有金丝茶宴、冷泉鱼宴、珍馐鹿宴三大系列药膳。

（6）汉阴冬季养生宴。以猪蹄、老母鸡等为主要食材，搭配红枣、枸杞、黄花菜等，采用清蒸等烹饪方式，既保留了食材的原汁原味，又锁住了营养。代表菜品有山药煨乳鸽、豆花鸡汤丸子、酸辣茴香小鱼、汉水蒸盆子等。

（7）秦岭养生菌菇宴。以商洛当地的优质菌菇为主要食材，由天地仁和酒店的厨师团队精心打造，富含多种人体所需健康因子，有利于消化，能提高免疫力。代表菜品有茶树菇煲乌鸡、鹿茸菌蒸鲟鱼、薏米羊肚菌、菌菇包、三文鱼品白灵菇、天麻炖土鸡等。

（8）石泉富硒蚕乡宴。将富硒食材与蚕桑文化相结合，菜品既有地方特色，又有养生价值。代表菜品有一带一路（用蚕蛹、桑叶与蚕豆搭配制作而成）等。

（9）乌鸡养生宴。以秦岭南麓山林中放养210天的略阳乌鸡为主要食材，融入现代养生理念，是纯天然黑色食品的标杆。菜品有黄精小排、天麻刺身、腊肉石参、醋椒生态变蛋等凉菜，土猪肉烧乌鸡、菜豆腐煨乌鸡等热菜，还有天麻炖乌鸡汤，主食有高山冷水米饭、炸酱面、核桃小饼、杂粮拼盘等。

（10）蝎子宴。蝎子宴是以蝎子为主要食材的特色宴席，由陕西烹饪大师刘凤凯依据中国传统医学中"药食同源"的理论，遵循国际食品消费组织所倡导的"两高一低"（高维生素、高纤维素、低脂肪）的消费趋向，结合传统菜肴制作和饮食新潮流，经多年苦心探索而首创的"食中有医、医中有食"的美味佳肴。

蝎子宴首次在陕西宾馆推出，先后用来接待了江泽民、李鹏、李瑞环、杨尚昆、田纪云、李铁映等党和国家领导人，以及国外的一些知名人士。他们无不为其色香味美、充满人文气息的制作而惊讶，给予蝎子宴极大的肯定和赞誉。蝎子含有人体必需的 17 种氨基酸和 14 种微量元素，蛋白质含量高于 30%，具有祛风、止痛、通络、解毒的效用，对口眼歪斜、破伤风、肺结核、顽固性湿疹、淋巴结核、半身不遂、中风等疑难病症具有神奇、独特的食疗效果。又据现代药理试验证明，蝎子还具有抗惊厥、降血压等功效。

蝎子宴由 200 多道菜肴及特制的蝎子酒组成，宴席中有 20 多道菜名别致、艺精味美的蝎子菜肴。蝎子宴的代表菜肴有雁塔醉蝎、醉蝎爬雪山、蝎子舞绣球、钳蝎戏牡丹、珊瑚全蝎、钳蝎竹板鱼、蝎香凤翅、钳蝎荷叶鸡、凤戏群蝎、龙戏钳蝎、蝎蟹同居、吐司全蝎、竹鸾凤珠、竹香双虾、蝎香驼蹄羹、蝎羹保平安、神蝎一品官、燕虾蝎一家、一品鱼糕等。每道菜肴都选料精细而考究，滋味鲜美而爽口，造型古朴而新颖，营养丰富而合理。

6. 技能大赛类主题宴席

技能大赛类主题宴席是指在各类烹饪技能大赛中，参赛选手围绕特定主题设计和制作的宴席。这类宴席通常具有以下特点：一是主题鲜明；二是文化内涵丰富；三是注重创新；四是展示烹饪技艺；五是强调整体设计。有的以地域文化为主题，如长安迎宾宴展示长安之美与文化，丝路秦韵宴选用的是共建"一带一路"的国家和地区的食材。有的以历史典故为主题，像魏徵家宴挖掘古代食单和经典陕菜，一菜一典故。还有的以地方特色食材或产业为主题，如紫阳茶香宴将紫阳美食与茶产业结合起来。

在技能大赛中，选手需根据宴席主题进行菜品设计、制作以及整体呈现，包括餐具搭配、摆盘装饰、服务流程等方面，全面展示烹饪技艺、创意构思和对主题的诠释能力。如在 2023 年全国职业院校技能大赛高职组烹饪赛项中，陕西旅游烹饪职业学院以长安迎宾宴为主题参赛，其宴席由艺术冷盘、热菜（汤）、点心、果盘组成，强调菜肴美味可口、清淡养生和生态环保，集美味、精致、营养、文化于一体。

盛世长安为陕西旅游烹饪职业学院烹饪工艺与营养专业的学生参加 2016 年全国职业院校技能大赛获得一等奖的作品。整桌宴席由背景、冷拼、热菜、面点 4 个部分组成。宴席冷盘水润长安以浐河与灞河交汇处的广运潭为背景，采用三叠水手法制作的 6 个味碟，寓意水润长安。主拼运用 13 种原材料，以扬帆起航为主题，寓意十三朝在此建都，周秦汉唐之后，新长安又逢盛世，再次踏上创造辉煌的新航程。8 道热菜既有传承，又有创新，如过堂酥羊排，借鉴羊臂臑的做法，采用陕西特产山羊小排为主料，经整形、焯水，用西安当地的花椒、辣椒、小茴香等香料和其他多种调料加汤煨制而成。成菜色泽酱红，酥烂醇香，滋味鲜美，配以熟制的苦瓜和用椒盐调味的银丝土豆，层次分明，口感丰富，营养协调，令人回味悠长。"羊"，祥也。祥风时雨这个名字寓意着盛唐长安风调雨顺，恩泽四方。两道面点也是各有寓意，比如盛世鸟归巢是将龙须面做成鸟巢，色泽白亮，口感酥糯。用混酥面做皮包入肉馅，做成雏鸟造型。成品生动可爱，让人不忍下箸。一只只雏鸟象征新的生命，新时代的长安正以生机勃勃的姿态茁壮成长，在不久的将来就会展翅飞翔。

整个宴席充分体现了传统饮食文化与现代饮食理念的完美结合，既营造出浓厚的文化氛围，又将饱含历史底蕴的三秦美食以新时代的姿态展现在宾客面前。菜单如下：

凉菜：一拼（扬帆起航）、六围（水润长安）。

热菜：过堂酥羊排（祥风时雨）、富贵牡丹虾（国富民强）、朝圣珊瑚鱼（四方来贺）、雨后春笋肉（春回大地）、锦绣墨鱼梭（前程似锦）、一品葫芦鸡（长治久安）、珍菌酿鲍鱼（幸福有余）、红灯酿山药（步步登高）、福寿菊花汤（千秋万代）。

面点：醉秋石榴酥（硕果累累）、盛世鸟归巢（安居乐业）。

7. 其他类宴席

（1）仿唐宴。仿唐宴是在西安市烹饪研究所、西安曲江春酒家共同研制的仿唐菜点、曲江菜肴的基础上，参照历史资料进行创意排列组合而成的宴席。它包括历史记载的烧尾宴、曲江宴、千秋龄宴，以及新创的贵妃宴、长寿宴、龙凤宴、唐宫小吃宴等。

自 1984 年起，由西安市烹饪研究所、西安曲江春酒家的工作人员王子辉、尚长青、邓省齐、刘峻岭等同志，按照五条原则研制创新仿唐菜点、曲江菜肴共百余款，这五条原则是：每个菜点必须有可靠的史料依据；取其精华，去其糟粕；所用原料必须是唐代就有的；原辅料搭配尽量按原来的记载去做，尽可能保持唐代菜点固有的风韵；烹制方法尽量以唐代常用的为主，同时不排除现代先进的科学方法。1986 年，仿唐菜点经全国唐史学者和烹饪专家鉴定通过，并获西安市科学技术协会科学技术进步奖。

仿唐宴的所有菜点均突出选料精细而考究，滋味隽永而爽口，造型古朴而新颖，以及品种名贵、高雅丰富、营养搭配合理、文化色彩浓厚等特点，如烧尾宴中用未生下的鸡卵和鱼白做的凤凰胎，用牛肉做的同心生结脯，用蟹粉蟹黄做的金银夹花平截，用羊舌、鹿舌做的升平炙，用鱼子做的金粟平绠等。贵妃宴中的龙人凤帐、雪月桃花、比翼连理、国色天香、镂金龙凤蟹、金齑玉脍、驼蹄羹、黄金鸡等宫廷菜肴，以及花式拼盘辋川小样、花式菜肴玲珑牡丹鲊，色彩绚丽，造型高雅，还有相关的典故逸闻，为宴席蒙上了一层浓郁的文化色彩。

仿唐宴中仿古漆器餐具的使用，使器皿和菜点和谐一致。坐在具有唐式建筑风格的餐厅里，由穿着仿唐服饰的女服务员接待，品尝着用仿唐餐具盛放的仿唐菜点，畅饮着李白等"饮中八仙"所痛饮的撒醅酒，聆听着仿唐音乐或观看着仿唐乐舞，谈论着开元、天宝遗事，是一种美好的物质享受和精神享受。

（2）陕西官府宴。源于西周，兴盛于汉唐，经宋元明清不断演化发展，直至清末民初被陕西名厨发掘整理，形成体系。以淡烂、鲜香、醇厚在陕菜中独树一帜。作为陕西官府菜的集大成者，尽显典雅与精致。

陕西官府宴由西安市饮食公司职工烹饪技术学校及其所属实验食堂于 1991 年 9 月研制成功。该校校长李继先任组长，资深特级厨师张生财为技术指导，特级厨师李奉恭、特级面点师秦桂芳等 11 人组成研发团队，挖掘、筛选、论证、整理、实践，并多次邀请烹饪专家和知名厨师品评。由厨师吕安家操作供应。先后荣获西安市饮食公司、西安市商业局和陕西省商业系统 QC 成果一等奖、商业部 QC 成果奖。时任商业部副部长、中国烹饪协会会长姜习题词："陕西官府宴的挖掘、整理、创新为中国烹饪增辉。"

官府宴既有历代宫廷、官府菜点的风味特色，又有时代肴馔的风格，同时增加了餐后娱乐项目，以适应现代人的口味和消费爱好。

全套宴席由迎宾茶点、风味凉菜、行菜、座菜、小食面点、时鲜水果组成。宴席规格分为三个档次，即一品宴（48 道菜点）、二品宴（44 道菜点）、三品宴（40 道菜点），各品宴席按春、夏、秋、冬四季又分为四套菜谱。在造型上，既注意形态逼真，又不单纯追求形式，如对花色拼盘造型的用料以能吃、够吃为准。在烹调技法上，多用蒸、煮、煨、炒、炸、烩，并注重用汤增鲜提香。在口味特点上，以香鲜、淡烂、酥嫩、浓醇见长。

宴席在格局上分为两个台面。第一台面陈设迎宾茶点，主人和早到的客人边品茶，边用点心，边聊天，边等客。待客人到齐后，转入第二台面，其陈设是：中间为大型花拼一盘，一展陕西风景特色，如长安八景中的骊山晚照（主盘），四拼八样及四个象形花卉围碟，显示出春、夏、秋、冬四个季节。

以一品宴为例，菜点组合如下：

第一台面：迎宾茶点由四围碟、手抓碟、六宝（茶叶、桂圆、葡萄干、枸杞、红枣、冰糖）盖碗香茶组成。

台面中间放四围碟，每碟放一种食品，有冬瓜条、青梅、海棠果、李子。

台面周围放手抓碟 10 个，每碟装入同品种、同数量的五香黑瓜子、五香花生米、杏仁、核桃仁。

手抓碟旁是 10 个六宝盖碗香茶茶杯。事先给装有六宝的茶杯注入少许开水浸泡，待客人入座后再加入开水冲沏。

第二台面：整个台面由象形花拼、四拼八样、四季花围碟组成。

台面中间为主盘象形花拼骊山晚照，周围四个围碟，每碟拼有一荤一素，共四荤（五香熏鱼、糖醋排骨、五香肘花、红油蜇皮）四素（梅豆角、炝莲菜、香油发菜、松花变蛋），称为四拼八样。四季花围碟置于花拼（主盘）四周。

四季花围碟：春季为牡丹花，制作用料是樱桃、香菜；夏季为荷花，制作用料是水煮鹌鹑蛋、大青椒；秋季为菊花，制作用料是大葱、香肠；冬季为梅花，制作用料是黄蛋糕、水发香菇。

行菜六款（既是热菜，又是酒菜）：蝴蝶海参芙蓉底、爆鳝卷、红炜肘子、薏米鸡、麒麟鱼、水晶莲菜饼。

座菜两款：炸脂盖、糟肉。每款均为双份，按照中国人的传统习俗，寓意为成双成对、吉祥如意。

小食面点四款：什锦窝窝面、元宝饺子、金线油塔、泡泡油糕。

时鲜水果随季节而定。

（3）镇坪长寿宴。2018年，镇坪县委、县政府整合推出"中国长寿文化之乡"镇坪99道长寿宴地方特色菜品，寓意长长久久、幸福长寿，并且重点推出了竹笋炖腊猪蹄、养生乌鸡汤、南江钱鱼、洋芋粑粑炒腊肉、长寿鸡蛋皮、清炒花椒叶、腊味拼盘、苦荞蜂蜜饼、天蒜土豆丝、渣面面饭，共10道精品菜。镇坪长寿宴菜品的食材均产自镇坪，绿色、天然、无污染，有凉菜、热菜，荤菜、素菜，煎、炸、蒸、煮、爆、烤、烩、炖，做法不同，风格各异，每一道菜都是镇坪独具特色的天然美食。

（4）汉中土席。汉中土席是自唐代以来在汉中数县兴起的一种民间饮食。相传其制作技艺原为宫廷所有，后成为农村在婚丧嫁娶等重大日子庆祝、答谢客人的一种宴会形式。其制作技艺现为汉中市非物质文化遗产。

汉中土席选用传统食材，用青草、苞谷、糠麸等杂粮喂养的各种家畜家禽，用有机肥种植的各种蔬菜，都是纯正的绿色食品，口感香醇，风味独特，麻辣酸甜一应俱全，取南北菜肴之长，采用蒸、炒、煎、炸等烹饪技法，营养丰富，滋补性强。

菜品类型较多，因各县风俗、地理环境不同，菜品类型也不尽相同。最具代表性的汉中土席有洋县四品四盘，留坝十五观灯席、十六月圆席、二十四孝席、十八罗汉席、二十八宿席，佛坪土席，等等。

（5）榆林十二件。榆林传统老席榆林十二件源自明代御膳，融合了南北风味与蒙汉习俗，12道菜肴寓意为皇恩浩荡、丰衣足食。从宫廷贡品到民间宴席，都是四碟八碗荤素搭配。一般是每桌（席）六人，按顺序依次上菜，其中座盘不属于十二件之列，却是十二件中必不可少的一道凉菜。正式的菜品有12道，故称十二件。榆林十二件一直流传至今，是榆林餐饮文化的一张亮丽名片。

榆林十二件包括拼三鲜、菠菜炒肉丝、鸡羹、白面子（或清真羊肉）、八宝饭、四喜丸子、户辣鸡、肚丝汤、炸糕丸子、黄花汤（金针汤）、红炖（或棋盘肉）、海带汤。

拼三鲜为榆林十二件中最具代表性的一道传统大菜，使用的食材丰富多样，可谓"一食融百味，百味汇佳肴"。基本食材是鸡肉、羊肉和猪肉，鸡肉用鸡脯肉，羊肉切成条状，猪肉制成炸丸子、蒸丸子、眉梢丸子、炸肉片、小酥肉和肉佛手等不同形式。眉梢丸子又称刀尖丸子，是用刀尖在手掌上反复刮抹肉泥，使其呈三棱形后入锅过油而成。肉佛手要先摊成蛋饼，卷入肉馅，再过油。可以有黄花菜、木耳、香菇、粉皮、油炸洋芋条等，也可以有海参片、鱿鱼片、玉兰片、鱼肚片以及干贝仁、虾仁等海味。所有这一切，都须逐一炮制，或煮炸至熟，或用水发涨，讲究刀工造型。鸡、猪、羊肉成形煮炸后还需先蒸再烩。

（6）榆林豆腐宴（塞上豆腐宴）。榆林豆腐为中国国家地理标志产品，具有白嫩细腻、营养丰富的特点，其制作工艺被认定为陕西省非物质文化遗产，承载着悠久的历史和丰富的文化内涵。

明朝正德年间，武宗朱厚照在榆林巡视时对这里的豆腐美食赞不绝口，从此榆林豆腐誉满京华。清康熙帝巡游榆林，品尝过菠菜烩豆腐后，赞其为"清香白玉板，红嘴绿鹦哥"，进一步提升了榆林豆腐的知名度。远方来客都以品尝榆林豆腐为趣。

榆林豆腐宴以榆林豆腐为主要食材，采用优质的陕北黑豆和被誉为"桃花水"的普惠泉水制作，用酸浆点豆腐，形成了白嫩细腻、软中带韧等口感特点，能被制作成100多道特色菜，涵盖凉菜、热菜、汤品、小吃等。2002年，榆林豆腐宴在全国厨师节名宴比赛中获得金厨奖，被中国烹饪协会授予中国名宴。

榆林豆腐宴的菜品主要有海参烧豆腐、鸡刨豆腐、沙芥熘豆腐、荷花双味豆腐丁、菱角豆腐、香菇百花豆腐、糖醋三丝豆腐卷、炸豆奶、水煮豆腐、砂锅豆腐、龙眼豆腐、羊肉焖豆腐、菠菜烩豆腐、酥饺、西湖豆腐羹、豆腐三丝等。

（7）周秦汉唐仿古宴。2004年，陕西烹饪大师武英杰立志将古老的陕菜发扬光大，亲自组建研发团队，聘请吴国栋为顾问，研发并推出了陕派国宴系列，即周秦汉唐宴，生意火爆，昔日帝王宴成为今日百姓餐。其中最具代表性的便是周秦汉唐仿古宴。该宴席集纳了中国历史上最鼎盛的周秦汉唐4个朝代的宫廷代表菜点，是武英杰与陕菜专家、烹饪名家共同研发的成果。

他们分别研制出以不同朝代风格为主题的西周宴、强秦宴、大汉宴、盛唐宴，最后再把这4种宴组合成周秦汉唐仿古宴。这些宴席档次高，规模大。作为十三朝古都的西安，其历史和古籍中留存了大量菜点。这几套宴席的菜品，来源是西周八珍、唐代烧尾宴，以及一些烹饪典籍、民间传说，理论与实践结合，文化与菜品结合，传承与创新结合，传统与时尚结合，营养与美味结合，研发与市场结合。

周秦汉唐仿古宴在当时的陕西乃至全国都是首屈一指的，让陕菜文化得以在现代社会焕发出新的生机。菜品不仅注重色、香、味、形，更注重背后的文化故事和历史渊源。每一道菜品都有其独特的逸事或典故。这种宴席不仅丰富了陕菜的内涵，也提升了陕菜的品位和文化价值。食客用两个小时吃大型仿古宴席，在品尝美食的同时，也能感受到中华文化尤其是陕菜文化的独特魅力。

周秦汉唐仿古宴荣获了中国饭店协会颁发的中国名宴证书，在陕西省首届品牌创新烹饪大赛中荣获金牌陕菜名宴称号和陕西金牌宴席奖。《文化艺术报》曾经专门为其召开了饮食文化研讨会。肖云儒、高建群等著名文化界人士，都对周秦汉唐仿古宴给予了很高的评价。

①周秦汉唐仿古宴食单：

凉菜：六俗六雅。

热菜：三珍卵羹、太公鱼饵、始皇龙虾、秦味一绝、汉简双味、贵妃团鱼、潼榴雁盏、武王羊羹。

主食：金鸡报喜、金满盘、长生果、核桃酥、四色蒸饺、八珍面、双味锅贴。

②西周宴食单：

凉菜：六俗六雅。

热菜：周公礼馔、鹿野飘香、羊方藏鱼、文王访贤、西岐鲭、西周乐味。

主食：西周太师饼、武王饼、三鲜烩饼。

③强秦宴食单：

凉菜：六俗六雅。

热菜：秦大一统、绿野乐味、鹅鱼和谐、至尊万岁羹、秦食瑰宝、秦王珍味。

主食：一口香、炒秦镇米皮、油旋饼、鲍肚煮馍。

④大汉宴食单：

凉菜：六俗六雅。

热菜：五侯鲭、高祖黄金档、龙凤赏月、红棉虾桃、沛公狗肉、风雪飘凌。

主食：长生果、菜合、菜卷、老鸹撒。

⑤盛唐宴食单：

凉菜：六俗六雅。

热菜：大唐珍馔、贞观乌龙聚、盛唐绣锦边、鱼龙和谐、血筋烩鱼翅、葫芦鸡。

主食：核桃酥、贵妃喜蒸饺、胡麻饼、乾州鸡面。

除此之外，陕西各地还有众多颇具地方特色的宴席，如陕西小吃宴、泡馍宴、水果宴、二十四节气宴、丝路风情宴、长安迎宾宴、富平家乡宴、紫阳茶香宴、安康四季养生宴、汉阴富硒宴、石叁珍蘑菇宴、柞水十三花、四皓家宴、洛南豆腐宴、漫川八大件、丝路瓷都碗碗宴、全羊宴、羊道宴席、蜀河八大件、坝坝宴、全鱼宴、庖汤宴、留坝八大碗、原公土席、平利女娲八蒸宴、陕北思乡宴、延安会师宴、魏徵家宴等。

二、陕西现代名宴的地域特色与文化内涵

陕西现代名宴不仅是美食的集合，更承载着深厚的文化内涵。

1. 地域划分与特色

无论是关中平原的大气磅礴，还是陕南山水的清新婉约，抑或是陕北高原的质朴豪放，都在陕西现代名宴中得以体现。研究陕西现代名宴，不仅能够深入了解陕西的饮食文化，还能从一个独特的视角窥探陕西的历史、民俗与社会生活。

陕西地域广阔，根据地理位置和饮食风格，大致可分为关中、陕南和陕北三大区域的名宴，每个区域的名宴都有鲜明的特色。

关中地区是陕西的核心区域，土地肥沃，物产丰富，是陕西的政治、经济、文化中心。关中宴席注重食材的原汁原味，讲究色、香、味、形的完美结合，烹饪技法多样，涵盖了蒸、煮、炸、炒、炖等多种方式，口味醇厚，咸香适中。如著名的带把肘子，以猪肘子为主料，造型独特，肉质酥烂，肥而不腻，瘦而不柴，是关中宴席上的经典大菜。

陕南地处秦岭以南，气候湿润，山水相依，食材丰富多样，兼具南北风味。陕南宴席以鲜、香、麻、辣为主要特点，多使用山珍、河鲜等食材。如紫阳蒸盆子，以猪蹄、土鸡、莲藕等食材为原料，放入大瓦盆中，用小火慢慢蒸熟，汤汁浓郁，肉烂汤鲜，体现了陕南饮食的质朴与醇厚。

陕北地处黄土高原，自然环境较为特殊，畜牧业相对发达，因此陕北宴席以羊肉、杂粮等为主要食材，风格豪放粗犷，口味偏重，注重食材的本味和营养搭配。手抓羊肉便是陕北宴席的代表菜品之一，将羊肉带骨煮熟，食用时直接用手抓着吃，充分体现了陕北人民的豪爽性格。

2. 文化内涵

陕西名宴中的食材选择往往蕴含着丰富的文化内涵。例如，羊肉在陕北宴席中占据重要地位，在传统文化中象征着吉祥、温暖和富足。在一些重要的节日和庆典中，羊肉更是必不可少的食材。红枣在陕西名宴中也经常出现，寓意着红红火火、甜蜜美满，常被用于制作甜点或作为菜肴的点缀，寄托着人们对美好生活的向往。

陕西名宴中的菜品命名富有文化韵味，许多菜品的名称都与历史故事、传说或地域特色有关。比如：相传贵妃鸡翅与杨贵妃有关，制作工艺独特，口感鲜美，通过它的名称，人们可以感受到它背后的历史文化；长安葫芦鸡因外形酷似葫芦而得名，这道菜不仅体现了陕西的烹饪技艺，还承载着西安这座古城的历史。

陕西名宴遵循严格的长幼尊卑顺序。入座时，长辈和贵客坐上席，晚辈依次而坐，体现对长辈的敬重和对客人的礼遇。上菜顺序也有讲究，通常先上凉菜，酒过三巡后上热菜，最后以汤品或主食收尾。在传统观念里，凉菜有开胃和营造轻松氛围的作用；热菜则是宴席的重头戏，不同的菜品搭配蕴含着对客人美好的祝福，如带把肘子寓意着吉祥圆满，表达了对客人的敬重。在饮酒过程中，敬酒也有规矩，晚辈向长辈敬酒时需起身，双手举杯，体现谦逊有礼。

陕西名宴极为重视凉菜，常以八凉开场。肘花拼盘、西府合盘（胡萝卜丝、绿豆芽与皮冻的巧妙组合）、腊牛肉、凉拌猪耳等8道凉菜组成"下酒方阵"，它们都有深厚的文化寓意。在陕西人看来，凉菜不上桌，宴席就不算正式开始。即便在寒冬，这一传统也从未改变，彰显着陕西人对传统饮食文化的坚守。

热菜是陕西名宴的重头戏，通常遵循八热的固定程式，带把肘子、鸡米海参、糖醋鲤鱼等热菜陆续登场。带把肘子作为陕西的传统名菜，历史悠久，是宴席上不可或缺的佳肴。其独特的造型与丰富的口感，展现了陕西饮食的大气与豪爽。

除了常见的热菜，一些具有地域特色的菜品也备受青睐。在陕南地区，紫阳蒸盆子以其独特的制作工艺和鲜美的味道闻名遐迩。这道菜不仅营养丰富，更体现了陕南人民对食材原汁原味的追求和对传统烹饪技艺的传承。

三、陕西现代名宴传承与创新交融

1. 中西结合

随着时代的发展和社会的进步，陕西现代名宴也在不断演变和创新，在保留传统特色的基础上，不断吸收外来饮食的精华，融合新的食材和烹饪技法，推出了一系列新颖的菜品。一些餐厅将西餐的烹饪理念融入宴席中，创造出具有中西合璧特色的菜肴，满足了不同消费者的口味需求。

2. 古今结合

陕菜厨师们将现代烹饪理念与陕西本土食材相结合，创造出许多新颖的菜品。例如，陕西旅游烹饪职业学院将陕西特色的水果如周至猕猴桃、临潼石榴等融入菜肴中，制作出水果鱼冻、石榴酥等独具创意的水果菜品，既保留了水果的鲜美，又增添了菜肴的层次感和营养价值。

3. 注重养生

陕西现代名宴更加注重健康和营养搭配，减少了油脂和盐分的使用，增加了蔬菜、水果等食材的比例，倡导绿色、健康的饮食方式。同时，随着人们生活节奏的加快，也出现了一些简化版的宴席套餐，方便消费者在繁忙的生活中也能品尝到地道的陕西美食。

4. 伴有民俗表演

在喜庆的名宴上，还常常伴随着热闹的民俗表演。秦腔作为陕西的传统戏曲，以其高亢激昂的唱腔和独特的表演形式，为宴席增添了浓厚的文化氛围。舞者们身着绚丽的服饰，伴随着欢快的音乐翩翩起舞，将现场的气氛推向高潮。这些表演不仅为宾客带来了欢乐，更传承和弘扬了陕西的传统文化。

陕西名宴是三秦大地饮食文化的生动缩影，它以豪迈大气的形式和内容，将数千年历史与地域风情融入每一道佳肴之中。从关中地区象征团圆的十三花，到陕北豪迈粗犷的羊肉宴席，再到陕南清新雅致的山珍野味，每一场名宴都是一场味觉与文化的盛宴。食材上，就地取材，麦面、羊肉、山笋、河鲜各具风味；烹饪技法里，蒸、煮、炖、炸、烩皆具匠心；仪式中，从菜品摆放顺序到座次礼仪，处处透露着陕西人对宴席的看重与对宾客的热情。陕西名宴不仅满足了人们的口腹之欲，更承载着乡情与传统，成为陕西人传承文化、联络情感的重要纽带。

附：

陕西十大主题名宴

2018年9月10日，"中国菜"在河南郑州正式发布。34个地域菜系、340道地域经典名菜、273席主题名宴新鲜出炉。其中，陕西十大宴席被评为"中国菜"之陕西十大主题名宴，有九品十三花、仓颉家宴三转席、陕西官府宴、丝路风情宴、仿唐宴、铜川养生宴、西安饺子宴、安康富硒宴、陕西小吃宴、陕西水果创新宴。

第十章　陕西餐饮文化

第一节　陕西餐饮业发展概况

一、概述

　　餐饮行业作为满足人们基本生活需求的重要领域，在经济发展和社会生活中有着重要地位。陕西作为历史文化底蕴深厚的省份，其独特的饮食文化源远流长，为餐饮业的发展奠定了坚实的基础。本节简要剖析陕西餐饮业的发展概况，希望陕西餐饮业可以进一步提升竞争力，实现可持续发展。

　　三秦大地，美食飘香，陕西餐饮业正蓬勃发展，散发着独特的魅力。底蕴深厚的陕菜文化源远流长，堪称一部生动的饮食史书。周秦汉唐，从饮食礼仪初现端倪，到唐王朝作为世界中心时饮食文化的鼎盛繁荣，无数美食在这片土地上诞生并传承。葫芦鸡、肉夹馍、凉皮、羊肉泡馍等传统美食，承载着千年的历史记忆，吸引着各地食客。如今，新兴业态不断涌现，预制菜产业蓬勃兴起，社区餐饮贴近生活。政策支持力度大，旅游热潮带动消费，陕西餐饮业前景无限，正以全新的姿态迈向新辉煌，诚邀各方携手，共享发展红利。

二、发展现状

1. 总体规模

　　近年来，陕西餐饮业呈现出稳步增长的态势。2023 年，陕西省实现地区生产总值 33786.07 亿元，同比增长 4.3%，其中餐饮收入 1248.99 亿元，同比增长 10.7%，高于第三产业增长率 6.6 个百分点。2024 年，陕西省地区生产总值为 35538.77 亿元。尽管如此，与全国餐饮收入增长的情况对比来看，陕西省餐饮收入增幅仍然低于全国约 10 个百分点。从近 10 年的数据来看，2020 年和 2022 年餐饮收入受疫情影响下降明显，下降幅度分别为 11.9% 和 1.8%。从 2019 年以来，陕西省餐饮收入的增长率呈现明显的"W"形变化，逐渐表现出震荡回暖的趋势。

2．业态分布

（1）正餐为主。2022年，陕西省限额以上正餐企业为1553家，占限额以上餐饮企业总数的94%，正餐服务营业额为218.72亿元，占限额以上餐饮企业营业额总数的85%，正餐企业数量稳中有增，是陕西省限额以上餐饮业态的主体。2024年，陕西省限额以上正餐企业为2616家。

（2）外卖增长。2022—2024年，陕西省限额以上餐饮配送及外卖送餐服务的营业额增长率分别为166%、88%和23%，疫情期间增长迅猛，疫情防控转段后增长势头明显放缓。

3．地区差异

从地区构成来看，2023年西安市限额以上餐饮收入首次跌破四成；2024年西安市限额以上餐饮收入为514.83亿元，占全省的42%，超过了全省限额餐饮收入的三分之一，是陕西餐饮收入的龙头地区。咸阳市限额以上餐饮收入占三成，位居全省第二，近年来增长势头明显。渭南市是陕西省限额以上餐饮收入比重下降比较明显的地区。

三、发展机遇

1．政策支持

陕西餐饮业的发展离不开政策的大力支持。政府出台了一系列促进餐饮消费的政策，如发放消费券、举办美食节等。消费券的发放能直接刺激居民的餐饮消费欲望，让居民以更实惠的价格享受美食。美食节则汇聚各地特色美食，展示陕西餐饮文化的魅力，提升陕西餐饮品牌的知名度和影响力，为餐饮企业搭建交流合作的平台，促进共同发展，进一步激活消费潜力。

2．旅游带动

旅游业的繁荣为陕西餐饮业的发展提供了强大的动力。2024年，国内出游人次56.15亿，同比增长14.8%，国内游客出游总花费5.75万亿元，同比增长17.1%。陕西丰富的旅游资源吸引了大量游客，游客在领略陕西历史文化魅力的同时，也热衷于品尝当地的美食。这使得旅游景区周边的餐饮市场异常火爆，带动了相关餐饮企业的发展，使游客在品尝美食的过程中感受到陕西深厚的文化底蕴。旅游出行大幅带动了餐饮消费，假日餐饮消费激增。

3. 行业创新

餐饮营销创新不断拓宽流量渠道，"餐饮＋直播"等模式效益明显且持续迭代。直播内容和形式愈加多样化，吸引和留住了更多顾客。

4. 新兴业态崛起

（1）预制菜。陕西省拥有预制菜（食品）加工企业 400 多家，主要集中在咸阳、西安和安康。陕西省政府发布相关意见，力争到 2027 年全省预制菜综合产值突破千亿级规模，建成全国有影响力的预制菜产业大省。

（2）社区餐饮。2024 年，居民在家吃饭的比例上升到 65%，消费热度向社区餐饮转移。陕西省商务厅等 13 个厅局联合提出"推动发展社区食堂""拓展社区食堂服务功能"，社区食堂品牌已初具规模。

四、面临的挑战

1. 成本压力

食材、人力、房租等成本不断上涨，压缩了餐饮企业的利润空间。例如，部分食材受季节、市场供需关系的影响，价格波动较大，增加了企业控制成本的难度。

2. 竞争激烈

餐饮市场饱和度较高，同质化竞争严重。尤其是在热门商圈和旅游景区，各类餐饮品牌聚集，竞争异常激烈。

3. 标准化难度大

陕西特色美食以传统手工制作的居多，难以实现标准化生产，不利于品牌扩张和连锁经营。例如凉皮、肉夹馍等小吃，不同店铺制作的小吃味道差异较大。

五、发展趋势

1. 数字化转型加速

利用互联网和大数据技术，实现精准营销、智能点餐、在线预订、外卖配送等服务，提升了运营效率和顾客的体验。

2. 品质与健康并重

消费者对食品安全和健康饮食的关注度不断提高，餐饮企业将更加注重食材的品质和菜品的营养搭配。

3. 融合发展

餐饮与文化、旅游、娱乐等产业融合发展趋势明显，因而可以打造多元化消费场景，如将美食街区与文化演艺相结合。

总体而言，陕西餐饮业在规模增长、业态创新、政策支持等方面展现出良好的发展态势，但也面临着成本、竞争、标准化等方面的挑战。未来需抓住旅游复苏、政策利好等机遇，通过数字化转型、品质提升、融合发展等路径，实现可持续、高质量发展，进一步提升陕西餐饮在全国的影响力。陕西餐饮业正以蓬勃的生机与活力，在传承中创新，在挑战中前行。

第二节　陕西餐饮老字号和知名品牌

三秦大地，历史悠久，饮食文化源远流长。在这片古老的土地上，陕西餐饮老字号和知名品牌犹如一颗颗璀璨的明珠，散发着独特的魅力。它们承载着深厚的历史文化底蕴，是陕西美食的杰出代表，见证了陕西餐饮业的发展与变迁。

一、"中华老字号"餐饮品牌，历史与美食交融的魅力

陕西这片承载着厚重历史与深厚文化底蕴的土地，孕育了众多闻名遐迩的"中华老字号"餐饮品牌。这些品牌不仅是美食的象征，更是历史的见证者，传承着陕西独

特的饮食文化。截至目前，陕西共有 33 个"中华老字号"品牌，其中餐饮品牌占据着重要地位，它们以独特的风味和精湛的技艺，吸引着来自全国各地乃至世界各国的食客。

西安饮食股份有限公司旗下拥有众多"中华老字号"餐饮品牌，堪称陕西餐饮界的"航空母舰"。西安饭庄始建于 1929 年，素以"陕菜正宗""陕西风味大全"闻名于世，是陕西省、西安市首批非物质文化遗产名录保护单位。在这里，你可以品尝到被誉为"长安第一味"的葫芦鸡、温拌腰丝、三皮丝、奶汤锅子鱼等十大传统名菜，以及泡泡油糕、金线油塔、黄桂柿子饼等被评为"中华名小吃"的特色点心。每一道菜品都蕴含着深厚的历史文化内涵。

老孙家饭庄始创于 1898 年，是一家百年老店，以经营具有浓郁西部特色的牛羊肉泡馍、清真大菜和西部民族风味小吃而驰名海内外。1993 年被认证为"中华老字号"，其主营的牛羊肉泡馍在 2002 年被评为国际名小吃。其清真大菜和民族小吃也多次荣获全国大奖，深受消费者喜爱。

同盛祥饭庄始建于 1920 年，同样以经营牛羊肉泡馍而名闻天下，是"中华老字号""中华餐饮名店""国家特级饭庄""5A 级中国绿色饭店"。1989 年，同盛祥饭庄的牛羊肉泡馍被授予全国饮食业优质产品金鼎奖。1997 年，其牛羊肉泡馍和羊肉饼被中国烹饪协会授予中华名小吃称号，成为陕西美食的一张亮丽名片。

德发长酒店始创于 1936 年，以经营具有浓郁民族特色的饺子宴而驰名中外。饺子宴博采众长，将选料与多味、烹饪与营养、形态与艺术、饮食与文化巧妙融汇，研制出"一饺一形一态，百饺百馅百味"的系列美食，给食客带来"一餐饺子宴，尝遍天下鲜"的美妙体验，被誉为"千古风味"。至今已开发出 318 个饺子品种，打破了吉尼斯世界纪录，是世界上拥有花样饺子品种最多的饭店之一。

春发生饭店始创于 1920 年，其特色美食葫芦头泡馍历史悠久，闻名遐迩。相传葫芦头最早可追溯到唐代，原名煎白肠，药王孙思邈曾对其进行了改良，于是店家在店门首悬挂一个药葫芦以示纪念，并将所卖食品取名为葫芦头。除了泡馍，店里的梆梆肉也颇具特色，采用独特的烟熏工艺，赋予食材特殊的香味，深受食客欢迎。

西安烤鸭店始创于 1916 年，传承自盛唐时期"外炙内烹"的独特烤制技艺，选用无公害、绿色基地养殖的正宗四系二代填鸭，采用明炉烤制，使得鸭皮酥香不腻，入口即化，鲜嫩醇香。该店先后获陕西省著名商标、西安市著名商标、中华餐饮名店、全国十佳婚宴接待单位、陕菜品牌店等 30 多项荣誉称号，是品尝烤鸭的绝佳去处。

五一饭店前身为 1938 年创建的豫顺楼饭庄，它是"中华老字号"饭店，有 20 多种菜点被评为西安市名优菜点，黑芝麻元宵、五彩烧卖、太后饼等 5 个品种荣获全国饮食业优质产品金鼎奖。

始创于 1916 年的东亚饭店，隶属于西安饮食股份有限公司，是陕西省、西安市著名商标企业和特一级饭店，经营苏锡菜和上海菜，传统名菜如红烧划水、响油鳝糊等多次荣获全国美食比赛大奖。

聚丰园饭店创建于 1931 年，原是上海一家著名的餐馆，1956 年支援大西北迁至西安，先后荣获首届全国饭店系统服务技能比赛团体银奖、第四届陕西省烹饪技术比赛团体赛金奖等多项大奖。

在 2024 年新入选的"中华老字号"中，西安冰峰饮料股份有限公司虽然以饮料闻名，但在陕西餐饮文化中同样占据重要地位，其生产的冰峰牌果味碳酸饮料迄今已有 60 多年历史，是陕西本土名饮的领军品牌，也是陕西餐饮文化不可或缺的重要组成部分，常常与各类美食搭配，凉皮、肉夹馍、冰峰汽水更是陕西人餐桌上的经典组合。

西安市大华餐饮有限责任公司旗下的大华饭店创立于 1910 年，主要经营江浙菜点及红肉煮馍、千层油酥饼等风味小吃，是西安经营江浙风味菜点最早的老字号饭店，历经百年不衰，旗下的樊记腊汁肉同样历史悠久，1989 年被商业部授予全国饮食业优质产品金鼎奖，在餐饮领域有着深厚的底蕴。

咸阳鑫响乞丐酱驴餐饮有限公司旗下的品牌乞丐酱驴始于 1933 年，其驴肉制作技艺被列入陕西省非物质文化遗产名录。独特的酱驴肉美食深受当地人和游客喜爱。

这些餐饮品牌，每一家都有独特的历史故事和招牌美食，它们是陕西饮食文化的瑰宝，承载着一代又一代陕西人的记忆和情感。无论是外地游客想要品尝地道的陕西美食，还是本地居民想回味儿时的味道，这些都是绝佳的选择。它们不仅为人们带来了味蕾上的享受，更是传承和弘扬陕西历史文化的重要载体，在新时代的浪潮中，继续散发着独特的魅力，吸引着更多人去探索和品味。

二、"陕西老字号"餐饮品牌，三秦饮食文化的璀璨明珠

2021年2月4日，陕西省商务厅公布了首批"陕西老字号"餐饮品牌名录，涉及多个市（区）的众多知名品牌，在陕西餐饮文化发展历程中意义重大。

西安作为陕西的省会，上榜品牌数量众多。西安永信清真肉类食品有限公司在清真肉类食品领域久负盛名，其产品凭借独特的风味和优秀的品质深受消费者青睐。西安饮食股份有限公司旗下多家饭庄上榜：同盛祥饭庄、春发生饭店、清雅斋饭庄、老孙家饭庄、白云章风味小吃城、西安饭庄、西安烤鸭店、德发长酒店。此外，西安市莲湖区清真盛志望麻酱酿皮铺、西安贾三清真灌汤包子馆，也都以其极具地方特色的美食成为"陕西老字号"。

宝鸡市的岐山百年美阳民俗食品有限公司，专注于民俗食品，传承地方饮食文化。咸阳市的三原老黄家餐饮服务有限责任公司、兴平市马海山饭庄等，也都是当地具有深厚历史底蕴和独特风味的餐饮品牌。渭南市潼关县酱菜食品厂，以其生产的独具风味的酱菜闻名；陕西桂富祥餐饮文化有限责任公司，在当地餐饮行业占据重要地位。铜川市的铜川市服务楼实业有限责任公司，是当地老字号餐饮企业的代表之一。

2022年，陕西省商务厅认定了第二批"陕西老字号"企业（品牌），其中餐饮品牌涵盖西安、宝鸡、咸阳、延安、榆林等地。在西安，长盛德老刘家（西安）餐饮管理有限公司的老刘家，陕西省止园饭店有限责任公司的止园饭店，西安正德祥老陈家餐饮管理有限公司的东新街老陈家入选。宝鸡有扶风孙大胜餐饮管理有限公司的孙大胜、宝鸡福圆法门大酒店管理有限公司的悦心美等。咸阳则有咸阳鑫响乞丐酱驴餐饮有限公司的乞丐酱驴、武功县胡记餐饮管理有限公司的普集烧鸡、咸阳老虢家餐饮有限公司的虢家包子。延安有子长瓦堡老城里餐饮管理有限公司的瓦堡老城里。榆林有榆林市榆阳区双鱼塞上饭庄餐饮有限责任公司的塞上饭庄、靖边县老八碗餐饮有限公司的梁镇老八碗、靖边县老贺餐饮有限公司的老贺品牌、乔沟湾老婆风干羊肉餐饮有限公司的乔沟湾老婆风干羊肉剁荞面、陕西省榆林市绥德县四十里铺汪茂元餐饮有限公司的"商标+汪茂元"。这些餐饮老字号承载着各地的饮食文化记忆，是陕西美食文化的重要部分，涵盖泡馍、包子、烧鸡、特色面食等多种美食类型，在传承与发展中持续散发着独特的魅力。

此外，陕酒也有卓越的表现。西凤酒作为中国四大名酒之一、中国白酒知名品牌，既是"中华老字号"，也是凤香型白酒的鼻祖代表。其"不上头、不干喉、回味愉快"的特点被世人赞为"三绝"，因此西凤酒被誉为"酒中凤凰"，在国内外享有盛誉，是陕西酒文化的杰出代表。

截至 2024 年 9 月，陕西有 101 个"陕西老字号"品牌，涉及陕菜、陕茶、陕酒、陕饮、陕食、陕药等多个行业。这些老字号品牌，是陕西商业文化的重要组成部分，承载着历史与记忆，在市场中独具魅力。

三、"西安老字号""西安名吃"餐饮品牌，千年古都的烟火与传承

在西安这座十三朝古都，历史的韵味不仅藏在古城墙的砖石间，更彰显在街头巷尾的烟火气里。"西安老字号"是岁月凝练的招牌，承载着这座城市的商业记忆与人文温度，每一家背后都有几代人的坚守与传承。而"西安名吃"则是舌尖上的长安密码，每一口都是对三秦大地风土人情最直白的诠释。透过"西安老字号"的故事与"西安名吃"的味道，能触摸西安的灵魂，感受这座城市历久弥新的魅力。它们吸引着来自五湖四海的游客，让他们在品尝美食的同时，也能感受到西安深厚的历史文化底蕴。它们如同璀璨的明珠，镶嵌在西安这座古老城市的版图上，闪耀着独特的光芒，成为西安走向世界的一张亮丽的名片。

自 2019 年以来，西安市商务局通过打造"西安老字号""西安名吃""国际美食之都品牌店"等品牌，推动西安餐饮品牌高质量发展，为西安餐饮发展提供了有力的支持和高效的服务。

为推进老字号传承创新与西安"国际美食之都"建设，2020 年西安市商务局开展了首批"西安老字号""西安名吃"认定工作。经企业申报、部门及协会推荐初审、专家委员会复审、网上公示等流程，最终确定了 42 家"西安老字号"企业和 51 个"西安名吃"。"西安老字号"如西安饭庄、德发长等，承载着深厚的历史文化；"西安名吃"涵盖老孙家牛羊肉泡馍、贾三清真牛肉灌汤包等特色美食，它们共同展现了西安独特的饮食文化魅力，推动着西安餐饮文化走向更广阔的舞台。

2022 年，第二批"西安老字号""西安名吃"餐饮品牌名录公布。经西安市老字号产业促进会组织专家评委，对企业自愿申报、各区县商务主管部门初审推荐的企业

进行资料审核、现场核查及社会公示，最终认定 55 家企业为第二批"西安老字号"，57 个产品为第二批"西安名吃"。此次入选的"西安老字号"涵盖餐饮、酒店住宿、商超连锁、传统中医、食品工业、商贸服务等多个领域；"西安名吃"囊括锦翔炝锅鱼、大厨小馆葫芦鸡、德懋恭水晶饼、叁宝烤肉、军军绿豆糕、老金家水盆羊肉等知名陕菜与地方小吃。至此，"西安老字号"达 97 家，"西安名吃"共计 108 个，进一步推动了西安本土品牌的传承与发展。

2023 年，西安市商务局开展"2023 西安国际美食之都品牌店"推选认定工作。历经 4 个多月，经 32 位专家依据 6 大项 30 个指标进行现场评审，从经营特色、菜品质量到文化氛围、知名度等多个维度进行把关，最终确定 93 家品牌餐饮企业上榜。此次上榜企业的经营方向涵盖地方风味菜系、国际风味、热门品类、本土风味四大类，像唐猫庭院、胖李白等陕菜代表，大董等粤菜品牌，肯德基等西式快餐，以及叁宝烤肉、永丰岐山面等本地特色美食品牌皆在其列。这不仅是对西安多元美食文化的彰显，也推动了西安餐饮品牌的高质量发展，进一步擦亮了西安"国际美食之都"的金字招牌。

第三节　陕西菜肴与面点小吃的文化盛宴

三秦大地北枕黄土高原，南倚秦岭山脉，渭河从中蜿蜒而过，滋养出悠久灿烂的饮食文化。陕西菜肴与面点小吃作为其中的明珠，以独特的风味和深厚的底蕴演绎着一场跨越千年的文化盛宴，每一口都凝聚着历史的厚重与秦人的智慧。三秦大地深厚的历史文化底蕴，孕育出独具特色的饮食文化，每一道菜肴、每一种面点小吃都承载着岁月的记忆，蕴含着这片土地的独特韵味。

清晨，三秦大地在羊肉泡馍的袅袅热气中苏醒。熬制得浓白如奶的羊骨汤，是羊肉泡馍的灵魂所在。食客自己将馍掰好，放入大碗中，厨师为其铺上鲜嫩的羊肉片，撒上翠绿的香菜、葱花，再浇上滚烫鲜香的热汤，瞬间，肉香、汤香、馍香相互交融，醇厚的味道在口腔中散开，暖身又暖心，让人开启元气满满的一天。

到了晌午，街头巷尾弥漫着油泼面的香气。手工擀制的面条，粗细均匀，筋道十足。面条在沸水中翻滚煮熟后，捞入大碗，放上葱花、蒜末、辣椒粉、芝麻等调料。滚烫的菜籽油浇上，欻啦一声，瞬间香气弥漫整个空间。吃上一口，酣畅淋漓，令人直呼过瘾，满是三秦饮食的豪爽与热烈。

夜幕降临，夜市里的甑糕散发着香甜的气息。甑糕是在古老的甑锅中蒸制而成，色泽鲜艳，红白相间，糯米软糯黏香，红枣香甜可口，芸豆绵软细腻。一勺下去，能同时挖到软糯的米、香甜的枣和粉糯的豆，口感丰富，恰似三秦大地上温情脉脉的烟火日常。

三秦食韵，不仅在这些经典美食里，更在美食背后的文化传承与生活哲学中。陕西人热情好客，一道美食就是一张热情的名片，邀请八方来客感受这片土地的温暖。这些美食也见证了三秦大地的历史变迁，它们是三秦人民智慧的结晶，无论时代如何变迁，始终扎根在三秦人民的心中，成为三秦人民割舍不下的家乡味道，持续散发着诱人的魅力，吸引更多人来探寻这独特的三秦食韵。

一、历史长河中的味觉沉淀

陕菜宛如一部在舌尖上展开的史书，承载着千年的历史传承，是陕西地域文化的生动体现，在岁月长河中不断沉淀、融合，形成了独特的风味体系。它以浓郁的地方风味、精湛的烹饪技艺和独特的文化内涵，在中华菜系中占据着重要的一席之地。陕菜讲究料实味醇，注重原汁原味，烹饪手法多样，涵盖了蒸、煮、炸、炒、炖、烤等多种方式。每一道陕菜都蕴含着厨师对食材的深入了解和对烹饪艺术的执着追求。陕菜不仅是一种饮食，更是一部生动的史书，承载着三秦大地上的兴衰变迁。

葫芦鸡作为陕菜的经典之作，被誉为"长安第一味"，不仅是传统经典美食，更见证了盛世长安的繁华；带把肘子是陕西大荔的特色传统名菜，以独特的造型和绝佳的口感闻名遐迩；奶汤锅子鱼是冬日宴客的不二之选；温拌腰丝完美展现了陕菜刀工与调味的精妙之处；糟肉为人们带来了舌尖上的醇厚享受；紫阳蒸盆子是汉江沿岸的团圆味；烧三鲜是山珍海味的交响曲；三皮丝是唐代菜品的现代演绎；海参烀蹄子是冬日的滋补佳品；酿金钱发菜是丝路财富的隐喻；商芝肉是陕南宴席的文化符号；焓莲菜酸辣劲爽；生氽丸子每一口都是肉香与汤鲜的交融。

二、碳水世界的多元风情

陕西堪称碳水爱好者的天堂，这里的面点小吃丰富多样，每一种都蕴含着独特的魅力，是三秦饮食文化不可或缺的一部分。

肉夹馍一口咬下，满是浓郁的卤香；牛羊肉泡馍充满老西安的烟火味与温情；凉皮四季皆火，令人欲罢不能；䭔䭔面显示了关中人的豪情；油泼面上的热油激发出辣椒与调料的香气，简单却直击灵魂；臊子面一口面配一口汤，尽享三秦风味；饸饹面筋道爽口又暖身；锅盔形如锅盖，尽显陕西面食的质朴；黄桂柿子饼是独属于陕西的秋韵点心；千层油酥饼尽显陕西传统面食工艺之精妙；石子馍是陕西传统的特色面点；葫芦头泡馍是老西安的味道；锅贴一口咬下，满是烟火暖香；饺子代表了家与团圆的味道；水盆羊肉暖身又暖心；甑糕是千年传承下来的甜蜜滋味。

三、文化内涵彰显美食背后的精神脉络

陕西菜肴与面点小吃不仅仅是满足味蕾的食物，更是三秦文化的生动体现，蕴含着丰富的文化内涵。

在食材上，陕西菜肴与面点小吃多选用当地的物产，如关中平原的小麦、陕北的羊肉、秦岭的山珍等。这体现了秦人对本土食材的热爱和对土地的敬畏。一方水土养一方人，只有用本地的食材，才能做出地道的家乡味道。

在烹饪技法上，融合了蒸、煮、炸、煎、烤等多种传统烹饪技法，每一种技法都有独特的技巧和严格的要求。这些烹饪技法的传承和发展，不仅体现了秦人对美食的执着追求，更反映了他们的智慧和创造力。

陕西菜肴与面点小吃还与当地的民俗风情紧密相连。在陕西，各种节日和庆典都离不开美食。春节期间，人们制作花馍，形态各异的花馍寓意着吉祥如意；婚礼上，臊子面是必不可少的美食，代表着新人对美好生活的向往和对宾客的祝福。这些美食早已超越了食物本身的范畴，成为情感交流和文化传承的重要载体。

三秦食韵，是陕西菜肴与面点小吃交织而成的文化盛宴。它们以独特的风味、精湛的技艺和深厚的文化内涵，让人们在品尝美食的同时，感受到三秦大地的历史韵味和人文风情。无论是葫芦鸡的酥脆、带把肘子的醇厚，还是岐山臊子面的酸辣、石子馍的香酥，每一种味道都是三秦大地的馈赠，吸引着更多的人前来探寻这片土地上的

美食的奥秘，品味这份独特的食韵。

附：

1. 陕西十大名菜

（1）传统十大经典名菜：葫芦鸡、枸杞炖银耳、鸡米海参、口蘑桃仁氽双脆、奶汤锅子鱼、酿金钱发菜、三皮丝、水晶莲菜饼、温拌腰丝、烩三鲜。

（2）新十大经典名菜：2016年第26届中国厨师节上评出陕西十大名菜，包括葫芦鸡、烧三鲜、紫阳蒸盆子、带把肘子、海参烀蹄子、糟肉、温拌腰丝、酿金钱发菜、煨鱿鱼丝、奶汤锅子鱼。

（3）日常经典陕菜：烩莲菜、莲菜炒肉、黄焖鸡、小酥肉、粉蒸肉、四喜丸子、条子肉、海米芹菜、金边白菜（酸辣白菜）、糖醋里脊、苜蓿肉、红烧鱼、生氽丸子、酸辣肚丝汤、陕西烩菜。

2. 陕西十大名小吃

2016年第26届中国厨师节上评出陕西十大名小吃：肉夹馍、陕西凉皮、牛羊肉泡馍、葫芦头、邋邋面、陕西饸饹、臊子面、锅盔、千层油酥饼、金线油塔。

3. 西安十大名菜

葫芦鸡、三皮丝、温拌腰丝、煨鱿鱼丝、口蘑桃仁氽双脆、奶汤锅子鱼、酿金钱发菜、鸡米海参、枸杞炖银耳、糟肉。

4. 西安十大名小吃

肉夹馍、牛羊肉泡馍、凉皮、邋邋面、胡辣汤、灌汤包子、黄桂柿子饼、甑糕、千层油酥饼、金线油塔。

此外，还有西安"饮食三绝"（仿唐菜点、饺子宴、牛羊肉泡馍）、西安"美食三宝"（牛羊肉泡馍、凉皮、肉夹馍）和"三秦套餐"（凉皮、肉夹馍、冰峰汽水）。

第四节　陕西当代饮食文化学者

陕西饮食文化源远流长，承载着华夏民族数千年的烟火记忆。当代陕西饮食文化学者肩负着传承与创新的使命，他们深入市井巷陌，研究古籍典章，探寻美食背后的历史渊源、民俗风情与文化内涵。在改革开放前后的数十年间，陕西饮食文化研究蓬勃兴起，涌现出一批专注于陕西饮食文化的学者。他们来自不同的领域，却都怀揣着对陕菜的热爱，以各自的方式为陕西饮食文化添砖加瓦。改革开放初期，代表人物有王明德、王子辉、吴国栋、冯保荣、师德文、何金铭等。20世纪90年代以来，代表人物有李继先、刘强、王喜庆、商子雍、李曦等。2000年以后，又涌现出刘晓钟、王新丽、田建国、齐和、白剑波、黄涛、杨潇、金传梅、田龙过、张同武、张西昌等振兴陕菜的代表人物。他们都是当今研究、宣传陕西饮食文化的佼佼者、推动者。

一、吴国栋

吴国栋（1927—2012），陕西临潼人，著名饮食文化研究专家。曾任陕西省烹饪餐饮行业协会理事、陕西《饮食天地》杂志编委、陕西省非物质文化遗产评委会特邀评委、陕西省三秦文化研究会研究员，以及陕西旅游烹饪职业学院（原陕西烹饪培训学院）顾问、山西《烹调知识》杂志顾问、南京《美食》杂志特约编委。

从1956年起，他从事餐饮业管理、烹饪技术培训及烹饪理论研究等工作。1961年，为推动西安厨师授衔工作而四处奔走。1962年，促成西安市政府为13名厨师授衔。1979年，策划组织陕西省饮食业风味食品展销会。1980年，参与筹建西安烹饪学会。后又参与筹建陕西省烹饪餐饮行业协会。

他在饮食文化研究方面有很大的贡献。20世纪50年代主编了《陕西食谱》等陕西首批饮食服务图书4种。20世纪80年代初主编的《中国菜谱·陕西》荣获陕西省商业厅科技奖，这一荣誉无疑是对他的烹饪技艺和理论研究的肯定。他还参与了《中国米面食品大典》等多部烹饪饮食书刊的编写工作，主编了《陕西烹饪大典》《中国小吃·陕西风味》以及《饮食天地》杂志，为全国各大报刊撰写关于陕西菜点的文章600 余篇，合计约 30 万字，为陕西菜点的传承与发扬留下了珍贵的文献资料。

他在饮食文化领域有着丰富的经验，取得了较大的成就。他参与了周秦汉唐仿古宴的研发工作，并担任研发顾问。他不仅进行烹饪理论研究，还参与烹饪技术培训和实践，为陕西饮食文化的传承和发展做出了卓越贡献。

二、王明德

王明德（1928—2016），陕西蓝田人，著名饮食文化学者。曾担任陕西省三秦文化研究会研究员、陕西省烹饪餐饮行业协会理事、陕西省烹饪教育研究会理事。

他于 1948 年大专肄业后，从事教学、文秘、编辑工作 30 余年。20 世纪 70 年代开始研究方志学和民俗学。从 1984 年起，参与《西安市志》的编修工作和《西安今古》的编辑工作。后为西安市地方志馆和《西安年鉴》特约编审、《西安人物志》主编、西安市文史研究馆研究员。点校、释注各类典籍 10 余种，已出版有宋《清异录》选注、三国《临海水土异物志》选注、唐《岭表录异》校注等 5 种。主要编著有《西安今古（1987）》《三秦游子录》《西安通览》等著作。

他曾先后主编、参编《陕西烹饪大典》《中国古代饮食》《曲江宴与曲江春》《中国烹饪百科全书》《中国菜肴大典》等诸多著作。著有陕西饮食文化散论《尚食明德》一书。另外，还在国家、省、市级报刊发表了上百篇饮食文化和烹饪方面的论文，参与了仿唐菜点的研制，在陕西饮食文化研究方面做出了卓越的贡献。在业界享有崇高的威望和良好的口碑，被誉为"陕菜活字典"。

他对陕菜的形成历史进行了深入研究，涵盖饮食原料的开发利用，名馔佳肴的来源、制作和食法，饮食礼仪和风俗的演变等多个方面，使中国古代饮食文化的璀璨和烹调技艺的精湛得以彰显。

三、何金铭

何金铭（1931—2020），陕西西安人。最早做过《西北新青年报》记者，历任《陕西青年报》总编，共青团陕西省委常委、省委宣传部部长，共青团中央宣传部宣传处处长，富平县委副书记，中共陕西省委研究室主任，陕西省委秘书长，陕西省决策咨询委员会副主任。退休后组建陕西省三秦文化研究会，并担任会长。

他于 1947 年开始发表作品，1950 年毕业于中央团校。一生笔耕不辍，著有诗文集《我在傻等》《乐在傻等》《无花果》，随笔集《西京人语》《老当益乐》，游记集《九州恋》，回忆录《走进炼狱》，以及陕西饮食文化作品《长安食话》《老陕说吃》等，总计 20 多种图书。

他积极宣传陕菜文化，致力于将陕菜发扬光大。他曾担任陕西省烹饪餐饮行业协会顾问、中国陕菜网首席顾问，见证了中国陕菜网的兴起与发展，并且参加了陕菜文化研讨会及各种相关活动，发出了"急起振兴陕菜"的呼吁，为弘扬陕菜摇旗呐喊，被誉为"陕菜啦啦队队长"，在陕西餐饮文化传播方面留下了不可磨灭的印记。

四、王子辉

王子辉（1934—2018），陕西蓝田人，20 世纪 50 年代毕业于陕西师范大学中文系，教授、著名饮食文化研究专家。

他于 20 世纪 70 年代后期从事饮食文化、烹饪理论研究与教学，是在烹饪领域享有盛誉的学者，曾任西安市烹饪研究所研究员，西安烹饪专修学院教授、院长，1992年被国务院授予有突出贡献专家称号，被誉为中国烹坛"八大金刚"之一。撰写学术论文 80 多篇，编撰有《中国古代饮食》《仿唐菜点》《三秦饮食文化刍议》《隋唐五代烹饪史纲》《中国饮食文化论》《周易与饮食文化》等多部饮食烹调专著，以及《五味斋杂谈》《吃喝恋：人生百味美食中》《素食养生谭》《八方食尚》《品味谈吃》等随笔小品集 30 余部。其中，《素食养生谭》《仿唐菜点》和《中国古代饮食》出版后，又分别被香港及台湾地区的三家出版社再次出版。王子辉在学术研究上多有创见，譬如他用翔实的论据批驳了"素食起源于佛教"的说法，提出了素食"源于物质原料比较充裕，并且出现在人们具有一定的饮食文化观念之后"的新见解，指出了"菜系"说的不确切性，提出了"风味流派"的新观点，以及"和"是中国饮食文化的"根本之道"等，得到了专家学者的认同或好评。

从 1980 年开始，王子辉和他的团队挖掘失传了千余年的唐式菜点，研制出一整套仿唐菜肴和曲江菜系，如金齑玉脍、遍地锦装鳖、驼蹄羹、洁妍未脆、光明虾炙、琅玕脯、鸭戏新波、同心脯、比翼连理、嫫对西子、晃衡鱿鱼等，受到海内外宾客的广泛称赞。他主持研制出仿唐菜点、秦汉菜、食疗菜等多达 200 多款。1990 年到 1991 年，仿唐菜点被引入北京和日本京都，取得了较好的经济效益和社会效益。2005 年，仿唐菜点被西安市曲江新区作为大唐芙蓉园的主营菜点经营。

王子辉被授予中国餐饮业功勋人物称号、中国饮食文化终身成就奖，他不仅推动了陕西烹饪教育的发展，也为中国饮食文化的研究和发展做出了巨大贡献。

五、师德文

师德文（1934—2024），陕西长安人，自幼与陕菜结缘，早年刻苦求学，随后将毕生精力奉献给了陕菜事业。1971 年年底，师德文被调到西安市饮食公司。1975 年到 1977 年，他先后在该公司教育科、技术科、技术培训中心担任主任、科长、经理等职。他在担任西安市饮食公司技术培训中心主任时编写了西安市饮食业业务考核复习提纲，参与编撰了《西安饮食三名》等图书，同时对广大学员进行授课辅导，为陕菜界输送了多批杰出人才，桃李众多。凭借丰富的工作经验和扎实的理论基础，他参与了餐饮行业很多大赛的命题和规则的制定。1997 年，陕西省劳动局向他颁发了评议师资格证书。2001 年，他被西安市烹饪协会聘为顾问。2007 年，他在陕西省烹饪餐饮行业协会成立 20 周年庆典会上被授予陕西餐饮特殊贡献奖。

师德文对中国餐饮文化颇有研究，在对色、香、味、形的行业标准方面提出了自己独到的见解，强调要坚守陕菜的传统根基，珍视经典菜肴的传承，守护陕菜的文化脉络。他认为，美味是菜品的核心，需精心调和五味，精准把握火候分寸，在追求美味的基础上塑造菜品的艺术美感，方能成就经典之作。

他退休后依然心系餐饮教育事业，赢得了陕西餐饮行业广大厨师的高度赞誉，被誉为"陕西餐饮业的活字典"，荣获陕西省烹饪餐饮行业协会颁发的终身成就奖。

六、李继先

李继先（1938—2007），陕西宝鸡人。陕西旅游烹饪职业学院创始人、副教授，著名烹饪教育家、全国创业之星、陕西省劳动模范，曾任陕西省烹饪教育研究会会长。

1956 年入伍，1963 年转业到地方政府机关，1976 年在西安市饮食公司工作。1989 年至 1994 年，她带领西安市桃李春饭店的职工，大胆改革，勇于创新，苦干四年，使企业扭亏为盈。她主持研制的陕西官府宴荣获中国商业部 QC 质量成果奖。1994 年退休后，自筹资金创办了全国首家民办烹饪院校——陕西烹饪培训学院，任学院理事长、院长，将民办烹饪教育从培训学院、专修学院的办学层次发展到国家普通高等教育的办学层次，培养了 31000 多名大专、中专、中技毕业生，对我国餐饮行业人才素质的提高起到了积极作用。学院被评为全国民办高校先进单位、陕西省明星学校等。她本人多次被评选为陕西省教育系统先进工作者。她的先进事迹被列入《中国高等教育名人史册》。

李继先立足于"一切为了学生成才，一切为了社会需要"的办学宗旨，注重对学生职业道德的培养，着眼于业务技能的培训，取得了优异的成绩。多年间在世界、全国、全省烹饪技术比赛中，学院荣获团体金奖 19 个、金牌 155 枚、银牌 160 枚。1999 年，学院组团参加陕西省第四届烹饪大赛，获团体金奖及 18 枚金牌；同年，又参加了全国第四届烹饪大赛，荣获团体总分第七名的成绩，获团体金奖和 6 枚金牌。2002 年 2 月，应美国白宫邀请，在美国驻华大使馆为布什总统夫人劳拉成功地表演了中华厨艺，获得了巨大成功，名扬中外。2002 年 7 月，学院的学生在全国技能大赛中荣获第一名，陕西省教育厅重奖 10 万元。2004 年 11 月，李继先率队参加了第五届中国烹饪世界大赛，荣获团体金奖第一名。

李继先为陕西烹饪教育事业乃至中国烹饪事业的发展做出了贡献，先后荣获全国烹饪教育成果奖、全国民办教育卓越成就奖、中华大地之光新闻人物奖，以及陕西省经济推动力女杰、陕西省劳动模范等称号。

七、冯保荣

冯保荣，1938 年生于陕西大荔，高级经济师。曾任陕西省商务厅物价处处长，陕西省糖酒副食总公司副总经理，三秦美食委员会荣誉主任、总顾问，三秦美食品牌认定专家评委组组长。1992 年至 2014 年任陕西省烹饪餐饮行业协会副会长，致力于推动陕西省烹饪餐饮行业的发展。长期从事陕西饮食服务业管理工作和烹饪餐饮行业协会管理工作。

冯保荣还积极参与各种烹饪比赛和评审活动，推动了陕西名菜的评选和认定工作。参与组织策划了陕西省第三、四、五届烹饪技术大赛，首届陕菜品牌创新大赛，多个地方美食烹饪大赛，并担任总裁判长。参与编写了多部饮食文化研究专著，主要出版有《艰辛历程——陕西省烹协二十年纪实》《陕西烹饪大师大典》等，担任《陕西烹饪大典》副主编，为陕菜文化的传承留下了宝贵的资料。在组织、主持认定"陕菜之乡""陕西餐饮名店""陕西名菜""陕西名小吃"和"陕西烹饪大师"等工作中做出了重大贡献，推动了陕菜品牌的建设和发展，被授予中华金厨奖、特别贡献奖等。

八、李有堂

李有堂（1941—2019），陕西临潼人，1960 年入伍，担任过连长、教研室主任等职。转业后，曾担任陕西省商务厅副厅长、中国烹饪协会副会长、陕西省烹饪餐饮行业协会会长。其间，积极推动陕菜的发展和创新，组织陕菜品牌创新烹饪大赛，促进陕菜技术传承，提升陕菜的市场认知度和竞争力；带领团队参加了第三届全国烹饪技术比赛个人赛和团体赛等赛事，使陕西省取得了在历届全国烹饪大赛中最好的成绩。在首届全国中华名小吃认定活动中，他通过努力提升了陕西小吃的知名度。1999 年，在他的领导下，《陕西烹饪大典》的编纂工作得以完成。此外，他还积极进行业务技术培训，加强对外交流，拓展了陕菜的国内外市场，开阔了陕西烹饪与饮食界的视野，为陕菜品牌的推广和陕菜厨师队伍的培养做出了重要贡献。

九、商子雍

商子雍，1942 年生于陕西西安，资深报人，著名作家、文化学者，政协西安市第九、十、十一届委员会委员。曾任《西安日报》《西安晚报》总编辑助理、西安市文联副主席、西安市作家协会常务副主席、陕西省作家协会杂文专业委员会主任、陕西省杂文学会会长等职。现为西安市人民政府参事室（文史馆）馆员、文史委员会主任，系多所高校的客座教授、省市广播电视台特约评论员、中国陕菜网文化顾问、陕西省烹饪餐饮行业协会文化顾问、陕西省餐饮业商会文化顾问。

他长期从事散文、报告文学创作，出版有《喹在西安》《商子雍文集》《申酉杂品》《戌子杂品》等多部专著，曾获西安市有突出贡献专家、首届西安新闻十佳工作者、第二届陕西最具文化影响力杰出人物、首届西部风云人物等荣誉，是有全国影响力的杂文大家。他的文学作品和社会活动，对于推动陕西文化软实力的提升和文旅大融合起到了积极作用。

商子雍一直在进行饮食文化方面的写作，笔耕不辍。他热爱陕菜，享受陕菜，从消费者的角度书写陕菜、研究陕菜、总结陕菜，从文化的深度探讨陕菜的价值与意义，为陕菜文化的传播和发展做出了很大的贡献。

十、郑可望

郑可望，1945 年生于陕西长安，中国食文化研究会理事、陕西省烹饪餐饮行业协会副秘书长。多年来，他凭借着对陕西饮食文化的热爱与执着，全身心投入到相关研究与推广工作中。在学术研究方面，他造诣颇深，参与编写了《中国名菜谱·陕西风味》《新编陕西名小吃》《清真饮食指南》以及大型辞书《中国烹饪文化大典》等多部专业著作，对陕西饮食文化的系统性梳理与传承发挥了重要作用。此外，他还发表了数十篇关于烹饪文化的文章。

2011 年，他参加了陕西美食节代表团赴台湾交流活动，通过介绍、展示、实际操作等方式，让台湾民众领略到陕菜历史悠久、底蕴深厚、技艺精湛、味道醇香的独特魅力，促进了两岸饮食和传统文化的交流与共荣。在第四届陕菜文化研讨会上，他就陕菜的现状与发展趋势发表了见解，提出陕西餐饮工作者应主动"出关"，占领市场，为陕菜争取应有的地位。他参与撰写了《中国陕菜·官府菜》，参与整理了《中国陕菜·翟耀民典藏陕菜》，对陕菜文化的宣传推广做出了贡献，是推动陕西饮食文化发展的重要力量。

十一、刘永安

刘永安，1946 年生于陕西西安，特级厨师、烹饪教师。1963 年参加工作，曾在西安的野味香菜馆、同福楼饭馆、素味香菜馆学炒菜，师从卢克让、靳宣敏、李奉恭、张生财。1975 年调入西安市饮食公司七二一工人大学任教，主讲烹饪理论课等。

40 多年间，刘永安先后编写出版 11 种著作，其中《烹饪知识问答》、《陕西菜谱》（四）、《冷菜花拼制作百例》、《家宴菜谱》、初中级烹饪专业试用教材《实习菜谱》，深受业内人士好评；曾参加由商业部组织的《中国烹饪辞典》编纂工作，负责编纂"营养卫生"部分，在陕西是为数不多的作为一线高级厨师走上餐饮文化学者道路的人。

他学习刻苦，任劳任怨，取得了优异成绩，获得了诸多荣誉：中共西安市委财贸部职工自学成才优秀奖、西安市总工会职工自学成才三等奖、西安市第二商业局优秀教师称号、全国职工教育先进教师等。《光明日报》《工人日报》《经济日报》《陕西日报》《西安晚报》都报道了他的先进事迹。他发明的无油发响皮新工艺受到商业部、西安市饮食公司的表扬。他还兼任中国陕菜网《陕菜·问答》专栏老师。

在烹饪界，刘永安受到了广泛的认可和尊敬。他不仅烹饪技艺高超，而且乐于分享，经常给予后辈鼓励和赞赏。

十二、朱文杰

朱文杰，1948 年生于陕西西安，中国作家协会会员、国家一级作家，西安市文史馆馆员、老西安研究中心主任，西安市诗书画研究会名誉会长、西北大学中国节庆文化研究中心副主任、西安秦砖汉瓦文化研究会副会长、西安城墙历史文化研究会研究员、西安饮食股份有限公司首席文化顾问。曾任《百年陕西文艺经典·诗歌卷》《太白诗丛》《诗书画文丛》《大地文化丛书》《西安城墙·文化卷》《中国名家书画文库》《情系黄土地——陕西知青老照片》《集邮年华》《集邮情怀》《国家名片上的丝绸之路》等著作的执行主编或主编，还担任《名人眼中的碑林》《名人看未央》《名人话未央》《十说碑林》的特邀编审。出版有诗集《哭泉》《灵石》《梦石》《朱文杰诗集》，报告文学《老三届采访手记》，散文集《清平乐》《拾穗集》《长安回望》《吉祥陕西》。2019 年至 2023 年又出版了《记忆老西安》（五卷）、《碑林老字号》、《长安吉祥说》（四册），其中不乏对老西安诸多餐饮老店、名店和陕西美食的记录与推介，对陕菜文化的振兴起到了积极的促进作用。

十三、李曦

李曦（1949—2022），陕西丹凤人。1968 年 10 月参加工作，先后在青海、陕西上山下乡，在青海石油管理局、西宁八中等单位工作。1978 年 3 月至 1988 年 7 月先后在青海师范专科学校、陕西师范大学、四川大学等学习，获得博士学位。后在陕西省旅游局、陕西省旅游学校（后并入陕西开放大学）工作，担任原陕西省旅游学校校长、党委书记、旅游学科带头人，教育部旅游教材审定委员会委员，还曾担任全国、陕西省、西安市导游大赛评委、裁判长，国家、陕西省导游人员考试命题组成员。

2014年8月至2019年1月担任陕西省烹饪餐饮行业协会第五届理事会会长，积极推动陕西省烹饪餐饮行业的发展，倡议成立清真委员会，并指导该委员会开展活动，促进了清真餐饮业的发展。支持并参与陕菜探秘之旅、陕菜之乡评定等多项活动，积极推广陕西饮食文化。

李曦作为历史学博士、文学硕士、教授、享受国务院政府特殊津贴专家，在饮食文化方面成果丰硕，主编《中国烹饪概论》《中国饮食文化》《陕西饮食文化谈薮》等多部著作，发表文章30余篇。

十四、宿育海

宿育海，1950年生，陕西蓝田人。陕西省作家协会会员、陕西省烹饪餐饮行业协会文化顾问、陕西省烘焙行业协会文化顾问兼烘焙文化专业委员会主任、陕西节庆文化促进会副会长、西安古今文化艺术研究院文化顾问。

1967年12月入伍，在空军服役。1987年12月转业回西安。曾在西安水产公司、老孙家饭庄、同盛祥饭庄及方欣集团供职。

宿育海从20世纪90年代进入西安市饮食公司，开始研究陕西饮食文化，如秦饼文化、汉唐饮食文化。先后在《中国烹饪》《餐饮世界》《四川烹饪》《川菜》《美食》《东方美食》《烹调知识》《中国食品》《饮食文化研究》《深圳特区报》《新民晚报》《西安晚报》《西安日报》《人民日报》《中国食品报》《公关世界》等报刊上发表文章。退休后曾创办《秦商》杂志，并担任主编。与程鹏合著《陕人陕菜》《秦人秦饼》，系统介绍了陕菜的历史渊源与文化，挖掘秦饼文化。他对陕西饮食文化的传承和发展有着强烈的使命感与责任感。

十五、姚永利

姚永利，1954年生于陕西西安。爱研究美食，对陕西美食文化有自己的见解。他自小受父辈影响，坚持阅读，结识了很多作家、画家、摄影师。年轻时从事与文艺相关的工作，喜欢摄影。

1971年参加三线建设，修建襄渝铁路，回到西安后被分配到国企工作，后从事媒体工作。拜刘文龙为师学习陕西快书，讲陕西故事，近年来多讲陕西饮食故事。2021年成为短视频博主，以"西安老学生"为网名，发布了近170条短视频，讲述陕西的美食、文化，分享西安故事。

他多次在《西安晚报》《陕西科技报》等报刊上发表关于饮食文化的文章，如《带把肘子》《饮茶之道》《西安甜汤》《饦饦馍》等，被陕西省餐饮业商会评为"2020年度陕西餐饮业文化传播大使"。2024年8月，《西安晚报》以《西安七旬短视频博主分享陕西文化 "收获"一众网友》为题对他进行了报道。同年9月，《三秦都市报》以《聊陕西文化 讲美食故事》为题对他进行了报道。

十六、田建国

田建国，1956年生于陕西汉中，祖籍山西省偏关县。高级政工师、作家、诗人、摄影家，陕西省地质矿产局西安探矿机械厂纪委书记兼工会主席。退休后加入中国陕菜网，全身心投入陕菜的调研、写作中，任中国陕菜网《如画·陕菜》《陕菜·名店》专栏主编（已撰稿约200万字）。他还是中国陕菜智库特邀专家、陕西省三秦文化研究会常务理事、陕西省餐饮业商会副秘书长、陕西省工运研究会特邀研究员、中国国土资源作家协会会员和诗歌专业委员会委员、陕西省散文学会原理事、陕西省楹联学会常务理事、陕西省文化产业促进会理事、欧亚丝绸之路国际诗社副秘书长、中国文化魂书画研究院副院长、西安对外经济文化发展促进会监事长、西安市诗书画研究会理事、贾平凹文化艺术研究院特邀首席摄影师、终南性灵社特邀摄影师等。已发表诗歌、散文、小说等文学作品约160万字，与多人合集出版散文、小说、诗歌等著作9种。

他先后担任《味·道——西安美食图鉴》《中国陕菜·咸阳面食》等书的主编，参与编写了《陕西面食》。他热爱陕菜，随时随地都在宣传陕菜。建立各种陕菜群500多个。在陕菜探秘之旅活动以及振兴陕菜的许多活动中，他善于用文字和镜头记录下每一个可能载入陕菜历史的篇章，被陕菜文化学者刘强副教授誉为"田大笔"。他是集作家、摄影家、文化学者于一体的复合型陕菜文化推广人，被中国陕菜网授予时光印记·杰出贡献奖，被陕西省烹饪餐饮行业协会授予陕西餐饮饮食文化传播使者称号，被陕西省餐饮业商会授予陕菜文化推广使者称号，在2020年全国清真餐饮品牌力峰会上获得清真美食推广奖，被 2025 首届中国肉夹馍产业发展大会组委会授予陕菜文化推广大使称号，被陕西京海湘餐饮管理有限公司特聘为陕西饮食文化顾问，荣登"陕菜名人堂"。

十七、石卓立

石卓立，1958 年生于陕西西安，毕业于西安美术学院设计专业、中国艺术研究院摄影专业。高级设计师、国家一级摄影师、西安美术学院教授。作品多次参加国展，设计作品曾获中国之星金手指奖，被国家授予中国人像摄影名师称号。长期担任设计和摄影教学工作。

在陕西烹饪文化推广方面，石卓立贡献突出。他参与了众多陕菜相关活动，如陕菜探秘之旅，利用自己的摄影和设计专长，用镜头记录陕菜的制作过程、食材特色以及背后的文化故事，用设计作品展现陕菜的独特魅力，包括设计宣传海报、活动视觉标识等，让更多人了解并爱上陕菜。从事饮食文化方面的设计近 30 年，先后担纲设计了丝绸之路国际博览会暨中国东西部合作与投资贸易洽谈会、陕西省旅居康养产业协会、长安国际号、西安老字号、西安名吃、西安"国际美食之都"、陕菜探秘之旅的 logo，以及《陕西小吃》《味·道——西安美食图鉴》《千年陕菜》等图书的装帧设计。此外，他还给陕菜文化的传播提供专业的艺术指导，使陕菜文化以更具吸引力的形式呈现给大众，推动了陕西烹饪文化的传承与发展。

十八、王东风

王东风，1958 年生于陕西汉中，毕业于西安交通大学行政管理专业。曾在西藏空军部队服役。旅游业资深人士，曾任中外合资榆兰酒店副总经理、陕西省台湾同胞接待站负责人、陕西文化国际旅行社总经理特别助理、西安天马国际旅行社副总经理、西安广新园民族村执行总经理、宝鸡饭庄副总经理、宝鸡向阳大食堂总经理、西藏坤泰文化旅游公司总经理、西安腾兰国际旅行社总经理。

王东风是中国陕菜智库特邀专家、中国陕菜网《陕菜·探秘》专栏主编、中国文化旅游学说的创始者。1990 年 6 月，他在论文《突出特色发展旅游——西安文化与旅游相结合之管见》中首次提出了"文化旅游"的概念，首次全面阐述了文化与旅游水乳交融的关系。他还参与了《陕西面食》一书的撰写，是陕菜探秘之旅"车轱辘上的陕菜文化大讲堂"活动的旅游饮食文化专家。

十九、齐和

齐和，1960年生于陕西西安，祖籍天津，从陕西师范大学数学系毕业后在教育局从事教研工作，后转型为旅游与美食文化研究学者。

他担任世界中餐业联合会饮食文化委员会委员、陕西省黄河文化经济发展研究会智库饮食文化专家、陕西省美食家交流中心主席、陕西省黄河文化经济发展研究会饮食专业委员会主任、陕西旅游烹饪职业学院客座教授、陕西省饮食文化经济研究所所长、陕西广播电视台美食栏目点评专家及评委、西安市社区饮食文化专业委员会主席、陕西有机文化宴专家评审委员会主席、美食文化纪录片《舌尖上的文化》创意人和编剧，是"用文化饮食引领饮食文化"的发起者、倡导者和践行者。在烹饪高等院校独家开设"美食品鉴学"和"宴饮设计中的文化导入学"课程；主张并践行在大旅游时代，以主题文化宴为抓手，将各地的历史、人物、事件、风俗、民情、非遗等文化要素融入宴饮设计中，将主题餐饮打造成为当地文旅的重要元素。研发、主导和参与了红楼梦宴、金瓶梅宴、鸿门宴、大唐贵妃宴、延安精神宴、古都丝绸非遗宴、陕西文化有机宴等文化主题宴的创意及设计，通过菜品来诠释文化，是文化饮食方面的先行者。在陕西广播电视台做美食评论专家与评委10余年，任多家文旅与饮食企业的文化顾问。著有高职内部教材《美食品鉴与宴饮设计中的文化导入——解密饮食背后的文化密码》。

二十、白剑波

白剑波，1960年生于陕西西安，回族，高级面点师、中国烹饪大师、中国烹饪协会民族餐饮委员会副主席、世界中餐业联合会清真委员会副主席、陕西省烹饪餐饮行业协会清真委员会主席、西安饭店与餐饮行业协会副秘书长、世界中餐业联合会认定的世界餐饮评委、清真味道网及《清真味道》杂志主编、中国陕菜网《陕菜·清真》专栏主编。荣登"陕菜名人堂"。

他从事餐饮业40余年，在多家国营泡馍馆工作过。20多岁时即获《陕西工人报》

报告文学奖。出版了《清真菜精选》《清真饮食文化》《吃在西安》等书，并编著了《牛羊肉泡馍制作技术》一书，创作了长篇小说《羊肉泡传奇》。其《羊肉泡传奇》是对餐饮经营历史与现状所做的思考，展现了餐饮人的喜怒哀乐。其《清真饮食文化》是我国最早的一部从文化角度研究清真饮食的专著，在我国清真餐饮界影响很大。

二十一、黄涛

黄涛，1961 年生于陕西周至，副教授，中国陕菜网《陕菜·情缘》专栏主编、中国陕菜智库特邀专家、陕西省餐饮业商会小吃专业委员会副主任及培训专业委员会副主席、西安饭店与餐饮行业协会名厨委员会副秘书长、陕西省作家协会会员、中国散文学会会员、咸阳市新联会网络联盟副会长、陕西省三秦文化研究会理事，文化传播优秀使者称号获得者、陕西十大明星美食达人之一、周至猕猴桃推广大使。她有近 20 年品鉴和撰写关于美食的文章的经历，撰写的《唐博里的那棵海棠树》等文章被《海外文摘》杂志刊登并获奖。2010 年出版散文集《灿若紫菊的生命》。2015 年起参加陕菜探秘之旅活动，并持续发文报道，宣传陕菜文化，被中国陕菜网授予陕菜探秘之旅突出贡献奖，荣登"陕菜名人堂"。2019 年参与《味·道——西安美食图鉴》一书的撰写。她还是拥有 50 万粉丝的美食博主，研究、讲授自媒体写作课程，主讲饮食文化课。

二十二、王龙学

王龙学，1961 年 9 月生于陕西蓝田。1979 年到西安纺织城餐厅工作，先后向李奇、陈生财、李选民等学习面点制作技艺。1984 年调入西安市烹饪研究所，与王子辉、王明德一起从事烹饪历史与烹饪理论研究工作，在挖掘、研制仿唐菜点方面发挥了主要作用。1989 年在四川烹饪高等专科学校（今四川旅游学院烹饪与食品科学工程学院）学习深造。1993 年初调入西安桃李烹饪学院，从事烹饪教学与学生管理工作。1995 年调入西安商贸旅游技师学院（原西安市服务学校），在烹饪系担任专职理论教师并承担学生管理工作，主讲烹饪原料知识、烹饪营养与卫生、中国烹饪概论、中国饮食文化等课程，受到学院领导、学生与家长的一致好评。2021 年退休后，仍坚持工作在社会团餐培训一线，发挥余热。

他曾参编《中国烹饪辞典》《中国烹饪百科全书》《西安名食》《陕菜正宗——西安饭庄》《面点小吃制作技艺》《烹饪原料知识》等专著和教材，担任《西安饮食三名》副主编，并在《中国烹饪》《四川烹饪》《饮食天地》《陕西日报》《西安晚报》等报刊上发表多篇关于烹饪的文史类、科普类文章。

他曾担任国家职业技能鉴定中式烹调师、中式面点师考评员；2020年被西安饭店与餐饮行业协会聘为餐饮文化专业委员会副主席；2021年被西安市蓝田县人力资源和社会保障局授予"蓝田名厨"称号；2022年获陕西省饮食营养协会颁发的高级饮食营养师证书；2022年参加西安市高技能人才职业技能竞赛，获茶艺师职业技能等级证书和西安市技术标兵称号。

二十三、王京臣

王京臣，1961年10月生于陕西西安，毕业于西北大学，资深媒体人。长期供职于《中国食品报》，出任《中国食品报·陕西食品》专版、《中国食品报·陕食观察》专版执行主编，从事食品行业新闻报道20多年，兼任陕西省食品科学技术学会理事，连续两届任"西安老字号""西安名吃"评审组专家评委，多次参与食品行业外事采访活动，荣获多项行业媒体新闻奖项和荣誉等。对陕西果业、乳制品、油脂工程、烘焙业、食品加工、餐饮业及饮食文化、陕菜中国行推广、高校食品专业的科研教学、省市县区市场监管、各地土特产、食品行业的各专业协会、商会及学会等均有大量报道，在行业内有较高的知名度。

二十四、王新丽

王新丽，1962年生，籍贯陕西泾阳，陕西旅游烹饪职业学院院长、著名烹饪教育家李继先的长女。中国烹饪民办教育协会职业教育专业委员会副理事长、世界中餐业联合会烹饪教育分会副主席、陕西餐饮杰出企业家、2025年度西北餐饮风云人物。

王新丽时刻铭记自己的社会责任和作为教育工作者应起的表率作用，致力于创办优秀的职业学院，打造西部烹饪教育的"黄埔军校"。在她的领导下，学院不仅发展成为国内知名、西北地区最强的旅游烹饪类高职院校，还多次受到教育部的嘉奖。学院坚持"特色立校、内涵发展"的办学方针，遵循"德技兼修、崇劳创新"的校训，以"立德树人"为根本任务，形成了自身的发展优势，成为旅游餐饮人才的输送基地，生源质量逐年提高，在校生突破5000人，毕业生就业率连续多年保持在95%以上。

她还非常注重学院的教育质量和科研成果。她带领学院成立了饮食文化经济研究所，致力于中国饮食文化的传承与发展，开发历史文化主题宴席，服务地方旅游餐饮经济。此外，学院还与多个国家和地区的院校和教育机构建立了学术交流与校际合作项目，展现了国际化的教育视野。她是一位具有远见卓识、勇于担当的教育家，为陕西的餐饮教育行业输送了许多人才。她的领导力和奉献精神，为陕西旅游烹饪职业学院的发展做出了重要贡献。曾于2009年、2015年、2016年、2023年四次率领学院师生在全国职业院校技能大赛中获得团体第一的好成绩。2015年，学院学生光荣地成为习近平主席访美随团厨师。2018年，学院被评为世界中餐业联合会副主席单位。2019年，学院被评为中国民办教育协会职业教育专业委员会副理事长单位，获得烹饪教育成就奖。2020年，学院被全国教育联盟评为最具就业特色院校。2021年，学院成为中国烹饪协会理事会单位、全国烹饪专业实训示范基地。2023年，学院被陕西省征兵办公室批准成为优质兵员储备基地，被陕西省委军民融合发展委员会办公室评为高技能人才基地。

学院积极走上国际舞台，参与国际大会的服务保障。2008年北京奥运会，学院派出260人的餐饮服务保障团队。2021年，学院参与十四届全运会接待保障。2022年第二十四届冬季奥林匹克运动会，学院派出150名志愿者参与服务。2023年，第十九届亚运会暨第四届亚洲残疾人运动会邀请学院300余名师生参与服务保障。2023年，学院226人参与中亚峰会餐饮接待保障工作。2023年12月，学院开展"千里走边关，厨神到军营"活动，上高原，进哨卡，送厨艺。

她带领学院教师撰写了《中国经典菜肴》《热菜、冷菜、面点小吃实训菜谱》等著作，研究"运用短视频快编技术包装烹饪工艺与营养专业课程建设与美食短视频产业输出"等课题。她先后荣获改革开放40年暨陕西餐饮30年桃李芬芳卓越奖、国家中餐科技进步奖二等奖，被中国烹饪协会授予中华金厨奖，2021年被评为陕西省高校优秀共产党员，2023年荣获中国烹饪协会功勋人物奖。

二十五、刘陆训

刘陆训，1963 年生于陕西蓝田，经济师。陕西仁和万国律师事务所主任，中国陕菜网高级合伙人，陕西省律师协会政府法律顾问专业委员会副主任、教育培训专业委员会副主任，西安市律师协会业务培训专业委员会主任，西北政法大学经济法学院实务导师，中国陕菜网首席法律顾问，中国陕菜智库特邀专家，"西安老字号""西安名吃"专家评委及首席法律顾问。

作为中国陕菜网的首席法律顾问，刘陆训参与创建了中国陕菜网，积极参加中国陕菜网组织的各项活动，为众多餐饮企业提供及时专业的法律服务。他热心公益，热爱陕菜，被餐饮行业人士誉为有情怀的陕菜律师，为陕菜文化推广与弘扬做出了贡献。

二十六、刘强

刘强，1964 年生于辽宁沈阳，祖籍陕西华阴，旅游饮食文化学者。陕西工商职业学院（陕西开放大学）旅游与酒店管理学院副教授、中国陕菜网《陕菜·旅游》专栏主编、世界中餐业联合会饮食文化专家委员会委员（曾任副秘书长）、陕菜标准化技术委员会副秘书长、西安市翻译协会翻译委员会及旅游学术委员会副秘书长、陕西省餐饮业商会培训专业委员会副主席、陕西省食文化研究会常务理事、陕西省饭店协会顾问、西安饭店与餐饮行业协会名厨委员会副主席、陕西省三秦文化研究会理事、中国陕菜智库特邀专家、北京陕菜协会文化顾问、《你不知道的陕西》节目特邀顾问，陕西省烹饪餐饮行业协会清真委员会、清真味道网顾问，陕西省导游人员资格考试培训教师及专家评委，出国领队、导游。走访过欧洲、中亚、南亚、东南亚等几十个国家和地区。曾在澳门学习文化旅游，获高级文凭；在瑞士洛桑酒店管理学院学习，获学习指导师（QLF）证书。曾同期担任过学院团委书记、教学处副处长、设备处主任、教师党支部书记、工会委员等职。曾担任陕西省第三届饭店职业技能竞赛评委，陕西省第六届饭店职业技能竞赛暨首届"丝路起点"创新技能大赛评委，陕西省教育厅2014、2015 年度职称评审委员会评委，2016 年陕西省教育厅直属机关第二次党代会代表，2020 年陕西省职业技能竞赛烹饪大赛评委，2020 年全国清真餐饮品牌力峰会组委会评委。

从 20 世纪 80 年代开始从事烹饪餐饮行业的资料翻译及教学工作。先后在国家及省市级报刊上发表专业文章 400 余篇，主编、参编、翻译各种专业图书 17 种，其中《餐饮界应注意发展中式快餐》获"金灵鹤"杯三等奖，《面临世纪之交，餐饮业应如何发展》获陕西省首届餐饮研讨会三等奖。主编《汉英对照中餐菜名词典》《旅游服务礼仪》《旅游概论》《中国陕菜·养生陕菜》《中国陕菜·渭南卷》等书；参与《陕西烹饪大典》《陕西小吃》《中国陕菜》《味·道——西安美食图鉴》《大秦故都——咸阳美食地图》等书的撰写并负责翻译，被誉为"陕西烹饪第一翻（翻译家）"，荣获振兴陕西饮食文化优秀成果奖。主攻"陕菜+旅游"领域研究。

从业 40 年，获得过多种奖项：陕西省中等职业学校学生技能大赛优秀指导教师奖、五丰黎红杯陕西省烹饪技能大赛优秀指导教师奖、世界中餐业联合会饮食文化传播奖、改革开放 40 年陕西餐饮 30 年优秀饮食文化传媒人物奖、陕西餐饮烹饪教育突出贡献奖、时光印记·杰出贡献奖……被授予推动陕菜标准化发展先进个人、陕菜传播大使、陕西餐饮业功勋人物、餐饮业优秀专家等荣誉称号。曾被《中国食品报》以《坚持推广 30 年，让更多人感受陕菜魅力》为题，被《陕西餐饮》以《刘强"译心"为媒传播陕菜》为题，进行长篇专题报道。受聘担任"西安老字号""西安名吃"评审组专家评委。40 年的饮食文化授课、翻译、宣传、推广，使他荣登"陕菜名人堂"。他积极参加陕菜探秘之旅活动的策划与宣传，担任专家，进行讲解，被授予陕菜探秘之旅走遍陕西重大贡献奖。

二十七、田龙过

田龙过，1965 年生于陕西蓝田，文学博士、高级编辑。现为陕西科技大学设计与艺术学院教授、博士生导师、学术委员会主席，全国艺术专业学位研究生教育指导委员会专家委员，陕西省教育厅艺术教育委员会委员，陕西省作家协会网络文学委员会委员，中国广播电视社会组织联合会多个研究基地特邀研究员，陕西省高校"一带一路"智库合作联盟理事，中国陕菜智库特邀专家，世界中餐业联合会饮食文化专家委员会委员。主要研究媒体融合和新媒体传播。2010 年被陕西科技大学以学术带头人身份引进。2024 年担任《陕西面食》主编。多次参加饮食文化活动，并做主题发言。荣登"陕菜名人堂"。

田龙过近年来开始研究饮食文化。他是大型纪录片《千年陕菜》一、二季的总撰稿人。该纪录片从陕菜的历史以及食材、风味、种类、创新等不同角度和不同层面，比较全面地展现了陕菜的风采，是陕菜在全国人民面前的惊艳亮相，也是历史悠久、厚重的陕菜文化重磅荣登央视舞台的郑重宣言。

二十八、王喜庆

王喜庆，1966年生于陕西西安，祖籍河南。研究员，享受国务院政府特殊津贴专家，中国国际食学研究所所长，中国烹饪协会特邀副会长、小吃专业委员会名誉主席、民族餐饮旅游专业委员会副主席，陕西省餐饮业商会名誉会长，云南省餐饮与美食行业协会名誉会长，西安饭店与餐饮行业协会名誉会长，《舌尖上的中国》节目顾问。

他于1985年踏入餐饮行业，在唐城宾馆工作，坚持钻研餐饮理论，从基层餐饮精英做起。1990年至1994年，在陕西省旅游学校培训部授课，培养了大批业务骨干。1994年，任光华宾馆餐饮部经理，开设华林美食城、饺子宴。1995年，创建华林餐饮公司，成为最年轻的规模餐饮企业董事长。开西北酒店专业管理先河，以专业管理公司的模式先后对华商酒店、教育宾馆、夏威夷酒店等10余家酒店实施专业酒店管理。

他根据多年的餐饮实践与研究，著有《商街智商》《商街规制》《中国陕菜文化史》《现代餐饮经营实务》《新餐饮思维》《中国陕菜》《陕西餐饮产业发展报告》等著作，在核心期刊发表论文多篇，曾在全国几十家媒体上辟有餐饮专栏，获聘全国多家酒店、餐饮街区、餐饮企业首席顾问，是餐饮街区研究的领军人物。他为弘扬陕西饮食文化、让陕菜走向全国起到了积极的推动作用，荣登"陕菜名人堂"。

二十九、张同武

张同武，1967年生于陕西蒲城，1988年毕业于西北大学中文系，同年进入政府机关工作。业余从事文学创作，包括散文、评论、剧作、诗歌等，出版散文集《未央桥畔》，有逾百万字的作品见诸报刊、网络。曾获全国性征文特等奖、陕西省哲学社会科学成果二等奖，以及其他文学、戏剧、新闻类奖项数十次。受聘为中国西部传媒与社会发展研究院研究员、陕西省地方志编纂委员会委员、陕西省知识产权讲师团讲师等。

张同武近年来侧重于饮食文化散文写作，注重挖掘饮食文化的历史积淀，梳理饮食文化的发展脉络，展示饮食文化中的民情民俗，弘扬饮食文化传统精粹，等等。曾在《美文》杂志开设《长安食典》专栏，在中国陕菜网开设《陕菜·食话》专栏，运营微信公众号"话吃画吃"，参与撰写了《中国陕菜·咸阳面食》等，累计发表相关文章 600 余篇，荣登"陕菜名人堂"。

三十、刘晓钟

刘晓钟，1970 年生于陕西白水，毕业于西北大学经济管理学院，高级经济师。世界中餐业联合会饮食文化专家工作委员会副主席、陕西省三秦文化研究会副会长、陕西省面食产业发展促进会会长、陕西省餐饮联合会常务副会长、西安市酒店协会会长、中国陕菜网创始人、西安大唐博相府酒店总经理。

他毕业后被分配到国企工作，20 世纪 90 年代初下海，从事管理培训。2007 年受邀为西安大唐博相府酒店设计产品。2009 年，西安大唐博相府酒店开业，起初经营仿唐陕西官府菜，2010 年在刘晓钟的推动下正式经营陕西官府菜，走高端精品酒店和高端陕菜的道路。从 2011 年起，连续组织召开了 12 届陕菜文化研讨会，助力振兴陕菜战略，海内外人士踊跃参加。2011 年 6 月，陕西官府菜制作技艺被列入省级非物质文化遗产保护名录，西安大唐博相府酒店成为陕西官府菜制作技艺法定保护单位。2011 年开始著书立说，组织编撰出版"中国陕菜文化系列丛书"，从实践到理论对陕菜进行梳理，夯实陕菜理论框架，目前已推出 17 种书：《中国陕菜·官府菜》《长安食诂》《尚食明德》《陕西饮食文化谈薮》《三秦饮食文化刍议》《中国陕菜·翟耀民典藏陕菜》《中国陕菜·渭南菜》《中国陕菜·养生陕菜》《中国陕菜·大荔美食》《中国陕菜·烹饪技艺大全》《中国陕菜·汉阴美食》《中国陕菜·宝鸡菜》《大秦故都——咸阳美食地图》《味·道——西安美食图鉴》《中国陕菜·咸阳面食》《古城美食坐标·西安名吃》《陕西面食》。这标志着当代陕菜文化理论体系和知识体系初步形成，引起省内外各界关注，为陕菜留下了宝贵的资料。

2012 年 12 月，带领团队创办了中国陕菜网平台（包括中国陕菜网的公众号等），在线上打造陕菜专属平台，宣传陕菜，成为陕西饮食产业的推动者，每天都有原创文章发表。2013 年 10 月，以刘晓钟为核心的团队发起了陕菜探秘之旅（初名陕西美食探秘之旅），邀请专家学者、陕菜大厨奔赴陕西各个区县品鉴陕菜，打破了"振兴陕菜"的瓶颈。在省、市政府和有关部门的支持下，组织发动社会各行业志同道合、热爱陕菜的人士，历时 10 年，走遍了全省 107 个县、区。这项活动被亚洲食学论坛主席赵荣光教授誉为"大型陕菜田野调查活动"。2014 年，组织领导中国陕菜网对外发布了《陕菜宣言》。2015 年，发布了《陕菜厨师宣言》。2016 年起，建立了"陕菜名人堂"，为薪火相传、传道授业的陕菜烹饪大师、专家学者、企业家树碑立传，目前已有上百名大师榜上有名。2015 年至 2016 年，联合发起"寻找您身边的陕菜旺店"活动，组织中国陕菜网专家考察评定了上百家"陕菜旺店"。2018 年以后，重点解决陕菜的产业化问题。2019 年，中国陕菜网向全球发起了陕菜品牌联盟，以国际化的视野，把国内外的陕菜力量团结在为繁荣陕菜而共同奋斗的统一战线上，建设全球共商、共建、共享、共荣的陕菜企业国际合作交流推广平台，帮助和引领陕菜企业走出陕西，走出国门，推进陕菜的国际化进程。2020 年，中国陕菜网评审出上百家陕菜示范店和陕菜供应链优选企业。2020 年 10 月，首届陕菜供应链大会开幕。与诸多陕菜供应链企业和陕菜餐饮企业合作，创办了陕菜供应链研发中心。带领中国陕菜网团队走出国门，多次受邀参加国内外餐饮交流活动，先后到过十几个国家和地区，与海外华侨社团和中餐协会建立了良好的合作关系。在海外宣传、推广陕菜，扩大陕菜的国际影响力。2019 年春节期间，组织人员携陕西官府菜赴美国、哥伦比亚、巴西慰问海外侨胞。中国陕菜网也与多方合作，让陕菜在国内外多地通过参展、参赛等形式得到宣传推广。2022 年，陕西省面食产业发展促进会与杨陵区人民政府签约了陕西预制菜产业园项目。

刘晓钟是中国陕菜网的创始人，陕菜探秘之旅的发起人，振兴、宣传、推广陕菜文化的扛鼎人，在振兴陕菜事业上做出了有目共睹的巨大贡献。在他的推动下，北京陕菜协会在京成立。他第一个启动了陕菜与八大菜系的对话，使陕菜与八大菜系之间进行交流和学习，陕菜先后与川、鲁、粤、淮扬等菜系进行了十几场交流活动。提出了"让世界了解陕菜，让陕菜照亮远方""奔跑吧陕菜"等口号。建立了陕菜产业专家智库，汇聚陕菜全产业链方方面面的优秀人才和力量，占领陕菜发展的制高点，使宝贵的人才资源形成有机联动，最大限度地发挥陕菜产业专家在各个方面的智慧和才能。

多年来，他获得了诸多荣誉，如 2015 年度中国餐饮最具影响力企业家、西安商业年度人物、中国陕菜特殊贡献人物、2016 年度中国餐饮行业杰出企业家、改革开放 40 年优秀民营企业家、2018 中国餐饮企业家文化传承突出贡献人物、2020 年度陕西餐饮业功勋人物等称号。

三十一、朱立挺

朱立挺，1971 年生于湖北武汉，毕业于陕西师范大学，民俗餐饮文化学者。世界中餐业联合会饮食文化专家工作委员会委员，《品牌中国》西部中心品牌主任，陕西省民间艺术促进会非物质文化遗产保护委员会专家顾问，陕西省餐饮联合会常务副会长，陕西省营养学会食疗营养分会副主委，陕西省饭店协会第五届理事会成员，汉阴县美食协会、陕西阿坡酱业品牌、陕西省烘焙行业协会秦饼工程研究院、趣长安、盛意长安文化顾问。

他多年来参与创建了中国陕菜网，参与策划了陕西美食探秘之旅，编撰过 10 余种陕菜著作，发表过 300 余篇文章，为西安申报"国际美食之都"和咸阳申报"国际面食之都"撰写过申报书，是纪录片《千年陕菜》的撰稿人之一，为部分县区写过饮食发展规划，设计了陕南石叁珍蘑菇宴，与庄永全一起为餐饮企业设计研发了 7 套宴席，社会影响广泛，在振兴陕菜方面做出了自己的贡献。

三十二、唐明军

唐明军，1972 年生于陕西安康，《二秦都市报》记者、消费新闻部主任，笔名唐朝。2000 年开始从事新闻工作，持续关注、报道陕西饮食文化 20 余年。在陕西省烹饪餐饮行业协会、陕西省饭店协会、陕西省食文化研究会等社会组织兼任相关职务，积极参与陕西饮食文化活动，及时报道、宣传陕菜，支持陕菜的发展。担任"陕西老字号""西安老字号""西安名吃"专家评委。在行业内有着较高的知名度，在弘扬陕西饮食文化、振兴陕菜方面做出了贡献。

三十三、张西昌

张西昌，1976 年生于陕西扶风，西安美术学院教授、硕士生导师，中国艺术研究院博士后，中国民间文艺家协会《民艺》杂志执行编辑，中国工艺美术学会民间工艺美术专业委员会副主任，中国民间文艺家协会青年委员会委员，陕西省民间文艺家协会副主席兼青年委员会副主任，《中国民间工艺集成·陕西卷》主编，陕西省工艺美术学会副理事长兼学术部主任，陕西省美术博物馆学术委员，陕西省三秦文化研究会常务理事，中国陕菜智库特邀专家，中国陕菜网《陕菜·美学》专栏作家，宝鸡市西府老街餐饮顾问。曾出版著作《叙物·关中食话》，参与撰写《中国陕菜·咸阳面食》等陕西饮食文化作品。其文章立足于实地考察调研，结合非遗保护思路，侧重于对生活美学的阐发，以民间艺术之眼去观察和体悟食物文化。荣登"陕菜名人堂"。

三十四、王辉

王辉，1976年生于陕西西安，现任陕西省传播学会新媒体传播分会秘书长、西安饭店与餐饮行业协会名厨专家委员会秘书长、陕西途智云信息科技有限公司总经理。

1999年毕业于空军工程大学，从事计算机编程行业。2010年起投身餐饮行业推广领域。作为微博大V，他以旅游美食博主的身份，凭借独特的视角与生动的笔触，宣传、推广陕西饮食，吸引众多粉丝关注。至今已积累15年经验，服务企业超过百家。他对餐饮行业宣传推广方式及发展趋势有深入了解，尤其在陕西饮食文化与历史方面有深入的研究与独到的见解。他以深厚的文化底蕴为陕西餐饮宣传和推广赋能，为弘扬陕西饮食文化贡献着自己的力量，在行业内有较高的知名度。

三十五、刘震

刘震，1976年生于青海平安，毕业于长安大学旅游专业，西安市旅游协会副秘书长，携程旅游定制师、门店总经理。2000年任秦风旅行社总经理，2009年起历任西安海外旅游公司电商部经理、总经理助理。

2018年起，与中国陕菜网达成战略合作后，正式进行陕菜探秘之旅活动，成为第三任团长。将陕菜探秘之旅活动升级为"陕菜＋旅游＋民俗"3.0版，之后又升级为"陕菜＋旅游＋民俗＋供应链"4.0版。2024年，开启了"美食＋非遗＋研学＋社群"四位一体新模式。截至2023年6月，走遍了陕西省107个县区。6年来，组织了超过3万人次参加活动，成功打造了全国首个以地方菜系为核心的文旅融合IP——陕菜探秘之旅。

他继续系统地挖掘陕西全域饮食文化资源，整合地方宴席、非遗技艺及历史遗迹，构建"可品尝、可体验、可传播"的文旅消费新场景。其团队完成 600 余家特色餐饮发掘工作，整理出旬邑十三花宴、镇安木王春秋宴等多套民间宴席体系，为"中国陕菜文化系列丛书"的编撰增添了素材。

他坚持陕菜探秘之旅中的"车轱辘上的陕菜文化大讲堂"，通过专家学者移动授课，持续传播陕菜和旅游文化；推动"政府＋企业＋学术"协同机制，深化中国陕菜网与携程旅游网的战略合作，策划"一县一宴"主题游项目，创建"美食社群裂变＋文化深度游"可持续模式，实现陕菜文化与乡村振兴、非遗活化的深度融合。2024 年12 月，中国陕菜网授予他时光印记·卓越领袖奖，以表彰他在陕菜探秘之旅以及陕菜文化传承与文旅融合发展活动中做出的卓越贡献。

三十六、金传梅

金传梅，1982 年生于贵州，现任中国陕菜网总经理、西安大唐博相府酒店总经理、陕西省面食产业发展促进会副会长。

2009 年，金传梅进入刚刚起步的西安大唐博相府酒店工作，开始接触陕西官府菜。她从酒店营销做起，凭借踏实勤奋、坚持不懈的精神，最终成为酒店总经理。

2015 年起，她接任陕菜探秘之旅第二任团长。此后 3 年间，其重点工作都在组织落实陕菜探秘之旅活动及到国内外宣传陕菜等方面。她带领陕菜探秘之旅团队先后走过了关中宝鸡、铜川、杨凌，以及陕南、陕北等地，与当地的商务部门、协会、企业家进行了深入的交流，建立了良好的合作关系。之后还组织为宝鸡、铜川、汉阴、西安、咸阳、大荔等地出书，为陕菜树碑立传。在此期间，她统筹安排了"中国陕菜文化系列丛书"中《中国陕菜·养生陕菜》《中国陕菜·渭南菜》的编写。

2018 年 8 月，她将陕菜探秘之旅的大旗交给第三任团长刘震后，又开始重点研究陕菜供应链，整合产业链资源，为陕菜全产业链打造交流、合作的平台。10 多年来，中国陕菜网与西安大唐博相府酒店组织的各项大小活动都由她负责落实。她每天都在不遗余力地为陕菜发声，一直坚持初心，落实最为烦琐、基础的工作。她将自己对陕菜的热爱与执着也传递给中国陕菜网和西安大唐博相府酒店的每一位员工，也引领着这两个团队不断前行，迈向新征程。

三十七、杨潇

杨潇，1983 年生于陕西西安，毕业于西北大学新闻传播学院，现任陕西省老字号协会秘书长、西安市老字号产业促进会会长。

她从事媒体与饮食文化传播工作多年，曾任中国陕菜网文化总监、"中国陕菜文化系列丛书"总编辑。自 2013 年起，担任陕菜探秘之旅第一任团长，参与策划、执行陕西美食探秘之旅、首届陕西面食大会、首届陕菜供应链大会、多届中国陕菜文化研讨会等大型活动；带领专家团队编著了《三秦饮食文化刍议》《中国陕菜·翟耀民典藏陕菜》《中国陕菜·大荔美食》《中国陕菜·烹饪技艺大全》《味·道——西安美食图鉴》《中国陕菜·宝鸡菜》《中国陕菜·汉阴美食》《西安名吃画册》《飨食拾遗》等多部陕西饮食文化著作。

2019 年迄今，她策划、执行"西安老字号""西安名吃"评审认定系列工作，主持西安市老字号产业促进会的工作，发起并成立了陕西省老字号协会，对宣传、推广陕西饮食文化做出了积极的贡献。

以上所列举的，只是当代陕西饮食文化学者中的部分代表性人物。在三秦大地上，还有众多深耕于饮食文化领域的学者。他们或扎根于民间，收集整理那些散落在街头巷尾、乡野村落的饮食记忆与传统技艺；或专注于学术研究，从历史渊源、文化传承等角度深挖陕西饮食文化的内涵；或活跃于餐饮行业，将理论与实践相结合，助力陕菜的创新与发展。他们共同构成了陕西饮食文化研究的丰富生态，以各自的方式为陕西饮食文化的传承与弘扬添砖加瓦，推动着陕西饮食文化不断向前发展，让这一古老而独特的文化在新时代焕发出新的生机与活力。

第五节　陕西烹饪职业教育及协会机构

一、陕西烹饪职业教育

在三秦大地的烟火气里，藏着千年饮食文化的魂。烹饪不仅是一门技艺，更是传承地域文化的重要载体。陕西烹饪职业教育以刀和勺为笔，以食材为墨，在灶台间培育匠心，为这片土地培养着一代又一代烹饪人才，让饮食文化薪火相传，为舌尖上的中国源源不断地输送"陕味密码"的传承者，是传承与创新的引擎。

（一）陕西烹饪教育的发展概况

1. 古代烹饪教育

陕西古代烹饪教育的发展历史可以追溯到周秦汉唐时期，这一时期的烹饪教育主要依托于宫廷和官办教育机构。

在周秦汉唐时期，陕西作为都城所在地，其烹饪技艺得到了极大的传承和发展。宫廷厨师不仅负责皇室饮食，还承担着烹饪技艺的传授和培训任务。那些烹饪技艺通过宫廷厨师的口传心授，代代相传，形成了独特的烹饪体系。此外，当时的长安作为国际大都市，吸引了大量外来人口，促进了文化的交流，进一步丰富了陕西的烹饪文化。

周代的饮食文化以《周礼》和《礼记》中所载的为代表，这两部书记录了周天子的饮食结构、饮食烹饪技艺和礼仪，以及周八珍等著名的宫廷菜肴。

汉唐盛世，烹饪职业教育得到了显著发展，主要集中在宫廷和官办机构，培养了大量专业的厨师和烹饪技术人员。汉代张骞出使西域后，西域的烹饪技艺传入中国，进一步丰富了陕西的饮食文化。唐代宫廷中设有专门的烹饪机构，负责宫廷宴会的筹备和执行。这些机构不仅培养了高水平的厨师，还推动了烹饪技艺的创新和发展，烹饪技艺达到了巅峰，著名的烧尾宴就展示了极高的烹饪水平和艺术性。

周秦汉唐宫廷厨师的技艺传承对陕西烹饪教育有着深远的影响，许多宫廷菜肴的烹饪方法都是通过他们传到民间的。这些历史背景和特点共同构成了陕西古代烹饪教育的基础，为后来的烹饪教育和技艺传承奠定了坚实的基础。

唐代以后，长安饮食文化及烹饪技艺在各府衙、民间一直传承。明清时期，乡饮酒礼的兴盛与关学的合流促使食礼文化回归，地方民间饮食文化得以赓续。陕西的烹饪教育也达到了一个新的高峰。蓝田地区在明清时期涌现出许多著名的厨师和烹饪专家。例如，明代御厨王承恩和清代御厨李芹溪、侯治荣等人在宫廷中享有盛名，他们的技艺传承对后世的烹饪教育产生了深远影响。

2. 近现代烹饪教育

民国时期的烹饪教育对陕西菜系的发展起到了重要的推动作用。许多著名的厨师和烹饪专家通过这些教育机构培养了大量的后继者，使得陕西菜在民国时期能够独树一帜。李芹溪是这一时期的重要人物之一，他是曲江春酒楼的创始人，凭借精湛的烹饪技艺在餐饮界享有较高的声誉。他精湛的烹饪技艺和对陕西菜系的贡献，使得陕西菜在民国时期得到了极大的发展。

当时，蓝田县被誉为"厨师之乡"，当地厨师凭借精湛的烹饪技艺在全国享有盛誉。许多蓝田厨师走出家乡，到全国各地的餐馆、酒楼工作。他们不仅传播了陕西烹饪文化，还吸收了各地的烹饪特色，丰富了陕西烹饪的内涵。

这一时期，陕西的烹饪技艺得到了系统的整理和传承。各地方菜系的汇集和交流，使得陕西菜系在吸收各家之长的基础上，形成了独特的风格和技法，同时也推动了地方菜系的融合与创新。通过烹饪教育和技艺传承，培养了大量烹饪人才，为陕西餐饮业的发展打下了坚实的人才基础。

20 世纪 60 年代起，西安市饮食公司开始举办烹饪教育培训。1963 年，陕西第一所开设烹饪相关专业的中等职业学校西安市服务学校成立。1964 年，西安市饮食公司受外交部的委托，为外交部驻国外大使馆举办厨师培训班。1971 年，西安市饮食公司七二一工人大学成立，开始举办烹饪技术培训班。这些培训班不仅培养了大量的烹饪人才，还为后来的餐饮业发展奠定了基础。1974 年，西安市政府进行体制改革，饮食服务站全部划归西安市饮食公司统一管理，此外还有多家市级饭店，为烹饪教育提供了实践平台。

改革开放以来，陕西烹饪教育迎来了快速发展时期。进入 20 世纪 80 年代，商业部西安烹饪技术培训站成立，这是由商业部投资和西安市饮食公司联合组建的实体单位，主要任务是为全国餐饮行业培养中高级厨师。

如今，陕西的烹饪教育呈现出多元化、现代化的特点。除了传统的烹饪专业外，还开设了西餐、烘焙、酒店管理等多个相关专业，满足了市场对不同类型烹饪人才的需求。一些烹饪培训院校、机构相继成立，如陕西旅游烹饪职业学院、西安桃李旅游烹饪专修学院、西安旅游职业中等专业学校、陕西省旅游学校、陕西经贸学院旅游管理系、陕西省烹饪技术学校、陕西省集贤烹饪职业学校、西安新东方烹饪技工学校等烹饪职业教育机构都具有一定的规模和影响力。

从古代的师徒传承到现代的多元化教育体系，陕西烹饪教育始终紧跟时代步伐，不断创新发展。在新时代，陕西烹饪教育将继续传承和弘扬中华优秀烹饪文化，培养更多优秀的烹饪人才，为推动中国烹饪事业的发展做出更大的贡献。

（二）陕西烹饪职业教育的基本情况

1. 陕西烹饪高等职业教育

在教育部发布的《职业教育专业目录（2021年）》中，高等职业教育专科烹饪相关专业归属于旅游大类餐饮类专业，专业名称分别为餐饮智能管理、烹饪工艺与营养、中西面点工艺、西式烹饪工艺、营养配餐。高等职业教育本科烹饪相关专业归属于旅游大类餐饮类专业，专业名称为烹饪与餐饮管理。

根据《2022年陕西省教育事业发展统计公报》，陕西省共有各类高等教育学校111所。其中，开设烹饪工艺与营养专业的有4所，而陕西旅游烹饪职业学院实现了烹饪相关专业全覆盖，是省内唯一一所以烹饪类专业为主、专业门类最全、办学规模最大的专业院校。

2. 陕西烹饪中等职业教育

根据《2022年陕西省教育事业发展统计公报》，陕西省共有中等职业教育（不包含技工学校）学校225所。其中，开设中餐烹饪专业的有22所，开设西餐烹饪专业的有10所，开设中西面点专业的有5所。

3. 陕西烹饪职业培训

烹饪职业培训进乡村，助力乡村振兴。村民们在村里开办农家乐、餐厅、小吃摊，或者通过网络平台销售乡村美食，用自己的智慧和汗水为乡村的发展贡献力量。

烹饪职业培训进企业，为校企融合发展赋能。烹饪院校积极承担社会责任，帮助学员从初级厨师晋升为中级、高级厨师，甚至技师、高级技师。烹饪职业培训为校企合作打开了新的局面，促进了产学研深度融合。

烹饪职业培训进学校，为烹饪职业教育的发展造血。烹饪高等学校凭借丰富的教育资源，主动承担起培训中等职业学校师资的重任，推动了整个烹饪职业教育体系的优化和升级，这为培养更多优秀的烹饪人才奠定了坚实的基础。

此外，还有烹饪教育在劳动教育中的实践。"烹饪与营养"项目从中小学综合实践活动课程中完全独立出来，学生按照一般流程制作凉拌菜、拼盘，学习用蒸、煮、炒、煎、炖等烹饪方法制作 2~3 道家常菜，设计一日三餐的食谱，增进对中国饮食文化的了解，学会尊重从事餐饮工作的普通劳动者。

（三）陕西烹饪院校

截至目前，陕西省由相关部门批准设立烹饪类专业的不同层次和类别的全日制院校有近 30 所。部分院校办学规模持续扩大，如陕西旅游烹饪职业学院，烹饪类专业在校生近 3000 人，涵盖烹饪工艺与营养、中西面点工艺、西式烹饪工艺、营养配餐、中餐烹饪、西餐烹饪等专业，还根据市场需求拓展了与餐饮管理、旅游服务相关的专业方向。课程包括专业技能课程、文化理论课程以及实践课程，注重融入传统文化，通过实践教学让学生掌握实际操作技能。部分院校 30% 以上的专职教师具有硕士以上学历。双师型教师队伍建设加强，许多学校聘请行业内的烹饪大师、名企厨师长等作为兼职教师或企业导师，同时鼓励校内教师参加行业培训和实践，提升教师的实践教学能力。各院校积极与企业建立合作关系，通过定向、订单、冠名、委托培养等多种形式进行产教融合。

陕西主要有以下烹饪院校。

1. 陕西旅游烹饪职业学院

由中国烹饪教育专家、陕西省劳动模范李继先创办于 1994 年，2005 年经陕西省人民政府批准、教育部备案、纳入国家统招计划，是一所具有独立颁发统招毕业证书的全日制普通高校。学院占地 400 余亩（约 266667 平方米），总建筑面积 100000 余平方米，在校生 6500 余人。学院以前瞻性的教学理念、科学合理的课程设置、新颖的教学方法，培养具有国际视野、一专多能、多能多证、多证多会的复合型高素质人才。

学院拥有高学历、双师型的教师队伍。专职教师中 50% 具有硕士以上学历，其中，国家级大师 22 人、特级大师 11 人、国家级评委 15 人；有省级大师工作室 5 个；现有 15 个专业，3 个二级学院，其中，烹饪艺术学院开设有烹饪工艺与营养、西式烹饪工艺、中西面点、餐饮智能管理等烹饪相关专业，招生达 2000 余人。

教学设施设备齐全，拥有现代化的专业实训大楼、多媒体教室、图书馆、健身房、室内体育馆等完善的文体活动和生活场所。教学仪器等实训设备多年来持续得到投资累计近亿元，图书 36 万册。校园网络实现了免费全覆盖，为学生学习、生活创造了较好的条件。学院坚持"产教深度融合"的职教发展之路，定向、订单、冠名、委托培养等多种育人形式并存。已经同国内近百家五星级酒店、餐饮服务企业建立了人才共育及就业合作关系，为不同专业方向的青年学子提供了发展机遇和创业平台，毕业生就业率连续多年保持在 95% 以上。

2. 西安商贸旅游技师学院

前身是西安市服务学校，成立于 1963 年，隶属于西安市商务局，是一所培养商贸旅游行业应用技能型人才的公办职业院校。学院现有两块牌子、一套办学机构，学院业务由西安市人力资源和社会保障局管理，成人中等专业学校业务则由西安市教育局管理。其烹饪工艺、食品工艺、旅游服务与管理专业分别被教育部和中国商业联合会认定为全国名牌专业和特色专业。学院矢志践行"爱与榜样"的教育理念及"育人传技"的办学理念，先后被评为全国职业教育先进单位、国家级重点技工学校、全国校企合作与人才培养优秀院校、全国职工教育职业培训先进集体、陕西省职业教育先进单位、陕西省高技能人才培养先进单位、陕西省高水平技工院校等。

3. 西安桃李旅游烹饪专修学院

始建于 1975 年，是一所经陕西省人力资源和社会保障厅批准成立的全日制烹饪专业技工院校。开设有中餐烹调、西餐烹调、中式面点和西式烘焙四大类精品专业。学院始终坚持"重实践、启智慧、求创新"的办学理念，注重学生的德育教育和技能教育，推行以技术实践为主的"3+1+1"教学模式，积极鼓励学生参加国家、省、市级烹饪技术比赛、烹饪研学活动，使学生增长见识、提高技术水平、强化"永不言弃、追求卓越、创新不休"的精神。学院培养高素质复合型技术人才，连续多次代表陕西参加全国中职学生技能比赛，屡获佳绩。先后被评为中国餐饮业著名品牌院校、全国商业教育培训先进单位、全国餐饮业校企合作先进院校、中国十大特色院校、全国职业教育先进单位、全国职工培训示范点、陕西省烹饪专业名牌院校、陕西省双十佳学校、西安市重点职业学校等。

4. 西安新东方烹饪技工学校

始建于 1988 年，是一所经陕西省人力资源和社会保障厅批准成立的全日制中职技工学校，隶属于中国东方教育集团。学校采用"2+N"的培养模式，旨在促进学生多方向技能的发展，培养中高级技能人才。专业设置涵盖中式烹调、中西式面点、西式烹调等领域，并提供职教升学、海外升学等多元化服务。多年来坚持"办世界最好的职业教育"的办学理念，根据市场需求和行业导向，有针对性地进行人才培养，打通学生升学与就业之间的壁垒，为高校输送优秀的毕业生。

学校为国家输送了数以万计的技能人才，被政府主管部门及相关机构授予多项荣誉，包括改革开放 30 年中国民办教育成功典范、改革开放 30 年中国十大品牌教育集团、最受校企欢迎的教育培训机构、国家紧缺人才培养基地。此外，学校还是国家餐饮教育基地、职业技能鉴定中心鉴定单位，并被授牌为陕西省高技能人才培养基地（中式烹调、中西式面点）和国家级工学一体化人才培养基地（西式烹调）。

5. 西安旅游职业中等专业学校

1984 年由原西安市第 21 中学改制创办，属于省级重点公办职业学校，是西安市创办最早的一所职校。早期坐落于西安市东大街菊花园北口 19 号，学校开设有烹饪专业。后经西安市人民政府批准，在原西安旅游职业中等专业学校和陕西省长安师范学校两校合并的基础上建立起一所新的学校，迁往西安市长安区。学校秉承"面向市场、贴近行业、突出特色、提高质量、全员就业"的办学理念，职业道德教育和职业技能培训并重。不仅开足、上好文化课，为学生的终身发展提供各类文化知识，而且注重发挥学校综合职教实训基地的作用，强化对学生职业技能的训练，为他们步入职业生涯奠定基础。

6. 陕西经贸学院旅游管理系

前身为陕西商业专科学校餐旅系。始建于 1993 年 3 月，于 1996 年 7 月并入陕西经贸学院后改为陕西经贸学院旅游管理系。该院为陕西省乃至西北地区首家开设烹饪专业的全日制高等教育院校，同时也被陕西省高等教育自学考试委员会指定为陕西省烹饪专业高等自学考试的主考院校。其培养目标是从事大中型宾馆、饭店烹饪技术工作及烹饪研究教育工作的应用型高级专业人才。2001 年 6 月，陕西经贸学院与西安统计学院合并，更名为西安财经学院。2018 年 11 月，西安财经学院再次实现重要跨越，升格并更名为西安财经大学，旅游管理系烹饪相关专业停办。

7. 西安食品工程技工学校

创办于 2000 年，坐落于西安市未央区未央大学城。学校得到了国家、省、市各级政府的认可，先后被认定为世界技能大赛烘焙项目陕西省集训基地及赛点，陕西省高技能人才培训基地，陕西省西式面点专业技师、高级技师实训考核基地。现有国家级技能大师工作室 1 个、省级技能大师工作室 2 个、市级技能大师工作室 2 个。学校是西式美食教育知名品牌学校，开设有西式面点、西式烹调等烹饪相关专业，其西式面点专业是西安市品牌专业。

8. 蓝田厨师学校

创办于 2021 年 9 月，是一所全日制公办中等职业学校，隶属于蓝田县职业教育中心。学校以全面加强餐饮人才队伍建设，进一步擦亮"中国厨师之乡""陕菜之乡"金字招牌，促进县域经济发展，助力乡村振兴为己任，开设有中餐烹饪专业，设有中餐烹饪和中西式面点两个方向。学校秉承"让每个人都有人生出彩机会"的办学理念，培养新时代复合型厨师人才。站在新的历史起点上，学校扎根于蓝田沃土，以创办特色鲜明的职业教育名校为奋斗目标，通过办好一所学校，擦亮一个劳务品牌，带动一个特色产业，富裕一方群众，为蓝田县域经济高质量发展贡献自己的力量。

9. 安康职业技术学院技师学院

安康职业技术学院技师学院烹饪专业自 1999 年开设以来，一直秉承"汇集天下名菜，培养厨师精英"的办学理念，打造安康烹饪教育航母。烹饪专业教研组现有专业教师 5 人、兼职教师 18 人，能同时满足 100 人的实践教学。2005 年被陕西省人力资源和社会保障厅评为陕西省技工院校特色名牌专业。20 余年来，累计培训学员 2 万余名，就业于全国大中城市宾馆酒店行业。毕业学员中近千人实现了自主创业，为全市技能脱贫做出了贡献。

学院烹饪专业实训室拥有先进的实际操作、教学演示及学生实习设备，主要涵盖炉灶演示实训一体化实训室、基本功训练实训室。三间演示实训一体化实训室是按照教师示范讲解与学生实训融合建设的多功能示范与操作实训室，基本功训练实训室主要用于学员的基本功训练。2016年9月，经陕西省人力资源和社会保障厅批准，成立了毛朝军技能大师工作室，这是安康市第一家省级烹饪技能大师工作室，2020年4月被陕西省人力资源和社会保障厅确定为国家级技能大师工作室。

10. 陕西工商职业学院旅游与酒店管理学院

陕西工商职业学院是陕西省政府主办、陕西省教育厅主管、教育部备案的全日制公办普通高等职业学校，其烹饪工艺与营养专业是西北地区唯一的公办高校培养烹饪人才的专业。该专业在学院的高新校区，现有烹饪操作间10间，其中实验阶梯演示教室1间、中式热菜实训室2间、中式面点实训室1间、西式热菜实训室2间、西式面点实训室2间、冷菜冷拼实训室2间，可同时满足约150人进行实训操作学习。

经过30余年的教学和校企合作，该专业拥有一支由专业带头人、骨干教师、双师型教师和从行业企业聘请的专家、烹饪大师构成的数量充足、素质优良、结构合理、特色鲜明、专兼结合的具有双师素养和双师结构的教师团队。

该专业被陕西省烹饪餐饮行业协会授予改革开放40年陕西餐饮烹饪教育突出贡献奖，被中国陕菜网、陕菜供应链大会组委会授予陕菜厨师培训基地称号。2021年与中国陕菜网合作，成立了陕菜学院。

11. 渭南技师学院

渭南技师学院隶属于陕西省渭南市人民政府。其中西式面点专业于2022年开始招生，目前设有4个教学班，共计160余名学生。

专业核心课程紧紧围绕行业需求精心设置。中式面点工艺课程教授中式面点制作，从传统技法到创意改良，全方位地向学生传授包子、馒头、花卷、酥点等经典面点的制作工艺；西式烘焙技术课程则专注于西式烘焙领域，涵盖面包、蛋糕、甜品等各类西点的制作技巧，让学生掌握国际前沿的烘焙方法；食品营养与健康课程让学生理解食材营养搭配原理，确保面点美味与健康兼顾；餐饮成本核算课程培养学生的成本控制与经营管理思维，为学生未来的职业发展筑牢根基。

专业教学采用一体化模式,打破理论与实践的壁垒,使学生在学中做、在做中学。同时依托与西安大唐西市酒店、西安 JW 万豪酒店、西安爵乐府大酒店、西安凯悦酒店等知名企业的深度合作,使学生有充足的机会参与实习实操,积累丰富的实战经验。

12. 渭南市饮食服务学院

渭南市饮食服务学院是在 1993 年 5 月成立的渭南市饮食服务培训学校的基础上发展组建的,是经陕西省教育委员会批准、由渭南市饮食服务职业技能鉴定所主办的一所国有、正规化、多档次、综合性的专业技能培训院校,以培养高级饮食服务技能人才为目标。

学院设有供烹饪专业教学实习用的操作实验室,烹饪专业还开设两年制烹饪自考大专班,与国家学历文凭自学考试接轨。学院的先进事迹和办学经验多次被陕西电视台、陕西广播电台、渭南市电视台等新闻单位报道。学院 1994 年被渭南市教委评为社会力量办学先进单位,1996 年被陕西省教育委员会评为陕西省双十佳办学单位。

13. 渭南市渭南饭店厨师培训中心

这所培训中心是 1991 年经渭南市(原地区)教育局批准的,由一所民办烹饪技术学校发展而来。分为办公室和教学基地两部分。该中心主要培养初级烹饪技术人才,招收 18~23 岁、具有初中以上文化程度、身体健康的城乡男女青年,学期 3 个月,实行全日制脱产学习。设有烹调技术、原料加工、面点制作、成本核算及法律常识等科目,采取理论学习和实际操作相结合的教学方法。学习期满颁发结业证书,成绩优异经考试合格者可获得全国通用的厨师职业资格证书。采取学生自选和学校分配相结合的方法,将学生安置到全国各大宾馆、饭店、招待所及大专院校学生食堂工作。该中心自开办以来,已培养、安置了 3000 多名学生,其中不少学生已成为所在单位的骨干,有的还担任厨师长等职务。由于教学质量高,学生安置好,该中心得到了用人单位和学生家长的好评,受到上级的表彰奖励,《陕西农民报》《渭南日报》等媒体曾为其做过专题报道。

14. 西安新纪元烹饪技工学校

学校成立于 2018 年 4 月,是经西安市人力资源和社会保障局批准的一所培养烹调师、烹饪管理人才的餐饮教育学校,同时也是西北地区规模较大、设施设备齐全的厨师学校。

自建校以来，学校一直坚持"学生的成功是我们最大的责任"的核心理念，秉承"真诚专注创新发展"的价值观，为社会培养了一批又一批优秀专业的技能人才，赢得了社会各界的良好口碑。学校校园环境优美，学术氛围浓厚，拥有一系列配套的专业教学实训设备、功能齐全的理实一体化教室、多功能实训大厅等教学场所，是培养高素质烹饪技术人才的基地和摇篮。

学校旨在为社会不同人群的不同需求提供高质量的职业技能教育，多年来以市场为导向，紧跟市场用人需求，开设有中餐、西点、西餐等热门特色专业——这些专业被评为西安市特色技能专业，不仅积累了丰富的办学教学经验，更形成了鲜明的办学特色，打造了一批又一批高素质、精技能、具有管理经验的综合型烹饪技能人才。学校斥资引进市场主流设备，建立实训基地、模拟演示厅、研发中心、研学楼等多个实训中心，涵盖中餐、西点、西餐、酒店管理四大热门专业的教学设备，注重对学生进行实操技能方面的培养与提升，并将80％以上的课程设置为学生实操课程。为了让学生毕业即实现与企业的无缝对接，在日常教学过程中，学校将企业的人才技能需求与专业课程相融合，让学生在上课的过程中即可感受身在职场的工作氛围，掌握扎实的专业技能，得到企业的认可。

15. 渭南西北新世纪培训学院

学院是1998年1月经渭南市教委批准，在原渭南西北小吃厨师技校（1991年由渭南市教育局批准）的基础上升级而来，是一所以培养西北小吃厨师为主要目标、综合社会力量开办的培训学院。学院教学设施完善，建有专业的实习场所，除齐备的教室外，还设有电教室、微机室、图书室等。学院的烹饪专业主要开设西北小吃厨师专业和烹饪自学考试大专班。西北小吃厨师专业，学制半年，主要教授兰州牛肉拉面、新疆拉条子、山西刀削面、面皮、饸饹、水饺、金线油塔、泡泡油糕、肉夹馍、牛羊肉泡馍等60余种西北风味小吃和数十种南北大菜的制作技艺。烹饪自学考试大专班学制两年，主要教授中国革命史、烹饪概论、烹调工艺学、面点工艺学等16门课程，学生通过国家自学考试可以获得大专学历；同时学习烹调、面点、食品雕刻等各种厨艺技能，毕业或结业时可以达到二级厨师水平。

学院从严治学，讲求实效，采取"讲授理论—示范操作—学生实习"一条龙的教学方式，注重技能培训，突出实践教学，培训时间短、收效大。学院的先进事迹和办学经验多次被陕西电视台、陕西广播电台、渭南市电视台等媒体单位报道。学院 2004 年被渭南市确立为阳光工程培训基地、星火科技培训基地，2006 年被陕西省教育厅认定为陕西省民办中等职业教育示范学校。

16. 渭南烹饪培训学院

渭南烹饪培训学院是一所集烹饪、涉外公关等于一体的烹饪专业社会力量办学院校，其前身是渭南市教育工会技校，创办于 1993 年 5 月。

学院主要开设烹饪自学考试大专班和烹饪专业短训班。烹饪自学考试大专班学制两年，开设烹调工艺、面点工艺学等 14 门课程，学生通过自学考试可以获得国家承认的大专文凭。同时，通过烹饪专业技能学习，能掌握 30 余种烹调方法、10 余种面点成型手法及主要菜系的制作技能，学习期满可以达到中级厨师水平。烹饪专业短训班学制半年，主要教授初级厨师应掌握的基本技能。学生结业或毕业后，大都被推荐安置到北京、天津等大中城市就业。

学院办学严谨，管理有序，教学认真，结业学生安置稳妥，办学成果显著，连年被评为地市办学先进单位，1996 年被陕西省教委评为陕西省双十佳办学单位。

17. 渭南市临渭区新东方烹饪技能培训学校

这是 2015 年成立的民办非企业单位，开设有中式烹饪、中西式面点等专业。采用名家办学、专家治校、大师执教的模式，实行小班教学，注重实操，设施一流。学生毕业时，学校为其颁发学历证、技能证，并安排工作。

18. 渭南普田轨道交通职业学校

学校前身为渭南川味烹饪技校，1989 年成立，2015 年改为现名。学校设有高级烹饪等专业，是将职业中等专业学历教育和短期技能培训相结合的民办职业中专学校。

19. 渭南市行天技能培训学校

这是 2017 年成立的民办非企业单位，开设有烹饪等专业，提供免费培训，教学环境良好，厨房、教室宽敞明亮，教学用具齐全。

此外，韩城职业中等专业学校、渭南西北新世纪职业中等专业学校、华阴职业教育中心，以及宝鸡、汉中、安康、商洛、延安、榆林等地的职教中心，也都开设有烹饪相关专业。

还有一些烹饪院校也为行业培养了大批优秀人才，如陕西华秦培训学院、西安烹饪专修学院（原西安烹饪培训学院）、陕西振华职业中等专业学校、宝鸡三和职业学院等。这些院校都曾为陕西烹饪教育做出了贡献。

二、陕西烹饪餐饮行业协会机构

三秦大地，饮食文化源远流长，从周秦汉唐的宫廷盛宴，到寻常巷陌的风味小吃，无不彰显着这片土地深厚的饮食底蕴。多年来，陕西烹饪餐饮行业各协会机构广聚业内精英，以传承、创新陕菜为己任，积极开展交流、培训与赛事活动。在推动陕菜标准化、产业化的过程中，各协会机构步履不停，致力于让陕菜香飘更远，走向全国，迈向世界，为陕西饮食文化的繁荣发展贡献力量。未来各协会机构将继续保持初心，为陕西烹饪餐饮行业的繁荣发展不懈奋进，书写饮食文化新华章。

（一）陕西省烹饪餐饮行业协会

陕西省烹饪餐饮行业协会（Shaanxi Cuisine Industry Association）成立于 1987 年 8 月，隶属于陕西省商务厅，是经陕西省民政厅批准注册，由本省从事餐饮业经营管理、烹饪技术、餐厅服务、饮食文化、教育、食品营养研究等与餐饮行业相关的企事业单位和个人自愿组成的非营利性、具有独立法人资格的行业社会团体。2015 年以前隶属于陕西省商务厅，2016 年与政府脱钩。业务范围：行业服务、业务培训、竞赛交流、展览展示、刊物编辑、国际合作、咨询服务、评比认定等。被中国烹饪协会认定为陕西具有唯一性、权威性、专业性和规范性的行业社团组织。会员总数为 1000 家（人）以上。除餐饮企业和个人会员外，与餐饮相关的食品加工企业有 300 多家。

协会党支部、工会、监事会机构设置完整，秘书处为常设办事机构。拥有 56 位资深级文化理论研究专家（顾问）、资深级专业技术研究专家（顾问），其中含外省顶级行业专家，以及 30 名持中国烹饪协会颁发的"职业技能竞赛注册裁判员"资质的执裁专家。拥有由 30 名国家级烹饪专业技术人员、餐饮企业家、餐饮文化研究人员、传媒行业人员和院校培训机构专业人员组成的副秘书长团队。业务分支机构有 13 个：陕菜品牌认定专业委员会、陕西青年名厨创新专业委员会、清真专业委员会、社会慈善公益专业委员会、陕西团餐服务专业委员会、陕西生态食材与生态食品评定专业委员会、陕西名优餐饮产业发展联盟、陕西名厨专业委员会、食品质量安全品牌促进专业委员会、陕西烹饪职业教育专业委员会、陕菜信息传播专业委员会、陕西烹饪大师名人堂、陕西餐饮行业技能人才培训提升专业委员会。

协会成立以来，秉承办会宗旨，在陕西省商务厅、民政厅等政府主管部门的指导、支持、监督和管理下，紧密围绕弘扬中华美食文化，振兴和推广陕菜文化，树立陕菜在中国餐饮中的地位，在地标城市创建、餐饮品牌的认定冠名、人才培训、技艺竞赛交流等方面取得了较好的业绩。认定冠名陕西餐饮品牌，项目有陕西名小吃、陕西名菜、陕西名宴、陕西餐饮名店、陕西名食品、陕西名火锅、陕菜之乡，以及陕西烹饪（餐饮服务）资深级大师、大师、名师等。其中，陕菜之乡名牌被陕西餐饮行业誉为"陕西餐饮第一名牌"，目前冠名陕菜之乡的有 12 个地区。推荐大批陕西餐饮名牌和烹饪专业人员参与中国烹饪协会的品牌认证：许多地区和餐饮品牌被冠名为国家级美食地标城市、中华餐饮名牌、全国生态食材与生态食品示范基地等；大批烹饪专业技术人员获得中国烹饪协会名人堂尊师、导师，中国注册元老级、资深级烹饪大师，中华金厨奖，中国烹饪大师金爵奖等。搭建平台，助力地域餐饮产业发展，组建陕菜创新研发基地。承办技能竞赛，搭建技艺、食材和美食交流平台。

（二）陕西省酒业协会

陕西省酒业协会（Shaanxi Distillery Industry Association）成立于 1991 年，是由应用生物工程技术和有关技术的酿酒企业及为其服务的相关单位自愿组成的行业性非营利性的社会组织。主要业务是：研究陕西省酿酒行业的发展方向；开展行业咨询服务；组织行业技术培训和技能教育；对产品质量实行监督；保护合理竞争，打击违法行为；组织开展本行业及社会公益活动；推广应用新工艺、新技术、新设备、新材料，开拓新资源；开展资源利用和环境保护工作；向陕西省政府提出有关行业政策和行业立法的建议；参与酒类产品标准的制定、修订工作；承担政府部门及其他社会团体委托办理的事项。

目前有 43 家会员单位，包括陕西西凤酒股份有限公司、陕西省太白酒业有限责任公司、陕西泸康酒业（集团）股份有限公司等。

（三）西安饭店与餐饮行业协会

西安饭店与餐饮行业协会（Xi'an Hotel and Restaurant Association）是于 2000 年 5 月登记成立的社会团体。

业务范围：交流、咨询、调研、培训、行业自律（法律法规规定必须办理行政许可才能开展的业务活动，必须在取得相关许可后方能进行）。宗旨是为会员、行业、政府服务，充分发挥中介组织的桥梁纽带作用。

行业活动组织：组织开展提升企业管理、扩大品牌影响、拉动市场消费等的活动，如举办"西北餐饮·西安论道"活动，共同总结行业情况，探讨发展趋势。

对外交流合作：与其他地区的餐饮协会开展交流合作，如 2024 年 6 月西安饭店与餐饮行业协会和许昌市餐饮与饭店行业协会进行交流，签署友好合作协议。

维护会员权益：反映会员企业的诉求，为会员企业申请政府补助资金，帮助会员企业解决实际问题。

推动公益事业：带领会员企业参与社会公益事业，增强行业的社会责任感。

协会在建立行业规范标准、完善行业自律机制等方面发挥了重要作用，促进了西安地区饭店与餐饮行业的健康有序发展，推动了西安饮食文化的传承与创新。

（四）陕西省饭店协会

陕西省饭店协会（Shaanxi Hotel Association）是经陕西省民政厅批准，具有独立法人资格的社团组织，主管部门为陕西省商务厅。协会于 2000 年 6 月由 30 家饭店餐饮企业发起成立，至今已有团体和个人会员 200 余家（人），是全省饭店餐饮企业联系政府与社会各界的桥梁与纽带。

协会设有会长、副会长、秘书长等领导职务，以及理事会、常务理事会等决策机构。协会还下设多个专业委员会，如名厨专业委员会等。名誉职务由省政府、省人大常委会、省政协有关领导人和有关专家、教授等担任。

协会的宗旨是在遵守国家法律法规和政策的基础上,为政府服务,为行业和会员服务。协会业务范围广泛,涵盖理论研究、交流与合作、信息咨询服务、培训等。在实际工作中,积极推动行业发展,如协助政府制定相关政策,为会员企业提供信息咨询,组织各类培训以提升从业人员的素质;同时加强行业自律,规范市场秩序,促进饭店餐饮行业健康、有序地发展,推动陕西食宿业的高质量发展。

协会还积极参与各类行业活动,分享经验和思路,为行业发展提供借鉴。深入挖掘陕西地区的饮食文化遗产,整理和研究周秦汉唐饮食文化、陕菜传统烹饪技艺等,推动陕西饮食文化的传承。鼓励会员企业在菜品研发、服务模式、经营理念等方面进行创新,结合现代消费者的需求,开发新菜品、新服务,促进陕西饭店餐饮行业的创新发展。制定和完善行业自律规范和准则,引导会员企业遵守法律法规、诚信经营,维护行业的良好形象。协调会员企业之间、会员企业与消费者之间的矛盾和纠纷,维护公平竞争的市场环境和消费者的合法权益。

(五)陕西省烘焙行业协会

陕西省烘焙行业协会(Shaanxi Bakery Industry Association)成立于 2004 年 2 月,是由省内从事烘焙行业的企业、原材料供应商、大专院校、科研院所及相关技术人员自愿组成的非营利性社会团体。协会在陕西省政府挂牌成立,是陕西烘焙行业专业的协调服务机构。

协会目前有会员近百家,涵盖烘焙食品生产企业、原辅材料供应企业、烘焙教学机构、包装策划等相关产业。协会自成立以来,在陕西省民政厅社会组织管理局的指导下,在全体会员的共同努力下,在发展会员、提高协会凝聚力、开展行业交流、引领行业健康发展等方面做了大量工作。

协会对整个烘焙行业的情况做调查、搜集和整理工作,研究行业发展方向和目标,为政府部门制定政策提供建议;维护会员的合法权益,并向政府有关部门反映行业的意见和要求;协助政府疏通行业内外的各种关系,防止不正当竞争;会同有关部门审定和推荐烘焙行业的优秀论著、重要发明创造和专利以及重大科技成果;协助政府部门组织起草、修订和审查本行业的地方标准和企业标准等。

（六）中国陕菜网

中国陕菜网（China Shaancai.com）是在陕西省商务厅、陕西省文化和旅游厅的支持下成立的陕菜文化传播平台，成立于 2012 年，创始人是西安大唐博相府酒店总经理刘晓钟。中国陕菜网由陕西顶尖商务管理有限责任公司倾力打造，通过权威、专业、实用、新颖、严谨的活动策划，以及高效、全面的媒体宣传推广，为陕菜传承技艺、弘扬饮食文化、积极推广陕菜全产业链的发展做出了贡献，让中国陕菜网成为一个专注于推动陕菜及陕西美食产业发展的发声平台。

中国陕菜网通过网站、微博、微信公众平台、微信视频号等媒体矩阵，以及与其他媒体联动等方式，为全球饮食文化爱好者、陕菜餐饮企业、陕菜厨师、陕西饮食文化理论研究学者提供全方位的服务，并通过多种方式不遗余力地推广陕菜。线上平台建设：打造陕菜专属平台，宣传陕菜文化。田野调查：组织陕菜探秘之旅活动，邀请专家学者和陕菜大厨品鉴并记录各地的陕菜。文化研讨会：连续 12 年每年举办陕菜文化研讨会，后升级为中国餐饮·西安峰会，邀请专家学者为陕菜铸魂，提升其在学术层面的话语权。另外，还编写了"中国陕菜文化系列丛书" 17 种，记录和传播陕菜文化。

中国陕菜网还创建了陕菜产业专家智库，由 60 余位陕西饮食文化专家及陕菜大师、陕菜产业企业家担任顾问。著名陕西籍相声演员苗阜 2014 年担任中国陕菜网及其旗下活动的代言人。

中国陕菜网在挖掘整理陕菜、宣传陕菜、整合陕菜产业链资源和助力陕菜"走出去"方面做出了突出贡献。通过中国陕菜网的努力，陕菜逐渐走出陕西，走向全国乃至世界，提升了知名度和影响力。未来，中国陕菜网将继续致力于推动陕菜的传承和发展，努力让世界了解陕菜，让陕菜"照亮"远方。

（七）陕西省餐饮业商会

陕西省餐饮业商会（Shaanxi Catering Chamber of Commerce）是经国家有关部门批准成立并在民政部登记的社会组织，成立于 2014 年 12 月，是由陕西省各类与餐饮相关的企事业单位及个人自愿组成的联合性、非营利性、全省性的社会团体。

协会的宗旨是：遵守国家的法律法规和政策，遵守社会道德；团结和动员社会各界力量，协助政府加强对餐饮行业及服务于餐饮行业的社会组织的建设与发展；组织开展调研活动，密切行业间的联系与信息交流，推进整个行业的自律建设和发展；扩大陕西省餐饮行业与国内、国际社会组织的交往与合作；争取政府有关部门、社会各界的支持，在政府和企业之间发挥桥梁、纽带作用；引导和促进陕西省餐饮行业规范运作、健康发展。

目前会员企业已发展到 890 家，覆盖了陕西省各地市县，是省内规模和影响力较大的商（协）会之一。商会下设 10 个专业委员会，即正餐专业委员会、团餐专业委员会、小吃专业委员会、连锁专业委员会、火锅专业委员会、清真专业委员会、专家专业委员会、食材专业委员会、培训专业委员会、名厨专业委员会。各专业委员会发挥各自的专长，丰富商会的活动。

2021 年 9 月 14 日至今，陕西省市场监督管理局正式发文（陕市监发〔2021〕380号），确定委托陕西省餐饮业商会秘书处组建陕西省餐饮服务量化等级评定中心，并负责培训评审员、食品安全员等，开展餐饮服务 A 级评定工作。商会在各方面的突出表现，使其在多家省级商（协）会公开竞选中夺标。

商会的公众号、纸质会刊、微信会刊及官方网站构成了陕西省乃至国内最专业、影响力最大和传播范围最广的矩阵式融媒体推广平台。

（八）西安市老字号产业促进会

西安市老字号产业促进会（Xi'an Time-honored Brand Council for the Promotion）成立于 2020 年 7 月，是陕西首家"老字号"商（协）会。以打造"老字号、原字号、新字号"西安字号体系三大品牌 IP，推动西安"国际美食之都"建设为使命，拥有由326 个品牌企业主体组成的会员单位集群。建立了由陕西著名文化学者、法律专家、烹饪大师组建的专家团队。自成立以来，始终坚持党对社会组织的全面领导，肩负着打造西安本土品牌百年商帮、推动西安"国际美食之都"建设的使命，立足企业需求，搭建政府与企业之间的沟通桥梁、对接平台。策划、举办了多项品牌化和个性化的服务活动。

（九）陕西省面食产业发展促进会

陕西省面食产业发展促进会（Shaanxi Pasta Industry Development Promotion Association）成立于 2022 年，由陕西顶尖商务管理有限责任公司（中国陕菜网）、西安大唐博相府酒店管理有限公司、陕西天山西瑞面粉有限公司、益海嘉里（兴平）食品工业有限公司、西安缘聚食品有限公司、陕西秦吼食品科技有限公司、陕西远诚调味食品有限公司、岐山县民俗十大碗庄稼院、西北大学食品科学与工程学院、陕西旅游烹饪职业学院、岐山天缘食品有限公司、陕西面辣子酒店管理有限公司、白水秦林饮食有限责任公司、陕西佳茹艺广告文化传播有限公司等 30 多家从事面食产业的科研院所，面食生产、加工、销售、流通企业，以及一些专家学者自愿发起成立的非营利性社会组织。

陕西省面食产业发展促进会的成立，旨在不断推动陕西面食的传承、发展与创新，打造陕西面食全产业链的交流平台。通过组织策划一年一度的国家级面食产业论坛，不断深化陕菜品牌创新工程，促进陕西面食全产业链融合发展，帮助陕西面食企业提高自身实力，提高产品竞争力，切实解决目前行业中存在的问题与短板，孵化、打造更多的陕西面食知名品牌，推动陕西面食产业做大做强，走向世界。

振兴陕菜，陕西面食先行。陕西省面食产业发展促进会自开始筹备起，便受到了陕西乃至国内外面食行业的关注。

（十）陕西省餐饮联合会

陕西省餐饮联合会（Shaanxi Catering Federation）在陕西省商务厅的指导支持下于 2022 年 8 月成立，受陕西省商务厅、陕西省民政厅的业务指导与管理。

联合会代表陕西省餐饮企业的利益，维护行业的合法利益，反映餐饮企业的诉求，协调企业之间的关系，规范企业的行为，维护公平竞争与市场秩序，联系政府，为行业、企业、政府提供服务，促进陕西省餐饮行业健康发展。

联合会成立一年半时，会员已达 800 余家，覆盖西安、宝鸡、咸阳等市。会员主要为具有地方代表性的各类饭店、餐饮企业，与餐饮业有关的协会、学会、研究会，以及餐饮供应链服务商等。

联合会在中国饭店协会 30 周年大会上获得"携手成长行业协会"荣誉，还与中国饭店协会签订了关于"行业党建联学共建"和"一县一桌菜"乡村振兴行动等的重要协议，在推动陕菜文化推广、助力乡村振兴等方面发挥了重要作用。

（十一）陕西省厨师协会

陕西省厨师协会（Shaanxi Cooks Association）是全国首家省级厨师协会，于 2023 年 5 月在西安成立。

协会在陕西省商务厅、陕西省社会组织管理局、陕西省民政厅社会组织党委的领导下开展工作。协会充分发挥职能作用，为政府主管部门建言献策，结合行业发展的需要，为会员提供精准、优质的服务，传承与创新并举，推动多层次、宽领域、全方位的合作交流，持续加强自身建设，提升自身的管理服务水平。

协会对陕西省餐饮行业高技能人才队伍建设和行业健康有序发展发挥了积极作用，为陕西厨师群体提供了交流与合作以及传承与弘扬陕菜技艺的平台。

（十二）陕西省老字号协会

陕西省老字号协会（Shaanxi Time-honored Brand Association）是经陕西省民政厅批准，陕西省商务厅担任业务主管单位的社团组织，成立于 2024 年 4 月。104 家中、省、市老字号知名企业成为创会会员，遍布全省各市（区），涉及餐饮、食品加工、酒水饮料、商业零售、医药、工业等领域。协会在满足消费需求、丰富群众生活、倡导诚信经营、延伸服务内涵、促进社会发展、传承传统技艺和弘扬优秀文化等方面有着不可或缺的作用。协会的成立将为全省老字号品牌的发展注入新活力，也将为陕西经济文化的繁荣发展增添新动能。

协会以厚植中华文化、传承丝路精神、提升品牌价值、守正创新发展为宗旨，搭建陕西老字号与全国的交流平台。坚持政府引导和市场主导相结合，坚持文化价值和经济价值相结合，充分发挥老字号传承中华优秀传统文化精髓、诚信经营的商业理念，将文化优势转化到经营优势中，提升品牌价值，讲好中国故事。同时坚持保护传承和创新发展相结合，坚持分层推进和分类指导相结合，准确把握老字号的历史沿革和文化特色，通过科技激发老字号企业的创新活力，推动新技术、新业态、新模式发展；

以陕西老字号的共性传承发展为重点，准确把握会员企业的行业特点、生产现状和发展阶段，分行业、分类别为其提供靶向服务，推动陕酒、陕茶、陕菜、陕食、陕饮、陕药、陕艺等不同行业老字号品牌的创新发展，共同擦亮"陕西老字号"的金字招牌。

（十三）陕西省食材供应链协会

陕西省食材供应链协会（Shaanxi Food Supply Chain Association）于 2024 年 4 月成立。协会的主要职责包括组织会员开展食材供应领域的政策宣传、学术交流、调查研究、业务培训、咨询服务等，并参与社会公益活动。其宗旨是引导行业健康有序快速发展，凝聚会员合力，规范市场经营行为，弥补行业短板，加强自律意识，筑牢食材供应链行业安全屏障，提升行业整体形象，实现多方合作共赢。

协会的成立得到了陕西省商务厅、陕西省工商业联合会、陕西省民政厅、陕西省市场监管局等相关部门的指导，以及多个相关商协会和企业的支持。其创会初心是"联结一二三产，服务百千万家"，工作目标是"以协会平台杠杆，撬动食材安全升级"，致力于品牌提升和行业发展。

协会的成立对促进陕西食材供应链行业的健康发展、加强行业自律、提升行业形象发挥了重要作用。同时，也为行业内的企业提供了交流合作、共谋发展的平台，推动着陕西食材供应链行业迈向新的发展阶段。

（十四）陕西省团餐企业家联盟

陕西省团餐企业家联盟（Shaanxi Group Meal Entrepreneurs Alliance）是成立于 2025 年 1 月的行业组织，其成立是为了凝聚行业力量，提升陕西省团餐企业的整体竞争力和社会影响力，促进团餐行业的健康、可持续发展。联盟积极搭建交流平台，通过定期举办行业论坛、研讨会、企业互访等活动，实现资源共享、优势互补。始终坚守食品安全的底线，严格遵守法律法规，建立健全食品安全管理体系，提升团餐品质。重视团餐人才的培养和引进，加强与高校、职业院校及专业培训机构的合作，建立人才培养基地。积极构建全面且高效的信息共享平台，建立行业白名单和黑名单制度，保障企业的平稳运营。秉持诚信经营的理念，自觉遵守商业道德和市场规则，加强企业自律，参与行业信用体系建设。积极参与社会公益事业，关心关爱弱势群体，关注环境保护，倡导绿色消费。

（十五）伊尹文化传承工作室

伊尹文化传承工作室（Yiyin Culture Inheritance Studio）是一家在伊尹饮食文化传承与推广领域成就斐然的专业机构，在西安、渭南两地挂牌成立，始终坚持弘扬伊尹文化、打造伊尹餐饮文化品牌的初心，致力于将伊尹文化推向全球。工作室以伊尹饮食文化的脉络与底蕴、传统工艺的继承与创新、地域经济的繁荣与发展以及企业公民的义务与责任为出发点，致力于打造一个弘扬伊尹饮食文化的专业化团队，推出一批较高水平的文化育人成果，形成一个覆盖面较广、集线上线下于一体的饮食文化宣传平台，并培育一个志愿学习、宣传传统文化的研学团队。

工作室的具体工作包括：整合资源，形成机制；开展调研，确定方向；创新理论，久久为功；培育项目，塑造品牌；加强宣传，开展合作。工作室还与多家单位，如陕西省民俗学会餐饮专业委员会等合作，共同推动伊尹文化的传承与发展。由此拓展了合作平台，实现了资源共享和优势互补，为会员企业提供了一个理论与实践相结合的平台，促进了会员企业的共同发展。

工作室荣获中国商报新闻采访基地、新时代饮食非物质文化遗产传承品牌、新时代饮食非物质文化遗产技艺传承基地等称号。其影响力辐射国内外，成功地将伊尹文化与现代餐饮融合，推动地方美食走向世界。

（十六）陕西省团餐行业协会

陕西省团餐行业协会（Shaanxi Group Meal Industry Association）成立于2025年6月，汇聚省内优秀团餐企业及相关单位，致力于推动陕西团餐行业高质量发展。协会的核心职能包括：加强行业自律与规范，促进企业交流合作，提升服务品质与食品安全水平，协助制定标准、规范，维护会员权益，积极发挥企业与政府之间的桥梁纽带作用，助力陕西团餐产业健康、有序发展。

参考文献

［1］吴澎. 中国饮食文化［M］. 北京：化学工业出版社，2009.

［2］王赛时. 中国酒史［M］. 济南：山东大学出版社，2010.

［3］刘景源，杜福祥. 中国名酒［M］. 太原：山西教育出版社，1994.

［4］吴国栋. 陕西烹饪大典［M］. 西安：陕西人民出版社，1999.

［5］龙治刚. 三秦文化概论［M］. 北京：国家开放大学出版社，2023.

［6］李曦. 陕西饮食文化谈薮［M］. 西安：陕西师范大学出版总社有限公司，2013.

［7］王子辉. 三秦饮食文化刍议［M］. 西安：西安出版社，2014.

［8］郭月兰，徐国庆. 多样化：职业教育办学形态的基本特征［J］. 职教论坛，2014（22）.

后 记

  历经无数个日夜的打磨与雕琢，这本承载着陕西饮食文化深厚底蕴的书终于要与读者见面了。作为主编，我心中满是感慨与欣慰。

  在筹备和编写本书的过程中，我们仿佛踏上了一场跨越时空的美食之旅。从走访陕西的大街小巷，探寻隐匿于市井之中的老字号店铺，到深入乡村田野，记录民间传统美食的制作工艺，从查阅浩如烟海的古籍文献，挖掘陕西饮食文化的历史渊源，到与当地的老厨师、美食家促膝长谈，聆听他们讲述的美食故事，每一个环节都充满了挑战，却也收获了无尽的感动与惊喜。

  陕西的饮食文化不仅仅涉及简单的食物烹饪，更是这片土地上人民生活智慧的结晶。一碗热气腾腾的羊肉泡馍，掰馍的过程蕴含着耐心与细致，那浓郁的汤汁和鲜嫩的羊肉，滋养着一代又一代陕西人；一份朴实无华的凉皮，酸辣可口，是街头巷尾最受欢迎的小吃，承载着无数人童年的回忆和对家乡味道的眷恋。这些看似平常的美食，背后却有着悠久的历史和独特的文化内涵，它们是陕西人情感的寄托，也是连接过去与现在的纽带。

  在编写本书的过程中，我们团队成员也遇到了许多困难与挫折。为了准确解读古籍中关于陕西饮食的一段记载，我们查阅了大量资料，请教了多位业内人士。然而，正是这些困难和挫折，让我们更加深刻地认识到陕西饮食文化的博大精深，也更加坚定了我们的决心：要将这份文化瑰宝完整地呈现给读者，同时也为振兴陕菜贡献绵薄之力。

  陕西饮食文化源远流长，本书只是对其进行了初步的梳理和呈现。我们深知，还有许多未被挖掘的美食故事和文化内涵等待着我们去探索。陕西饮食文化的繁荣发展，离不开众多名厨大师的倾心付出，是他们推动了陕菜的发展，让陕菜的独特风味与深厚底蕴得以代代相传、发扬光大。

  希望本书能够成为一颗种子，激发更多的人对陕西饮食文化的兴趣和热爱，让陕西的美食走向更广阔的天地，让更多的人了解陕西、爱上陕菜。